EUL
VERLAG

Dr. Andreas Neumeier

Unternehmensbewertung bei Squeeze-out

Eine theoretische und empirische Analyse im Spannungsfeld der Anforderungen von betriebswirtschaftlichen Erkenntnissen, IDW S 1 und Rechtsprechung

Bibliografische Information der Deutschen Nationalbibliothek

Die Deutsche Nationalbibliothek verzeichnet diese Publikation in der Deutschen Nationalbibliografie; detaillierte bibliografische Daten sind im Internet über <http://dnb.d-nb.de> abrufbar.

Dissertation, Universität Passau, 2014

Tag der Disputation: 30. April 2014

Erstgutachter: Prof. Dr. Robert Obermaier
Zweitgutachter: Prof. Dr. Manuela Möller

ISBN 978-3-8441-0394-6
1. Auflage April 2015

JOSEF EUL VERLAG GmbH
Brandsberg 6
53797 Lohmar
Tel.: 0 22 05 / 90 10 6-6
Fax: 0 22 05 / 90 10 6-88
E-Mail: info@eul-verlag.de
http://www.eul-verlag.de

Bei der Herstellung unserer Bücher möchten wir die Umwelt schonen. Dieses Buch ist daher auf säurefreiem, 100% chlorfrei gebleichtem, alterungsbeständigem Papier nach DIN 6738 gedruckt.

Danksagung

Ein großer Dank geht an alle Unterstützer meiner Forschungsarbeit, die mir Datenmaterial bereitgestellt haben, mich im Austausch meiner Gedanken zu neuen Ideen angeregt haben und mich in schwierigen Phasen mental unterstützten.

Inhaltsverzeichnis

Abbildungsverzeichnis

Tabellenverzeichnis

Abkürzungsverzeichnis

a. F.	alte Fassung
Abb.	Abbildung
Abs.	Absatz
AER	American Economic Review
AG	Die Aktiengesellschaft (Zeitschrift), Aktiengesellschaft
akt.	aktualisiert(e)
AktG	Aktiengesetz
AKU	Arbeitskreis Unternehmensbewertung
Art.	Artikel
Aufl.	Auflage
BB	Betriebsberater (Zeitschrift)
bearb.	bearbeitet(e)
BeckRS	Beck-Rechtsprechung
BFuP	Betriebswirtschaftliche Forschung und Praxis
BGB	Bürgerliches Gesetzbuch
BGBl	Bundesgesetzblatt
BGH	Bundesgerichtshof
BKR	Zeitschrift für Bank und Kapitalmarktrecht
bspw.	beispielsweise
BVerfG	Bundesverfassungsgericht
bzw.	beziehungsweise
CAPM	Capital Asset Pricing Model

CF law	Corporate Finance law
d. h.	das heißt
DAI	Deutsches Aktieninstitut
DAX	Deutscher Aktienindex
DB	Der Betrieb
DBW	Die Betriebswirtschaft
DCF	Discouted Cashflow
Diss.	Dissertation
DStR	Deutsches Steuerrecht
dt.	deutsch(e)
Ed.	Edition
EFM	European Financial Management
EG	Europäische Gesellschaft
erw.	erweitert(e)
EStG	Einkommensteuergesetz
EUR	Euro
f.	folgende
FAJ	Financial Analysts Journal
FAUB	Fachausschuss für Unternehmensbewertung und Betriebswirtschaft des IDW
FAZ	Frankfurter Allgemeine Zeitung
FB	Finanz-Betrieb
ff.	fortfolgende
Fn.	Fußnote

GewSt/GewStG	Gewerbesteuer/-gesetz
GG	Grundgesetz
GmbHG	Gesetz betreffend die Gesellschaften mit beschränkter Haftung
GuV	Gewinn- und Verlustrechnung
HFA	Hauptfachausschuss des IDW
HGB	Handelsgesetzbuch
Hrsg.	Herausgeber
Hs	Halbsatz
i.d.F.	in der Fassung
i.H.v.	in Höhe von
i.V.m.	in Verbindung mit
IDW	Institut der Wirtschaftsprüfer in Deutschland e.V.
IDW ES	IDW Entwurf Standard
IDW-Fn.	IDW Fachnachrichten
IDW S	IDW Standard
INF	Die Information über Steuer und Wirtschaft
JASA	Journal of the American Statistical Association
JEL	Journal of Economic Literature
JFE	Journal of Financial Economics
JoACF	Journal of Applied Corporate Finance
JoF	Journal of Finance
JoPM	The Journal of Portfolio Management
JuS	Juristische Schulung
JZ	Juristenzeitung

k. A.	keine Angabe
KStG	Körperschaftsteuergesetz
LG	Landgericht
Mio.	Millionen
Mrd.	Milliarden
MRP	Marktrisikoprämie
N	Anzahl
NAV	Net Asset Value
n. F.	neue Fassung
neubearb.	neubearbeitet
NJW	Neue Juristische Wochenschrift
No.	Number
Nr.	Nummer
NTJ	National Tax Journal
NZG	Neue Zeitschrift für Gesellschaftsrecht
OLG	Oberlandesgericht
QRSR	Quaterly Review Sveriges Riksbank
REST	The Review of Economics and Statistics
Rn.	Randnummer
S.	Seite/Satz
SDK	Schutzgemeinschaft der Kapitalanleger e.V.
SIC	Standard Industrial Classification
SJoE	Scandinavian Journal of Economics
SDK	Schutzgemeinschaft der Kapitalanleger e.V.

SE	Statut der Europäischen Gesellschaft
SolZ/SolZG	Solidaritätszuschlag/-gesetz
Sp.	Spalte
StB	der Steuerberater
StuB	Steuern und Bilanzen
Tab.	Tabelle
u. a.	und andere
überarb.	überarbeitet(e)
UM	Unternehmensbewertung und Management
UmwG	Umwandlungsgesetz
UntStRefG	Unternehmensteuerreformgesetz
v.	vom
vgl.	vergleiche
WACC	Weighted Average Cost of Capital
WFE	World Federation of Exchanges
WPg	Die Wirtschaftsprüfung
WpHG	Gesetz über den Wertpapierhandel
WpÜG	Wertpapiererwerbs- und Übernahmegesetz
WM	Wertpapier-Mitteilungen
z. B.	zum Beispiel
ZBB	Zeitschrift für Bankrecht und Bankwirtschaft
ZfB	Zeitschrift für Betriebswirtschaft
ZfbF	Zeitschrift für betriebswirtschaftliche Forschung
ZGR	Zeitschrift für Unternehmens- und Gesellschaftsrecht

ZIP	Zeitschrift für Wirtschaftsrecht
ZPO	Zivilprozessordnung
zzgl.	zuzüglich

Symbolverzeichnis

B^i, B^H, B^N	Barabfindung der Ausprägung i (tendenziell hoch/niedrig)
CF	Cashflow
$Cov(r_{i,}r_M)$	Kovarianz zwischen Unternehmens- und Marktrendite
$E(\widetilde{k_i})$, $E(\widetilde{k_m})$	erwartete Kursrendite des Wertpapiers *i* bzw. aller Titel des Marktportfolios *m*
$E(\widetilde{R_i})$, $E(\widetilde{R_m})$	erwartete Rendite vor Einkommensteuer des Wertpapiers *i* bzw. des Markts *m*
$E(A^{Sp})$	erwartete Aufstockung der Barabfindung im Spruchverfahren
$E(K^{SO})$	erwartete Kosten des Squeeze-out
$E(K^{Sp})$	erwartete Verfahrenskosten durch ein Spruchverfahren
$E((U)SO)$	erwarteter Nutzen des Squeeze-out
EK	Marktwert des Eigenkapitals
FK	Marktwert des Fremdkapitals
g	Wachstumsrate
HA	Hauptaktionär
$i_{0,t}$:	Spot Rate der Laufzeit 0,t
i_e	einheitlicher Basiszinssatz
K^D	direkte Ausschlusskosten
MA	Minderheitsaktionär
max	Maximierungsoperator

min	Minimierungsoperator
P	Prämie
r_{EK}	Rendite des Eigenkapitals des Unternehmens
r_f	(quasi-)risikoloser Basiszinssatz
r_{FK}	Fremdkapitalzinssatz
r_m	Rendite des Marktportfolios
r^{nSt}	Rendite des (unverschuldeten) Unternehmens nach Steuern
r_{EK}^u	Rendite des Eigenkapitals des unverschuldeten Unternehmens
r_{EK}^v	Rendite des Eigenkapitals des verschuldeten Unternehmens
s	Gewinnsteuersatz des Unternehmens
s^a	Abgeltungsteuer
s^{eff}	effektiver Steuersatz
s^{nom}	nominaler Steuersatz Kursgewinnsteuer
t	Periodenindex
T	Anzahl an Jahren
UW	Unternehmenswert
V_0	Wert im Zeitpunkt t=0
$z(T,\beta,\tau)$	Zinssatz über die Laufzeit T der zu ermittelnden Parametervektoren β und τ
β	Beta-Faktor
β_j^u	Beta-Faktor des (fiktiv) unverschuldeten Unternehmens
β_j^v	Beta-Faktor des verschuldeten Unternehmens
δ_i	Dividendenrendite des Wertpapiers i

δ_m	Dividendenrendite des Marktportfeuilles
μ	Erwartungswert
$\rho_{i,M}$	Korrelation zwischen Unternehmens- und Marktrendite
${\sigma^2}_M$	Varianz der Marktrendite
σ_i	Standardabweichung Unternehmensrendite
σ_M	Standardabweichung Marktrendite
Δ	Abweichung
Φ	Marktgleichgewichtsparameter, der aus den individuellen Steuersätzen für Dividenden, Zinsen und Kapitalgewinnen und den individuellen Risikoeinstellungen resultiert
ψ	Marktgleichgewichtsparameter, der aus den individuellen Steuersätzen für Dividenden, Zinsen und Kapitalgewinnen und den individuellen Risikoeinstellungen resultiert
Ω	Marktgleichgewichtsparameter, der aus den individuellen Steuersätzen für Dividenden, Zinsen und Kapitalgewinnen und den individuellen Risikoeinstellungen resultiert

1 Problemstellung

Schier unüberblickbar erscheinen die in den letzten Jahrzehnten publizierten Veröffentlichungen zum Thema der Unternehmensbewertung durch Wissenschaft und Praxis. Sie alle dienen einer facettenreichen, oftmals kontroversen Diskussion eines Gebiets, das von besonderer Schwierigkeit und Problematik gekennzeichnet ist. Den zentralen Problempunkt bildet die mit der zukünftigen Entwicklung des Unternehmens und seiner Umwelt verbundene Unsicherheit.[1] Zusätzliche Anforderungen an die Unternehmensbewertung entstehen, wenn sich das Bewertungssubjekt in einem Spannungsfeld mehrerer Parteien bewegt.

Ein solcher Bewertungsanlass ist die Abfindungsermittlung bei Ausschluss von Minderheitsaktionären (Squeeze-out), bei dem die Unternehmensbewertung im Spannungsfeld von betriebswirtschaftlichen Erkenntnissen einer ordnungsgemäßen Bewertungsmethodik, den berufsständischen Grundsätzen der Wirtschaftsprüfer zur Durchführung von Unternehmensbewertungen (IDW S 1) und den Anforderungen der Rechtsprechung an eine angemessene Barabfindung erfolgt. Durch die hohe Praxisrelevanz des Verfahrens aufgrund jährlich zahlreicher durchgeführter Squeeze-outs großer börsennotierter Gesellschaften steht die mit der Abfindungsbemessung verbundene Unternehmensbewertung für die beteiligten Parteien und Öffentlichkeit im Mittelpunkt des Verfahrens.[2] Der Ausschluss von Minderheitsaktionären im Rahmen des Squeeze-out ist durch eine gesetzliche Norm (§§ 327a-f AktG) festgelegt, die die rechtliche Beziehung, in der die Eigentümer des Unternehmens stehen, ordnet.[3] Ziel der Unternehmensbewertung bei Squeeze-out ist die Bestimmung potenzieller Werte für ein Unternehmen und deren Anteile daran unter Berücksichtigung der rechtlichen Beziehung der beteiligten Parteien. An diesem Punkt verflechten sich die Anforderungen der Be-

---

[1] Vgl. Drukarczyk (2009), S. 35.

[2] Vgl. FAZ v. 21.01.2011 zum Squeeze-out Hypo Real Estate.

[3] Vgl. Großfeld (2011), S. 1, 28.

triebswirtschaftslehre nach einer ordnungsmäßigen Bewertungsmethodik, die Anforderungen des Rechtswesens mit der Forderung nach der Bestimmung einer angemessenen Abfindung (§ 327a AktG) und die zu beachtenden Grundsätze des IDW S 1 bei der Unternehmensbewertung.[4] Die Bewertung ist darüber hinaus in einer Form abzubilden, dass sie von einem sachverständigen Dritten nachvollzogen werden kann.[5] Dies fordert die besondere Beachtung einer konsistenten Methodik einerseits und einer Komplexitätsreduktion andererseits, um den Minderheitsaktionären als Adressaten die Plausibilisierung der Unternehmensbewertung zu ermöglichen.

Aufgrund der Analyse der Unternehmensbewertung im vorab beschriebenen Spannungsfeld entstehen zwei Themenkomplexe, die aufeinander aufbauen und somit das Forschungsfeld, in dem sich diese Arbeit bewegt, aufspannen. Im Mittelpunkt steht die Schließung von Forschungslücken zur (erwarteten) Ausgestaltung, Identifikation und Quantifizierung von Ermessensspielräumen im Rahmen des Bewertungsprozesses, um zu einer Erhöhung der Transparenz des Bewertungsprozesses für die am Squeeze-out beteiligten Parteien beizutragen.

An erster Stelle steht die theoretische Analyse des Spannungsfelds, in dem sich die beteiligten Parteien bewegen, darauf aufbauend folgt die Analyse der Unternehmensbewertung bei Squeeze-out. In bestehenden Studien mit Fokus Squeeze-out bzw. Abfindungsbemessung werden bereits erste Teilbereiche des Spannungsfelds, in dem sich die beteiligten Parteien bewegen, analysiert. Hierbei sind insbesondere die Studien von Gampenrieder (2004), Rathausky (2008) und Croci/Nowak/Erhardt (2012) zu nennen. Die beiden erstgenannten Studien stellen die ökonomische Analyse der Kosten-Nutzen Relation des Squeeze-out in den Fokus, während sich letztgenannte Studie mit der ökonomischen Analyse der erzielbaren Überrenditen für Minderheitsaktionäre im Squeeze-out-Verfahren auseinandersetzt.

---

[4] Vgl. Moxter (1983), S. 1; Großfeld (2011), S. 49.

[5] Vgl. Altmeppen (2010), § 293a AktG, Rn. 43; Emmerich (2010), §293a AktG, Rn. 20 und 27.

Die in dieser Arbeit durchgeführte ökonomische Analyse verfolgt das Ziel, zusätzlich zu den bestehenden Analysen einen Erkenntnisgewinn über die theoretisch erwartete Anwendung der Bewertungsmodelle und der damit bedingten Ausgestaltung gegebenenfalls bestehender Ermessensspielräume auf Basis der Anreizsituation der beteiligten Parteien im Squeeze-out-Verfahren zu schaffen. Hierbei steht die Analyse der Anreizsituation der beteiligten Parteien im Verfahren im Mittelpunkt, um eine Aussage über deren theoretisch erwartetes Verhalten im Squeeze-out-Verfahren, das auf die Höhe der Bemessung der Barabfindung einwirkt, zu treffen. Mit der ökonomischen Analyse des Squeeze-out wird der ersten Forschungsfrage nachgegangen:

1. Welche Anreizmuster der beiden beteiligten Parteien Hauptaktionär und Minderheitsaktionäre existieren im Squeeze-out-Verfahren und ist diesbezüglich eine dominante Strategie für das Verhalten der Parteien feststellbar?

Bei der Analyse des Spannungsfelds sind auch die Wertkonzeptionen der Betriebswirtschaftslehre, IDW S 1 und Rechtsprechung zur Ermittlung der angemessenen Barabfindung, die auf die Bemessung der Barabfindung einwirken, zu beachten. Durch den Vergleich der Wertkonzeptionen zur Ermittlung der angemessenen Barabfindung wird untersucht, ob Divergenzen zwischen der betriebswirtschaftlichen Wertkonzeption der funktionale Bewertungslehre und den Grundsätzen des IDW S 1 zur Durchführung von Unternehmensbewertungen sowie zur Rechtsprechung bestehen, die zu einem Spannungsverhältnis der beteiligten Parteien vor dem Hintergrund ihrer vorab analysierten Anreizsituationen im Verfahren führen könnten.

Mit dem Vergleich der Wertkonzeptionen der funktionalen Bewertungslehre, dem Standard IDW S 1[6] (Grundsätze zur Durchführung von Unternehmensbewertungen) und der Rechtsprechung wird somit die zweite Forschungsfrage untersucht:

---

[6] Vgl. IDW (2008), IDW S 1 i.d.F. 2008, S. 68-88.

2. Für welche Wertbestandteile des Unternehmenswerts sind die Minderheitsaktionäre durch die angemessene Barabfindung bei Squeeze-out entsprechend der jeweiligen Wertkonzeptionen zu entschädigen?

Im zweiten Themenkomplex steht die empirische Analyse der Unternehmensbewertung bei Squeeze-out im Mittelpunkt. Ein Großteil der wissenschaftlichen Literatur zum Thema Unternehmensbewertung beschäftigt sich mit der modelltheoretischen Fundierung der Bewertung. Hierbei werden bestehende Modelle weiterentwickelt oder neue Bewertungsansätze formuliert, um einen möglichst konsistenten Kalkül zu entwickeln, der den Bewertungsfall im Modell realitätsnah abbildet. Hierzu bestehen Analysen zur Ermittlungsmethodik einzelner Parameter des Bewertungskalküls (im nationalen Kontext stellvertretend Obermaier (2008), Wiese (2006)) oder methodische Analysen zur Weiterentwicklung des Bewertungskalküls (im nationalen Kontext stellvertretend Kruschwitz/Löffler (2005), Ollmann/Richter (1999), Ballwieser (1995)). Zu einem geringeren Teil bestehen Analysen der Anwendung der meist induktiv entwickelten Kalküle in der Bewertungspraxis und der damit verbundenen Bemessung der für den Bewertungskalkül notwendigen Parameter. Empirische Analysen zur Anwendung der Bewertungskalküle und der Bemessung der Parameter mit zentralem Fokus Squeeze-out wurden insbesondere bereits von Schüler/Lampenius (2007), Rathausky (2008) und Hachmeister/Kühnle/Lampenius (2009) durchgeführt. Ziel des zweiten Themenkomplexes dieser Arbeit ist die Schließung, trotz bereits durchgeführter Studien, bestehender Forschungslücken im Bereich Unternehmensbewertung bei Squeeze-out vor dem Hintergrund der Anforderungen von betriebswirtschaftlichen Erkenntnissen, IDW S 1 und Rechtsprechung, die hinsichtlich der Identifikation und Quantifizierung von Ermessensspielräumen bei der durchzuführenden Unternehmensbewertung bestehen. Der Ermessensspielraum drückt die implizit vorhandene Freiheit für das Bewertungssubjekt bei der Bestimmung der Bewertungsparameter und damit des Unternehmenswerts aus, die durch die im konkreten Bewertungsfall zu beachtenden Normen beschränkt ist. Im Fall des aktienrechtlichen Squeeze-out (§§ 327a-f AktG) ist für das Bewertungssubjekt bzw. im Regelfall den Bewertungsgutachter in den allermeisten

Fällen der Standard IDW S 1 bindend. Darüber hinaus kann im Spruchverfahren die gerichtliche Überprüfung der Angemessenheit der Barabfindung erfolgen (§ 327f S. 2 AktG), womit letztlich die normativen Anforderungen der Rechtsprechung an die Unternehmensbewertung bei Squeeze-out zu berücksichtigen sind.

Die empirische Analyse der Unternehmensbewertung bei Squeeze-out erfordert eine nähere Betrachtung der Anwendung der Bewertungsmodelle vor dem Hintergrund der Ergebnisse der ökonomischen Analyse und dem Vergleich der Wertkonzeptionen im ersten Themenkomplex dieser Arbeit. Dadurch sollen bestehende Forschungsergebnisse einerseits validiert und andererseits über bestehende Studien hinaus Ermessensspielräume für den in der Regel als Bewertungssubjekt involvierten Bewertungsgutachter bei Ermittlung des Abfindungsbetrags im Rahmen der Unternehmensbewertung qualitativ identifiziert und quantifiziert werden. Ziel der empirischen qualitativen Analyse ist die Auswertung der Gutachten, um einen Überblick über den Ansatz der einzelnen Modellparameter im Bewertungskalkül zu geben und möglicherweise vorhandene Ermessensspielräume qualitativ zu identifizieren. Ziel der quantitativen Analyse ist, über die Replikation bestehender Bewertungsfälle die Prüfung der Möglichkeit zur Plausibilisierung der Gutachten und die Identifikation der Sensitivitäten einzelner Bewertungsparameter hinsichtlich des Unternehmenswerts, um zuvor qualitativ identifizierte Ermessensspielräume quantitativ, d.h. entsprechend der Höhe ihrer Auswirkung auf den Unternehmenswert, zu verorten. Dadurch soll der tatsächliche Einfluss einzelner Bewertungsparameter auf den Unternehmenswert offengelegt und für den Bewertungsgutachter (notwendigerweise) vorhandene Ermessensspielräume quantifiziert werden.

Im zweiten Teil der Arbeit erfolgt zu diesem Zweck eine breite empirische Analyse auf Basis vergangener Unternehmensbewertungen, die bei aktienrechtlichen Squeeze-outs in Deutschland im Zeitraum von 2005 bis 2009 vorgenommen worden sind, um an dieser Stelle einen weiteren Erkenntnisgewinn für die am Squeeze-out beteiligten Parteien durch Offenlegung potenzieller Ermessensspielräume im Bewertungsprozess liefern zu können. Dies betrifft als beteiligte Parteien am Verfahren einerseits den in der Regel als Bewertungssubjekt involvierten Bewertungsgutachter, andererseits die als Adressaten am Verfahren beteiligten Parteien der im Gutachten vorgenommenen Unternehmensbewertung. Grundlage bildet eine Datenbasis, die aus aufwendig „gesammelten" Gutachten aktienrechtlicher Squeeze-outs gemäß §§ 327a-f AktG besteht.

Im Mittelpunkt der empirischen qualitativen Analyse steht folgende übergreifende Forschungsfrage:

3. Welche Ermessensspielräume bestehen bei der Erhebung und Bemessung der für den Bewertungskalkül notwendigen Parameter für den Bewertungsgutachter?

Zielsetzung der empirischen quantitativen Analyse ist die Beantwortung der Forschungsfrage:

4. Welchen Anteil am Unternehmenswert haben Detailplanungs- und Fortführungsphase, wie sensitiv reagiert der Unternehmenswert auf einzelne Parametervariationen?

Die Forschungsfragen eins und zwei werden mittels eines positiv-theoretischen Forschungsansatzes untersucht. Dies umfasst zu Forschungsfrage eins die Diskussion und Analyse der bestehenden betriebswirtschaftlichen und rechtswissenschaftlichen Literatur sowie der Rechtsprechung. Zur Beantwortung der zweiten Forschungsfrage wird eine spieltheoretische Modellbetrachtung gewählt.

Die Forschungsfragen drei und vier, die auf den empirischen Teil gerichtet sind, werden anhand eines positiv-empirischen Forschungsansatzes beantwortet. Im Kapitel sechs werden die Informationen der zugrunde liegenden Bewertungsgutachten qualitativ erhoben und analysiert. Die Bezeichnung des Kapitels erfolgt deshalb als „qualitative Analyse", auch wenn die erhobenen Informationen im Rahmen der Analyse nicht nur qualitativ, sondern natürlich auch mittels quantitativer Instrumente, beispielsweise der Bildung von Mittelwerten, verdichtet werden.[7] Im Kapitel sieben werden die bereits erhobenen Informationen in einem weiteren Analyseschritt rein quantitativ, d.h. unter der Verwendung quantitativer Operationen analysiert. Für die Bezeichnung des Kapitels wird deshalb die Bezeichnung „quantitative Analyse" gewählt.

Die Arbeit ist aufgrund der beiden Themenfelder in einen theoretischen und einen empirischen Teil untergliedert und umfasst insgesamt acht Kapitel. Die Kapitel zwei bis vier bilden den theoretischen Teil, auf den der empirische Teil mit den Kapiteln fünf bis sieben folgt. Der theoretische Teil widmet sich nach der Vermittlung der für die Analyse der Fragestellungen notwendigen Grundlagen den beiden theoretisch zu untersuchenden Fragestellungen. Nach der Problemstellung (Kapitel eins) mit der Beschreibung des Aufbaus folgt die Erläuterung und Diskussion der gesetzlichen Regelung des Squeeze-out. Im ersten Schritt erfolgt die Einordnung des Squeeze-out in die Bewertungsanlässe des Gesellschaftsrechts. Nach einem knappen Verfahrensüberblick setzt sich das anschließende Kapitel mit dem Regelungszweck des Squeeze-out aus Sicht des Gesetzgebers und der Resonanz der Literatur auseinander. Den Hauptteil des zweiten Kapitels bildet die Aufarbeitung des Verfahrensablaufs unter besonderer Würdigung der Rolle und Stellung des Gutachters und Hauptaktionärs als Bewertungssubjekte im Ausschlussprozess. Dies kommt durch eine genaue Betrachtung des Verfahrensabschnitts der Festsetzung und Erläuterung der Barabfindung, der Prüfung der Angemessenheit der Barabfindung und den Auskunftspflichten auf der beschlussfassenden Hauptversammlung zum Ausdruck. Dadurch kann explizit gezeigt werden, welche Anforderungen an die gutachterliche Unternehmensbewertung des Zielobjekts

---

[7] Die Unterscheidung der Begriffspaare „qualitative Analyse – quantitative Analyse" erfolgt deshalb nicht anhand der Verwendung klassifikatorischer oder metrischer Begriffe entsprechend Stegmüller (1970), S. 90 und 44f., sondern ob die erhobenen Informationen mittels „quantitativer Operationen" weiter modifiziert werden. Vgl. auch Mayring (2008), S. 17, der die quantitative Analyse an eine vorausgehende qualitative Analyse bindet.

gestellt werden und in welchem Verhältnis die Adressaten des Gutachtens zu der darin festgesetzten Barabfindung stehen.

In Kapitel drei wird die ökonomische Anreizsituation der am Squeeze-out beteiligten Parteien Mehrheits- und Minderheitsaktionär untersucht. Dazu wird anhand bestehender Literatur die Kosten/Nutzen-Relation des Squeeze-out für beide Parteien erörtert, um darauf aufbauend die Anreizsituation der beiden beteiligten Parteien zu analysieren. Schlussendlich folgt eine spieltheoretische Betrachtung der Strategien des Hauptaktionärs und der Minderheitsaktionäre im Squeeze-out-Verfahren.

In Kapitel vier erfolgt die Diskussion verschiedener Wertkonzeptionen zur Ermittlung der Barabfindung. Hierbei wird anfangs ein kurzer Überblick über Entstehung und Anlässe der Unternehmensbewertung gegeben. In diesen Rahmen wird die Unternehmensbewertung bei Squeeze-out später verortet. Der Überblick vermittelt auch notwendige Grundlagen für die sich anschließende Diskussion verschiedener Wertkonzeptionen.

Es folgt als Erstes die Betrachtung der funktionalen Bewertungslehre, da sie seitens des Instituts der Wirtschaftsprüfer (IDW) als Basis für die Konzeption des IDW S 1 verstanden wird.[8] Im weiteren Ablauf erfolgt die Darstellung der Wertkonzeption des objektivierten Unternehmenswerts auf Basis des IDW S 1 und der Anforderungen an die Bemessung der Barabfindung seitens der Rechtsprechung. Am Ende steht ein Vergleich als Ergebnis der Diskussion der verschiedenen Wertkonzeptionen.

Mit Kapitel fünf beginnt der empirische Teil der Arbeit mit der Untergliederung der in der Problemstellung vorgestellten übergreifenden Forschungsfragen, der Beschreibung der Vorgehensweise sowie der Datenbasis im empirischen Teil und letztendlich einem Literaturüberblick über bereits bestehende Forschungsergebnisse.

---

[8] Vgl. IDW (2007), Band II A, Rn. 18.

Kapitel sechs umfasst die qualitative Analyse der Unternehmenswertermittlung. Es beginnt mit der Darstellung der in den Gutachten verwendeten Methoden zur Ermittlung der Barabfindung. Die Analyse der Bewertungsmethodik bei der in den allermeisten Fällen angewendeten Ertragswertmethode ist in drei Abschnitte unterteilt. Auf die Erläuterung und Analyse der Vorgehensweise beim Ansatz von Steuern im Bewertungskalkül folgen jeweils separat die Analyse der Ermittlung der bewertungsrelevanten Überschüsse und die Analyse der Ermittlung des Kapitalisierungszinssatzes. Bei Ermittlung der bewertungsrelevanten Überschüsse wird nach der Betrachtung der allgemeinen Rahmenbedingungen, die der Ermittlung der bewertungsrelevanten Überschüsse zugrunde liegen, besonderes Augenmerk auf die Vergangenheitsanalyse und die Methodik der Prognose der Zahlungsüberschüsse gelegt. Schließlich folgt die Analyse der Ausschüttungsannahmen.

Die qualitative Auswertung der Ermittlung des Kapitalisierungszinssatzes ist nach Erläuterung der modelltheoretischen Rahmenbedingungen nach dessen Komponenten gegliedert. Dies betrifft die Ermittlung des Basiszinssatzes, Marktrisikoprämie, Beta-Faktor und den Wachstumsabschlag, durch den Inflation und Wachstum in der ewigen Rente abgebildet werden. Schlussendlich werden die Ergebnisse zusammengefasst.

An die qualitative Analyse schließt sich die quantitative Analyse der Ertragswertermittlung an. Zuerst wird untersucht, inwieweit die Wertermittlungen replizierbar sind. Die replizierbaren Gutachten werden im Folgenden für die Wertbeitragsanalyse der Wertkomponenten Detail- und Fortführungsphase und die Sensitivitätsanalysen verwendet. Sensitivitätsanalysen werden zur Berücksichtigung der persönlichen Ertragsteuern, von Risikozuschlag und Wachstumsabschlag vorgenommen. Auch an dieser Stelle werden am Ende die Ergebnisse zusammengestellt.

Die Arbeit schließt mit einer kritischen Würdigung der Ergebnisse und einem Ausblick.

2 Gesetzliche Regelung zum Ausschluss von Minderheitsaktionären

Im folgenden Abschnitt erfolgt die Einordnung des Squeeze-out in die Bewertungsanlässe des Gesellschaftsrechts. Nach einem knappen Verfahrensüberblick setzt sich der anschließende Abschnitt mit dem Regelungszweck des Squeeze-out aus Sicht des Gesetzgebers und der Resonanz des Schrifttums auseinander. Den Hauptteil des zweiten Kapitels bildet die Aufarbeitung des Verfahrensablaufs unter besonderer Würdigung der Rolle und Stellung des Gutachters als Bewertungssubjekt im Ausschlussprozess. Dies kommt durch eine genaue Betrachtung des Verfahrensabschnitts, der Festsetzung und Erläuterung der Barabfindung, der Prüfung der Angemessenheit der Barabfindung, und den Dokumentationspflichten sowie den Auskunftspflichten auf der beschlussfassenden Hauptversammlung zum Ausdruck.

2.1 Einordnung des aktienrechtlichen Squeeze-out in die rechtlichen Bewertungsanlässe im Gesellschaftsrecht

Rechtliche Bewertungsanlässe treten vornehmlich im Gesellschaftsrecht auf. Es sind jedoch auch Bewertungsanlässe in anderen Bereichen des Privatrechts sowie im öffentlichen Recht zu finden.[9] Der häufigste Bewertungsanlass im Gesellschaftsrecht entsteht durch das Ausscheiden von Gesellschaftern aus Personen- bzw. Kapitalgesellschaften. Durch den Wegfall oder die Weitergabe des Anteils des ausscheidenden Gesellschafters erhält dieser, soweit vertraglich nicht abweichend vereinbart, eine Abfindung oder Gegenleistung. Die Höhe der Abfindung entspricht dem Wert des Anteils und ist gegebenenfalls gerichtlich zu bestimmen.[10]

---

[9] Vgl. Piltz/Hannes (2009), S. 997; auch IDW (2008), IDW S 1 i.d.F. 2008, Rn. 11.

[10] Vgl. Piltz/Hannes (2009), S. 997 f. Zur Personengesellschaft vgl. §§ 738 BGB, 138 HGB, zur GmbH vgl. § 34 GmbHG.

In einem Großteil der Gesellschaftsverträge ist die Abfindung jedoch bereits explizit geregelt, um Streitfälle zu verhindern. Die Vereinbarungen können sich beispielsweise am Bilanzbuchwert, Substanzwert oder steuerlichen Vorgaben orientieren, womit vielfach das Ziel verfolgt wird, eine Abfindung vertraglich festzuhalten, die unter dem tatsächlichen Verkehrswert des abgegebenen Unternehmensanteils liegt.[11] Die vertraglich festgehaltene Methode zur Ermittlung der Abfindung kann dabei auch betriebswirtschaftlichen Erkenntnissen zur Unternehmensbewertung widersprechen.[12] Den Problempunkt bildet die rechtliche Zulässigkeit des Verhältnisses zwischen dem Verkehrswert des Anteils und der auf Basis der vertraglichen Regelungen ermittelten Abfindung. Stellt sich heraus, dass zwischen den beiden Werten ein grobes Missverhältnis vorliegt, kann dem Abzufindenden gerichtlich ein höherer Abfindungsbetrag zugestanden werden, dem schließlich der Verkehrswert des Anteils als Referenzgröße zugrunde liegt.[13]

Gesellschaftsrechtliche Umstrukturierungen, bei denen eine Unternehmensbewertung zum Schutz der Minderheitsaktionäre nötig ist, betreffen Fälle der aktien- und umwandlungsrechtlichen Vorgaben. Dies ist nötig, da die Umstrukturierungen auf Veranlassung des Mehrheitsaktionärs erfolgen können. Hierunter fällt der Beherrschungs- und Gewinnabführungsvertrag (§305 AktG), der Rechtsformwechsel (§ 207 UmwG), die Verschmelzung (§ 29 UmwG), die Eingliederung (§ 320 AktG) sowie der Ausschluss von Minderheitsaktionären (§§ 327a-f AktG, §§ 39a, 39b WpÜG, § 62 Abs. 5 UmwG), das Delisting (BGH, ZIP 2003 S. 387) sowie das Übernahmeangebot gem. § 31 WpÜG. In diesen Fällen können die Minderheitsaktionäre ihre Anrechte in Spruchverfahren durchsetzen (ausgenommen § 31 WpÜG), die durch das Spruchverfahrens-

[11] Vgl. Piltz/Hannes (2009), S. 998.

[12] Vgl. BGH v. 2.6.1997 II ZR 81/96, NJW (1997), S. 2592.

[13] Vgl. BGH v. 20.9.1993 II ZR 104/92, BB (1993), S. 2265; BGH v. 13.6.1994 II ZR 38/93, BB (1994), S. 1807.

gesetz geregelt sind.[14] In den weiteren Ausführungen wird das Verfahren des aktienrechtlichen Squeeze-out näher erläutert.

2.2 Verfahrensüberblick Squeeze-out

Bei einer Beteiligung von mindestens 95% am Grundkapital einer Aktiengesellschaft oder einer Kommanditgesellschaft auf Aktien hat der Mehrheitsaktionär (Hauptaktionär) das Recht, die verbleibenden Aktionäre (Minderheitsaktionäre) gegen Zahlung einer Barabfindung aus der Gesellschaft auszuschließen (§ 327a Abs. 1 AktG). In Deutschland werden zwei Formen des Squeeze-out unterschieden, der aktienrechtliche (bzw. gesellschaftsrechtliche) Squeeze-out, der dem Hauptäktionär seit dem 1. Januar 2002 eine Möglichkeit zum Minderheitenausschluss einräumt (§§ 327a-f AktG), sowie der übernahmerechtliche (auch: kapitalmarktrechtlicher) Squeeze-out nach §§ 39a, 39b WpÜG. Dieses Verfahren steht seit dem 14. Juli 2006 zur Verfügung.[15] Der übernahmerechtliche Squeeze-out ermöglicht dem Hauptaktionär, in engem zeitlichem Zusammenhang mit einem vorhergehenden Übernahme- (§ 29 Abs. 2 WpÜG) oder Pflichtangebot (§35 Abs. 1, 2 WpÜG) den Squeeze-out unter erleichterten Bedingungen durchzuführen.[16] Diese beiden Formen des Squeeze-out wurden zum 15. Juli 2011 um die Form des verschmelzungsrechtlichen Squeeze-out (§ 62 Abs. 5 UmwG) ergänzt, bei dem die Minderheitsaktionäre einer Tochtergesellschaft bereits bei einer Beteiligung der Muttergesellschaft als Hauptaktionärin von 90% am Grundkapital der

---

[14] Vgl. Piltz/Hannes (2009), S. 998.

[15] Zur Einführung des gesellschaftsrechtlichen Squeeze-out vgl. Art. 7 Nr. 2, Art. 12 des Gesetzes zur Regelung von öffentlichen Angeboten zum Erwerb von Wertpapieren und von Unternehmensübernahmen vom 20. 12. 2001 (WpÜG), BGBl. I S. 3822. Zur Einführung des übernahmerechtlichen Squeeze-out vgl. Art 1 Nr. 17, Art. 8 des Gesetzes zur Umsetzung der Richtlinie 2004/25/EG des Europäischen Parlaments und des Rates vom 24. April 2004 betreffend Übernahmeangebote (Übernahmerichtlinie-Umsetzungsgesetz).

[16] Vgl. Rosen (2007), S. 19 f. Insbesondere bedarf es nicht der Einberufung einer Hauptversammlung, die Übertragung erfolgt per Gerichtsbeschluss. Es erfolgt auch keine zusätzliche Unternehmensbewertung, sofern das Übernahme- oder Pflichtangebot von 90% der Aktionäre angenommen wurde; vgl. Rosen (2007), S. 23.

Tochtergesellschaft gegen Zahlung einer Barabfindung ausgeschlossen werden können.[17]

2.3 Regelungszweck des aktienrechtlichen Squeeze-out

2.3.1 Stellungnahme des Gesetzgebers

Der Gesetzgeber nennt mehrere Gründe, welche die Einführung der Norm zum zwangsweisen Ausschluss von Minderheitsaktionären erforderlich erscheinen ließen. Einerseits sollen somit Kosten, die im Zusammenhang mit dem Formalaufwand der Minderheitsbeteiligungen entstehen, vermieden werden. Andererseits soll somit sichergestellt werden, dass Kleinstaktionäre ihre Rechte am Unternehmen nicht missbräuchlich ausnutzen, indem sie die Unternehmensführung behindern oder dadurch finanzielle Zugeständnisse abverlangen können.[18] So können etwa Hauptversammlungsbeschlüsse durch Kleinaktionäre angefochten werden, um Umstrukturierungen zu erschweren. Ein weiteres Argument, das für die Einführung der Norm sprechen könnte, ist der Umstand, dass Eigner von Kleinstbeteiligungen im Streubesitz oftmals nicht ausfindig gemacht werden können, um deren Anteile zu erwerben. Schließlich will der Gesetzgeber mit der Einführung der Regelung dem internationalen Standard entsprechen.[19] Weiter wird argumentiert, dass wer einerseits im Rahmen des WpÜG zur Abgabe eines Übernahmeangebots bei Überschreiten einer bestimmten Beteiligungs-

---

[17] Vgl. zur Einführung des verschmelzungsrechtlichen Squeeze-out Art. 1 Nr. 3 des 3. Gesetzes zur Änderung des Umwandlungsgesetzes vom 11.7.2011, BGBl. I, S.1338 f; zu Voraussetzungen und dem Verfahrensablauf Rubner, CF law (2011), S. 275-277.

[18] Vgl. Deutscher Bundestag (2001), BT-Drucks. 14/7034, S. 2 f.; dem Diskussionsentwurf zum künftigen Übernahmerecht grundsätzlich folgend; vgl. Pötzsch/Möller, WM (2000), S. 29; Eisolt, DStR (2002), S. 1145; Baums/Keinath/Gajek, ZIP (2007), S. 1629 ff.

[19] Vgl. Deutscher Bundestag (2001), BT-Drucks. 14/7034, S. 31f.; dem Diskussionsentwurf zum künftigen Übernahmerecht grundsätzlich folgend; vgl. Pötzsch/Möller, WM (2000), S. 29.

schwelle verpflichtet ist, auch andererseits die Möglichkeit besitzen soll, Kleinstbeteiligungen auszukaufen.[20]

Die damit verbundene „Stärkung der unternehmerischen Flexibilität"[21] scheint dem Gesetzgeber – unter Voraussetzung der vollen wirtschaftlichen Entschädigung der Minderheitsaktionäre – gerechtfertigt.[22]

2.3.2 Vereinbarkeit des aktienrechtlichen Squeeze-out mit dem Grundgesetz

Das Bundesverfassungsgericht hat die Verfassungsmäßigkeit des aktienrechtlichen Squeeze-out bestätigt.[23] Der Anteil an einem Unternehmen stellt gemäß Art. 14 Abs. 1 GG Eigentum dar, weshalb diese Norm den vorrangigen Prüfungsmaßstab bildet. Der Eigentumsschutz beinhaltet sowohl die Mitgliedschaft an der Gesellschaft als auch vermögensrechtliche Ansprüche, in denen das Anteilseigentum zum Ausdruck kommt.[24] Durch die Möglichkeit des zwangsweisen Ausschlusses der Minderheitsaktionäre wird deren dauerhafte Mitgliedschaft an der Aktiengesellschaft beschränkt.[25] Die Abfindung ist deshalb als Entschädigung für den Entzug der Eigentumsrechte zu sehen.[26]

Art 14 Abs 1 GG fordert, dass das Interesse des Abzufindenden gewahrt wird, was eine „wirtschaftlich volle Entschädigung" erfordert. Diese hat mindestens dem Verkehrswert zu entsprechen. Das bedeutet, dass die Abfindung den Wert kompensieren

---

[20] Vgl. Deutscher Bundestag (2001), BT-Drucks. 14/7034, S. 32.

[21] Pötzsch/Möller, WM (2000), S. 30.

[22] Vgl. Deutscher Bundestag (2001), BT-Drucks. 14/7034, S. 32; dem Diskussionsentwurf zum künftigen Übernahmerecht grundsätzlich folgend; vgl. Pötzsch/Möller, WM (2000), S. 30.

[23] Vgl. BVerfG v. 30.5.2007 1 BvR 390/04, NZG (2007), S. 587; BGH v. 25.7.2005 II ZR 327/03, BB (2005), S. 2651.

[24] Vgl. BVerfG v. 27.4.1999 1 BvR 1613/94, JZ (1999), S. 942 f.; BVerfG v. 23.8.2000 1 BvR 68/95, 1 BvR 147/97, BB (2000) S. 2013.

[25] Vgl. Deutscher Bundestag (2001), BT-Drucks. 14/7034, S. 32.

[26] Vgl. BVerfG v. 27.4.1999 1 BvR 1613/94, JZ (1999), S. 942 f.

muss, den die Beteiligung an der Gesellschaft, unter Berücksichtigung der Fähigkeit des Unternehmens, künftig Erträge zu erwirtschaften, wert ist, wozu zur Wertermittlung auf die Ertragswertmethode verwiesen wird. Bei Bemessung des Verkehrswerts muss bei börsennotierten Gesellschaften auch der durchschnittliche Börsenkurs bei Bestimmung der vollen Abfindung berücksichtigt werden.[27]

2.3.3 Würdigung der Literatur

In der überwiegend rechtswissenschaftlichen Literatur ist die Regelung zum aktienrechtlichen Ausschluss von Minderheitsaktionären (Squeeze-out) zum Zeitpunkt der Einführung auf umfangreiche Zustimmung gestoßen.[28] Auch in den Beiträgen, die nach der Einführung rückblickend veröffentlicht wurden, sind die Stellungnahmen zu der eingeführten Regelung durchwegs positiv.[29] Die Regelung hat seit der Einführung eine große Bedeutung erlangt, bis zum Jahr 2009 haben bereits mehr als 300 Unternehmen die Regelung in Anspruch genommen.[30] Demnach wird der Squeeze-out meist als vorhergehende Maßnahme eines Delistings eingesetzt. Habersack (2010) stellt jedoch fest, dass die Durchführung eines anlassunabhängigen Squeeze-out den „Bestandschutz der Mitgliedschaft [in einer Kapitalgesellschaft] dem allgemeinen Leitungsinteresse des Hauptaktionärs“ unterordnet und somit die Stellung des Minderheitsaktionärs auf einen reinen Vermögensschutz beschränkt wird.[31] Habersack (2010)

---

[27] Vgl. insbes. BVerfG v. 7.8.1962 1 BvL 16/60, NJW (1962), S. 1669; BVerfG v. 27.4.1999 1 BvR 1613/94, JZ (1999), S. 943 f.; BVerfG v. 23.8.2000 1 BvR 68/95, 1 BvR 147/97, BB (2000), S. 2013; auch: OLG Düsseldorf v. 13.3.2008 26 W 8/07 AktE, AG (2008), S. 501f.; LG Frankfurt/M. v. 2.5.2006 3/5 O 160/04, NZG (2007), S. 40.

[28] Vgl. etwa Halm, NZG (2000), S. 1164 f.; Kallmeyer, AG (2000), S. 59 ff.; Vetter, ZIP (2000), S. 1817 f.; Baums (2001), S. 127 ff.; Kiem (2001), S. 329 ff.

[29] Vgl. etwa Gesmann/Nuissl, WM (2002), S. 1205; Halasz/Kloster, DB (2002), S. 1253 ff.; Krieger, BB (2002), S. 53, 55; Sieger/Hasselbach, ZGR (2002), S. 132; Vetter, AG (2002), S. 176 ff., 184; Grunewald (2010), vor § 327a AktG, Rn. 2-5.; Hasselbach (2010), § 327a AktG, Rn. 2, 7-9, 19-22; Koppensteiner (2004), vor § 327a AktG, Rn. 8.

[30] Vgl. Hachmeister/Kühnle/Lampenius, WPg (2009), S. 1234.

[31] Habersack (2010), § 327a AktG, Rn. 5. Vgl. zur Beschränkung auf einen reinen Vermögensschutz auch BVerfG v. 30.5.2007 1 BvR 390/04, BB (2007), S. 1516.

ist deshalb der Meinung, dass es geboten gewesen wäre, die Regelung des Squeeze-out auf börsennotierte Gesellschaften zu beschränken und von einem vorangegangenen Übernahme- oder Pflichtangebot abhängig zu machen.[32]

2.4 Ablauf des aktienrechtlichen Squeeze-out

Der aktienrechtliche Squeeze-out wird durch die §§ 327a-f AktG geregelt. Der Ablauf ist in folgender Abbildung 2-1 dargestellt und wird in den folgenden Abschnitten beschrieben.

Abbildung 2-1: Ablauf des aktienrechtlichen Squeeze-out

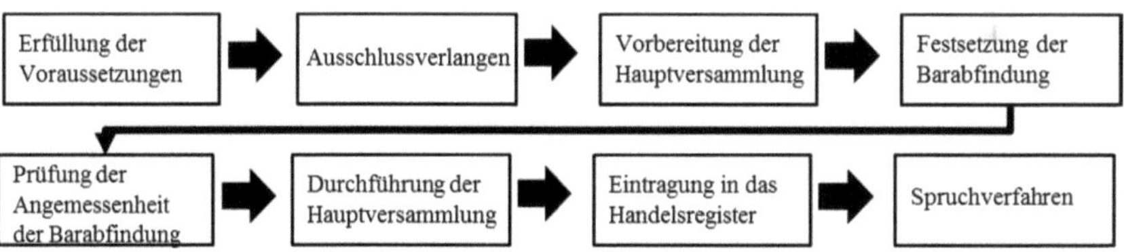

Erfüllt der Hauptaktionär die notwendigen Voraussetzungen, (insbesondere) einen Mindestanteilsbesitz von 95% an der Zielgesellschaft, so kann der Squeeze-out durch das Ausschlussverlangen des Mehrheitsaktionärs gegenüber der Zielgesellschaft eingeleitet werden.[33] Der Vorstand der Zielgesellschaft hat eine Hauptversammlung einzuberufen, auf welcher der Beschluss der Übertragung der Aktien der Minderheitsaktionäre auf den Hauptaktionär gefasst wird.[34] Bereits vor dem Termin der Hauptversammlung hat der Hauptaktionär eine angemessene Barabfindung festzulegen.[35] Dies geschieht in der Regel auf Basis eines Bewertungsgutachtens, das sich der Hauptaktio-

---

[32] Vgl. Habersack (2010), § 327a AktG, Rn. 5.
[33] Vgl. Habersack (2010), § 327a AktG, Rn. 11.
[34] Vgl. Hüffer (2012), § 327a AktG, Rn. 8.
[35] Vgl. Fleischer (2007), § 327a AktG, Rn. 58 und § 327b AktG, Rn. 4.

när zu eigen macht.[36] Die Angemessenheit der festgesetzten Barabfindung ist durch einen gerichtlich bestellten Prüfer zu prüfen.[37] Die Übertragung der Aktien der Minderheitsaktionäre wird schließlich auf der Hauptversammlung beschlossen und der Übertragungsbeschluss in das Handelsregister eingetragen.[38] Es steht den Minderheitsaktionären offen, im Anschluss die Angemessenheit der Barabfindung gerichtlich im Rahmen des Spruchverfahrens überprüfen zu lassen.[39]

2.4.1 Voraussetzungen

2.4.1.1 Hauptaktionär und Zielgesellschaft

Zielgesellschaft des aktienrechtlichen Squeeze-out kann gemäß § 327a Abs. 1 Satz 1 AktG entweder eine Aktiengesellschaft (AG), Kommanditgesellschaft auf Aktien oder europäische AG[40] sein.[41] Da der Anwendungsbereich des AktG auf die nationale Ebene beschränkt ist, kann Zielgesellschaft nur eine Gesellschaft mit Sitz im Inland sein.

Hauptaktionär kann sein, wer Aktionär sein kann. Damit kann sowohl jede deutsche als auch ausländische, natürliche oder juristische Person Hauptaktionär sein.[42] Der Gesetzgeber stellt diesbezüglich keine einschränkenden Anforderungen an den Hauptaktionär. Ein reines Stimmbindungskonsortium, bei dem das Eigentum der Aktien bei den jeweiligen Mitgliedern verbleibt, kann nicht als Hauptaktionär fungieren.[43] Ein

---

[36] Vgl. Santelmann/Hoppe (2010), Rn. 130.

[37] Vgl. Lenz/Leinekugel (2004), S. 1.

[38] Vgl. Grunewald (2010), § 327a AktG, Rn. 14.

[39] Vgl. Habersack (2010), § 327f AktG, Rn. 1.

[40] Vgl. Art. 9 Abs. 1 lit. c) ii) der Verordnung (EG) Nr. 2157/2001 des Rates vom 8. Oktober 2001 über das Statut der Europäischen Gesellschaft (SE) (SE-Verordnung).

[41] Vgl. Habersack (2010), § 327a AktG, Rn. 12; Grunewald (2010), § 327a AktG, Rn. 3.

[42] Vgl. Fleischer (2007), § 327a AktG, Rn. 9; Grunewald (2010), § 327a AktG, Rn. 5; Hüffer (2012), § 327a AktG, Rn. 7; Bolte (2001), DB 2001, S. 2587; Gesmann-Nuissl (2002), WM (2002), S. 1205 f.

[43] Vgl. Hasselbach (2003), § 327a AktG, Rn. 24; Hüffer (2012) § 327a AktG, Rn. 13.

vorhergehendes Übernahme- oder Pflichtangebot i.S.d. § 35 WpÜG ist zur Herbeiführung der Hauptaktionärseigenschaft nicht notwendig.[44]

2.4.1.2 Zurechnung von Kapitalanteilen

Das Verlangen auf Übertragung von Aktien gegen Barabfindung setzt voraus, dass ein Aktionär mindestens 95% des Grundkapitals der Gesellschaft hält. Der Gesetzgeber spricht unter dieser Voraussetzung vom Hauptaktionär.[45] Die verbleibenden Anteile werden von mindestens einem anderen Aktionär (Minderheitsaktionär) gehalten (§ 327a Abs. 1 S. 1 AktG). Die Verteilung der verbleibenden Minderheitenanteile spielt keine Rolle.[46] Zur Bestimmung des Kapitalanteils verweist der Gesetzgeber auf § 16 Abs. 2 und 4 AktG (§ 327a Abs. 1 S. 1 AktG).[47] Somit ist das Verhältnis des Gesamtnennbetrags zum Grundkapital maßgebend. Hat die Gesellschaft Stückaktien ausgegeben, so richtet sich der Anteil nach der Höhe der gehaltenen Stückaktien im Verhältnis zur Gesamtzahl der Aktien.[48] Maßgeblich ist das eingetragene Grundkapital, genehmigtes oder bedingtes Kapital ist nicht zu berücksichtigen.[49]

Eigene Anteile und für Rechnung der Gesellschaft gehaltene Anteile sind vom Grundkapital bzw. von der Zahl der Aktien abzusetzen (§ 16 Abs. 2 S. 2 AktG). Hinzu gerechnet werden auch von abhängigen Unternehmen gehaltene Anteile und Anteile, die von einem anderen Unternehmen für Rechnung des Unternehmens gehalten werden (§ 16 Abs. 4 Alt. 1, 2 AktG). Schließlich erfolgt auch eine Zurechnung von im Privatvermögen gehaltener Anteile, wenn es sich beim Hauptaktionär um einen Einzelkauf-

---

[44] Vgl. Habersack (2010), § 327a AktG, Rn. 14.
[45] Vgl. Habersack (2010), § 327a AktG, Rn. 14.
[46] Vgl. Zschocke (2002), DB 2002, S. 85.
[47] Vgl. auch Fleischer (2007), § 327a AktG, Rn. 32.
[48] Vgl. Deutscher Bundestag (2001), BT-Drucks. 14/7034, S. 72.
[49] Vgl. Schnorbus (2008), § 327a AktG, Rn. 5.

mann handelt (§ 16 Abs. 4 Alt. 3 AktG).[50] Damit soll ein Umhängen der Beteiligungen vermieden werden.[51] Ob gemäß der Formulierung „auf Verlangen eines Aktionärs" des § 327a Abs. 1 AktG die Notwendigkeit besteht, dass der Hauptaktionär mindestens eine Aktie direkt hält, ist strittig.[52]

Ansprüche auf Übertragung von Aktien, noch auszuübende oder ausgeübte, noch nicht bediente Kaufoptionen und Wandelschuldverschreibungen werden bei der Bestimmung der Beteiligungshöhe des Mehrheitsaktionärs nach Ansicht eines Großteils der Literatur nicht berücksichtigt.[53] Bezugsrechte, die einem Dritten und nicht dem Hauptaktionär zugeordnet werden, sind bei der Bestimmung des Kapitalanteils des Hauptaktionärs nicht zu berücksichtigen.[54] Kapitalmaßnahmen, wozu auch Kapitalerhöhungen zählen, sind erst mit ihrer Eintragung im Handelsregister zu berücksichtigen und bedingen somit erst formal die Erhöhung des nominellen Grundkapitals der Gesellschaft (§§ 189, 203 Abs. 1, 211 AktG).[55]

Der Übergang der Aktien der Minderheitsaktionäre auf den Hauptaktionär nach Eintragung des Übertragungsbeschlusses in das Handelsregister ist unabhängig davon, ob

---

[50] Vgl. Windbichler (1999), § 16 AktG, Rn. 32 f.; ausführlich Bayer (2008), § 16 AktG, Rn. 49 ff.

[51] Vgl. Deutscher Bundestag (2001), BT-Drucks. 14/7034, S. 72.

[52] Für die Erfordernis zumindest eines unmittelbaren Aktienbesitzes vgl. Grzimek (2008), § 327a AktG, Rn. 47; Grunewald (2010), § 327a AktG, Rn. 7; Habersack (2010), § 327a AktG, Rn. 17. Anders: OLG Köln v. 6.10.2003 18 W 35/08, BB (2003), S. 2310; OLG Stuttgart v. 3.12.2008 20 W 12/08, AG (2009), S. 204; Hasselbach (2003), §327a AktG, Rn. 28; Koppensteiner (2004), § 237a AktG, Rn. 7; Fleischer (2007), §327a AktG, Rn. 51f.; Schnorbus (2008), § 327a AktG, Rn. 13; Schüppen/Tretter (2008), § 327a AktG, Rn. 14; Heidel/Lochner (2011), §327a AktG, Rn. 10; Hüffer (2012), § 327a AktG, Rn. 15; Maslo (2004), NZG (2004), S. 168; Lieder/Stange, Der Konzern (2008), S. 623 f.; Goslar/von der Linden, BB (2009), S. 1991.

[53] Vgl. Fleischer (2007), § 327a AktG, Rn. 27; Schüppen/Tretter (2008), §327a AktG, Rn. 6; Habersack (2010), § 327a AktG, Rn. 16. Anders LG Düsseldorf v. 4.3.2004 31 O 144/03, NZG (2004), S. 1170 das sich für eine Berücksichtigung aller Bezugsrechte ausspricht. Hasselbach plädiert für eine Zurechnung nur der Anteile der Minderheitsaktionäre, vgl. Hasselbach (2003), § 327a AktG, Rn. 34; Sieger/Hasselbach, ZGR (2002), S. 158.

[54] Vgl. LG Düsseldorf v. 4.3.2004 31 O 144/03, ZIP (2004), S. 1757.

[55] Vgl. wie auch zum Sonderfall der bedingten Kapitalerhöhung, bei der sich das Grundkapital mit Ausgabe der Bezugsaktion vermehrt, Hasselbach (2003), § 327a AktG, Rn. 34; Schnorbus (2008), § 327a AktG, Rn. 8.

der Hauptaktionär danach seine Beteiligung gänzlich oder teilweise überträgt, d.h., nach Eintragung in das Handelsregister begangene Verfügungen des Hauptaktionärs über seine Anteile sind bedeutungslos.[56] In Folge wäre die Durchführung eines weiteren Squeeze-out möglich.[57]

2.4.1.3 Zeitpunkt der Bestimmung des Kapitalanteils

Im Hinblick auf den Zeitpunkt, zu dem die notwendige Kapitalbeteiligung vorliegen muss, wird seitens der Literatur gefordert, dass diese entsprechend dem Wortlaut des § 327a Abs. 1 S. 1 AktG zum Zeitpunkt der Äußerung des Verlangens nach Beschlussfassung[58] sowie zum Zeitpunkt der Übertragungsbeschlussfassung der Hauptversammlung vorliegen muss.[59] Ob die erforderliche Kapitalmehrheit noch zum Zeitpunkt der Eintragung des Übertragungsbeschlusses in das Handelsregister vorliegen muss, ist strittig.[60]

2.4.2 Ausschlussverlangen

Der Squeeze-out wird auf Verlangen des Hauptaktionärs eingeleitet.[61] Den Antrag auf Übertragung der Aktien kann der Hauptaktionär zu jedem Zeitpunkt dem Vorstand,

---

[56] Vgl. Krieger (2002), BB (2002), S. 62.

[57] Vgl. Habersack (2008), §327a AktG, Rn. 18.

[58] Vgl. OLG Düsseldorf v. 16.01.2004 I-16 W 63/03, NZG (2004), S. 331; Koppensteiner (2004), § 327a AktG, Rn. 11; Habersack (2010), § 327a AktG, Rn. 18; abweichend wird auch der Zeitpunkt der Beschlussfassung als relevant angesehen, vgl. Grzimek (2008), § 327a AktG, Rn. 52; Grunewald (2010), § 327a AktG, Rn. 10; Dißars, BKR (2004), S. 391.

[59] Vgl. Grzimek (2008), § 327a AktG, Rn. 52; Grunewald (2010), § 327a AktG, Rn. 10; Habersack (2010), § 327a AktG, Rn. 18; Sieger/Hasselbach, ZGR (2002), S. 138.

[60] Für das Vorliegen der erforderlichen Kapitalmehrheit zum Zeitpunkt der Eintragung des Übertragungsbeschlusses vgl. Habersack (2010), § 327a AktG, Rn. 18; Fuhrmann/Simon, WM (2002), S. 1212; anders: Koppensteiner (2004), § 327a AktG, Rn. 11; Fleischer (2007), § 327a AktG, Rn. 21; Schüppen/Tretter (2008), § 327a AktG, Rn. 20; Grunewald (2010), § 327a AktG, Rn. 10.

[61] Vgl. Gehling/Heldt/Royé (2007), S. 14.; Habersack (2010), § 327a AktG, Rn. 19.

der die Zielgesellschaft vertritt, zukommen lassen.[62] Der Schriftform bedarf es dabei nicht.[63] Die Äußerung des Ausschlussverlangens muss nicht im zeitlichen Zusammenhang mit dem Erwerb der Mehrheitsbeteiligung gem. § 327a Abs. 1 Satz 1 AktG erklärt werden.[64]

Damit ist der Vorstand der Zielgesellschaft verpflichtet, eine Hauptversammlung einzuberufen.[65] Das Beschlussfassungsverlangen des Hauptaktionärs wird als Tagesordnungspunkt in die Hauptversammlung aufgenommen. Wenn die Beschlussfassung im Interesse der Gesellschaft nicht umgehend zu erfolgen hat, ist die Einberufung einer außerordentlichen Hauptversammlung nicht nötig. Die Beschlussfassung erfolgt somit bei der nächsten ordentlichen Hauptversammlung.[66]

2.4.3 Vorbereitung der Hauptversammlung

2.4.3.1 Einberufung der Hauptversammlung, Mitteilungspflicht der Zielgesellschaft

Mit der Äußerung des Ausschlussverlangens des Hauptaktionärs ist die Zielgesellschaft zur Einberufung einer Hauptversammlung verpflichtet. Das Verlangen des Hauptaktionärs auf Übertragung der Aktien der Minderheitsaktionäre ist damit als Gegenstand der Beschlussfassung gem. § 124 Abs. 1 AktG in die Tagesordnung der Hauptversammlung aufzunehmen.[67] Zur Einberufung der Hauptversammlung hat der Vorstand der Zielgesellschaft zu prüfen, ob die für den Squeeze-out erforderliche Be-

---

[62] Vgl. Fleischer (2007), § 327a AktG, Rn. 56; Habersack (2010), § 327a AktG, Rn. 19; Hüffer (2012), §327a AktG, Rn. 8.

[63] Vgl. OLG Stuttgart v. 3.12.2008 20 W 12/08, AG (2009), S. 207; Grunewald (2010), § 327a AktG, Rn. 12; Hüffer (2012), § 327a AktG, Rn. 8.

[64] Vgl. Habersack (2010), § 327a AktG, Rn. 19; kritisch Fleischer (2002), ZGR (2002), S. 768 f.

[65] Vgl. Hüffer (2012), § 327a AktG, Rn. 8.

[66] Vgl. Grunewald (2010), § 327a AktG, Rn. 13; Hüffer (2012), § 327a AktG, Rn. 8.

[67] Vgl. Grunewald (2010), § 327a AktG, Rn. 13; Habersack (2010), § 327a AktG, Rn. 20.

teiligungsquote erreicht wird. Zusätzlich sind die Gewährleistungserklärung des Kreditinstituts (§ 327b Abs. 3 AktG) und die Unterlagen gem. § 327c AktG notwendig, um die Hauptversammlung einzuberufen.[68] Hat die Zielgesellschaft des Squeeze-out Finanzinstrumente emittiert oder die Zulassung von Finanzinstrumenten beantragt, so hat die Gesellschaft entsprechend § 15 WpHG die Ankündigung des Squeeze-out des Hauptaktionärs ad hoc zu veröffentlichen.[69]

2.4.3.2 Gewährleistungserklärung

Die Gewährleistungserklärung des Kreditinstituts ist dem Vorstand der Zielgesellschaft vor Einberufung der Hauptversammlung zu übermitteln (§ 327b AktG).[70] Sie beinhaltet die Gewährleistung des Kreditinstituts zur Übernahme des Abfindungsanspruchs der Minderheitsaktionäre.[71] Die Gewährleistungserklärung soll sicherstellen, dass die Minderheitsaktionäre für den Verlust ihres Anteils vom Hauptaktionär adäquat entschädigt werden, und soll die Durchsetzung ihres Abfindungsanspruchs gegenüber dem Hauptaktionär erleichtern.[72]

2.4.3.3 Auslegung der Unterlagen

Vom Zeitpunkt der Einberufung der Hauptversammlung an sind in den Geschäftsräumen der Gesellschaft für die Aktionäre gem. §327 c Abs.3 Nr.1-4 AktG folgende Unterlagen zur Einsicht auszulegen:

- der Entwurf des Übertragungsbeschlusses,

---

[68] Vgl. Santelmann/Hoppe (2010), Rn. 113.

[69] Vgl. Santelmann/Hoppe (2010), Rn. 124.

[70] Vgl. Grunewald (2004), § 327b AktG, Rn. 17; Hüffer (2010), § 327b AktG, Rn. 9.

[71] Vgl. Santelmann/Hoppe (2010), Rn. 138.

[72] Vgl. Deutscher Bundestag (2001), BT-Drucks. 14/7034, S. 32; Grunewald (2004), § 327b AktG, Rn. 13; Habersack (2010), § 327b AktG, Rn. 1.

- die Jahresabschlüsse und Lageberichte der vorangehenden drei Geschäftsjahre,
- der Bericht des Hauptaktionärs zu Voraussetzungen der Übertragung und zur Angemessenheit der Barabfindung und
- der Prüfungsbericht.

Börsennotierte Gesellschaften haben die Unterlagen zusätzlich auf der Internetseite der Gesellschaft zu veröffentlichen (§ 124a S. 1 Nr. 3 AktG). Den Aktionären ist auf Verlangen eine kostenlose Abschrift dieser Unterlagen auszuhändigen (§327 c Abs. 4 AktG). Vom Beginn der Hauptversammlung an bis zu deren Ende muss die Auslegung des Berichts entsprechend § 327d S. 1 AktG vor Ort erfolgen. Die Vorschrift stellt die Information seitens des Hauptaktionärs gegenüber den Minderheitsaktionären sicher, um diesen eine frühzeitige Vorbereitung auf die Hauptversammlung zu ermöglichen.[73]

2.4.3.4 Hauptaktionärsbericht

Gemäß § 327c Abs. 2 S. 1 AktG hat der Hauptaktionär der Hauptversammlung einen schriftlichen Bericht zu erstatten, in dem er die Voraussetzungen für die Übertragung der Minderheitenanteile (primär die konkrete Beteiligungshöhe) darlegt sowie die Angemessenheit der Barabfindung erläutert und begründet.[74] Ziel ist der Minderheitenschutz, indem den Minderheitsaktionären durch den Bericht die Möglichkeit eingeräumt werden soll, den Barabfindungsbetrag und die der Ermittlung zugrunde liegenden Überlegungen nachzuvollziehen.[75] Die Gewährleistungserklärung muss nur erwähnt werden und wird regelmäßig als Kopie an den Bericht angefügt.[76] Verzichten alle ausscheidenden Aktionäre auf die Berichtspflicht des Hauptaktionärs, so entfällt

---

[73] Vgl. Fleischer (2007), § 327c AktG, Rn. 57; Habersack (2010), § 327c AktG, Rn. 1.
[74] Vgl. Grunewald (2010), § 327c AktG, Rn. 7 und zur Barabfindung den folgenden Abschnitt 2.4.4.
[75] Vgl. Deutscher Bundestag (2001), BT-Drucks. 14/7034, S. 73.
[76] Koppensteiner (2004), §327c AktG, Rn. 6; Fleischer (2007), § 327c AktG, Rn. 8.

diese (§327c Abs. 2 S. 4 i.V.m. § 293a Abs. 3 AktG). Der Bericht gliedert sich regelmäßig in die Teile Beschreibung der Gesellschaft, Übertragungsvoraussetzungen und deren Folgen und letztlich Erläuterung der Angemessenheit der Barabfindung.[77]

2.4.4 Festsetzung und Erläuterung der Barabfindung

2.4.4.1 Festsetzung der Barabfindung

Der Hauptaktionär hat die Minderheitsaktionäre in Form einer angemessenen Barabfindung zu entschädigen (§ 327a Abs. 1 S. 1 AktG). Die Abfindung wird vom Hauptaktionär festgelegt (§ 327b Abs. 1 S. 1 AktG). Sie muss sich am vollen Wert des Unternehmens orientieren.[78] Das bedeutet, „sie muss die Verhältnisse der Gesellschaft im Zeitpunkt der Beschlussfassung ihrer Hauptversammlung berücksichtigen" (§ 327b Abs.1 S. 1 2. HS. AktG). Zur Ermittlung der Höhe der Barabfindung wird regelmäßig eine Unternehmensbewertung durchgeführt,[79] bei der die Ertragswertmethode zur Bestimmung der Abfindung zugrunde gelegt wird.[80] Die Gesellschaft ist verpflichtet, dem Hauptaktionär alle zur Ermittlung notwendigen Informationen mitzuteilen bzw. auszuhändigen (§327b Abs. 1 S. 2 AktG). Dieser Anspruch richtet sich gegen die Gesellschaft, vertreten durch deren Vorstand.[81] Ob die dem Hauptaktionär zur Verfügung

---

[77] Vgl. Hoffmann-Becking (2005), Bd.1 X.16.4; Schnorbus (2008), § 327c AktG, Rn. 6.

[78] Vgl. BVerfG v. 7.8.1962 1 BvL 16/60, NJW (1962), OLG München v. 11.10.2006 7 U 3515/06, AG (2007), S. 335; OLG München v. 10.5.2007 31 Wx 119/06, BB (2007), S. 1582; OLG Frankfurt v. 17.06.2010 5 W 39/09, AG (2011), S. 718; S. 1667; OLG Frankfurt v. 7.6.2011 21 W 2/11, NZG (2011), S. 991; OLG Stuttgart v. 19.1.2011 20 W 2/07, AG (2011), S. 421; Hüffer (2012), § 327b AktG, Rn. 5.

[79] Vgl. Santelmann/Hoppe (2010), Rn. 130.

[80] Vgl. Fleischer (2007), § 327b AktG, Rn. 13; Habersack (2010), § 327b AktG, Rn. 9; Hüffer (2012), § 327b AktG, Rn. 4; Mattes/v. Maldeghem, BKR (2003), S. 533 f.

[81] Vgl. Schnorbus (2008), § 327b AktG, Rn. 24; Grunewald (2010), § 327b AktG, Rn. 4; Habersack (2010), § 327b AktG, Rn. 5. In Sonderfällen kann der Vorstand dem Hauptaktionär bewertungsrelevante Informationen, bspw. bei Unsicherheit hinsichtlich der Voraussetzungen zur Durchführung des Squeeze-out, vorenthalten, muss diese aber einem zu Berufsverschwiegenheit verpflichteten Dritten weitergeben, vgl. Grunewald (2010), § 327b AktG, Rn. 5; Habersack (2010), § 327b AktG, Rn. 5.

gestellten Informationen zur Ermittlung der Barabfindung auch den Minderheitsaktionären zugänglich gemacht werden müssen, ist zu bezweifeln.[82] Argumentiert wird überwiegend, dass die Informationen für den Hauptaktionär zweckgebunden sind und der Hauptaktionär eine Sonderstellung einnimmt.[83]

Ob der Hauptaktionär die Barabfindung vor Einberufung der Hauptversammlung festzulegen hat oder schon mit dem Einberufungsverlangen, scheint strittig.[84] Die Festsetzung der Höhe der Barabfindung ist für ad-hoc-publizitätspflichtige[85] Unternehmen ad-hoc-mitteilungspflichtig.[86]

2.4.4.2 Berichtspflicht über die Angemessenheit der Barabfindung

Der Hauptaktionär hat die Angemessenheit des Abfindungsangebots gegenüber der Hauptversammlung schriftlich zu begründen (§ 327c Abs. 2 S.1 AktG). Hierfür entscheidend sind demnach die Vorschriften der §§ 293a, 320 Abs. 4 S. 2. AktG.[87] Damit hat der Hauptaktionär über die Methode und das Ergebnis der Abfindungsermittlung und weshalb der Börsenkurs über- oder unterschritten wurde, zu berichten.[88] Strittig

---

[82] Vgl. OLG Düsseldorf v. 16.01.2004 I-16 W 63/03, ZIP (2004), S. 365; Schnorbus (2008), § 327b AktG, Rn. 25; Grunewald (2010), § 327b AktG, Rn. 5; Habersack (2010), § 327b AktG, Rn. 5, die den Minderheitsaktionären kein erweitertes Informationsrecht zugestehen; i. Ggs. zu Heidel/Lochner (2007), § 327b AktG, Rn. 6, die dasselbe Informationsrecht für die Minderheitsaktionäre wie für den Hauptaktionär sehen.

[83] Vgl. OLG Düsseldorf v. 16.01.2004 I-16 W 63/03, ZIP (2004), S. 365; Fleischer (2007), § 327b AktG, Rn. 10; Habersack (2010), § 327b AktG, Rn. 5.

[84] Erstere Ansicht vertreten Austmann (2007), Bd. 4, § 74, Rn. 31; Schnorbus (2008), § 327a AktG, Rn. 16 und § 327b Rn. 9; letztere Fleischer (2007), § 327a AktG, Rn. 58 und § 327b Rn. 4; Schüppen/Tretter (2008), § 327a AktG, Rn. 25; Habersack (2010), § 327b AktG, Rn. 4; Hüffer (2012), § 327b AktG, Rn. 6.

[85] Vgl. § 15 WpHG, dies betrifft Unternehmen, die Finanzinstrumente emittieren oder die Zulassung von Finanzinstrumenten beantragt haben; vgl. auch Ebenroth u.a. (2009), § 15 WpHG, Rn. IV 123 f.

[86] Vgl. Assmann (2006), § 15 WpHG, Rn. 84; Heidel/Lochner (2007), § 327c AktG, Rn. 3; anders Seibt (2008), S. 1411, der sich für die Veröffentlichung einer „Corporate News Mitteilung" ausspricht.

[87] Vgl. auch Habersack (2010), § 327c AktG, Rn. 9.

[88] Vgl. Habersack (2010), § 327c AktG, Rn. 9.

ist, wie detailliert die Berichtspflicht im Hinblick auf die Bewertungsmethode auszufallen hat.

So sollen die Minderheitsaktionäre zumindest eigens eine (erste) Plausibilisierung der Abfindungsermittlung vornehmen können, sie müssen jedoch nicht in die Lage versetzt werden, eine Bewertung eigenständig durchführen zu können.[89] Entgegen der gängigen Praxis der vollständigen Offenlegung der Bewertung/des Bewertungsgutachtens scheint dies nicht unbedingt nötig zu sein, da die Möglichkeit zur Plausibilisierung ausreichen müsse.[90] Die durchgeführte Unternehmensbewertung ist jedoch im Bericht „durch die Mitteilung von Tatsachen und Zahlen"[91] zu spezifizieren.[92] Somit ist der Hauptaktionär verpflichtet, „die Angemessenheit der festgesetzten Barabfindung nachvollziehbar – nicht aber abschließend – zu erläutern und zu begründen"[93].

Bei Anwendung der Ertragswertmethode sind die Erträge der Bewertung zugrunde gelegten vergangenen Perioden, deren Bereinigung um Sondereinflüsse und die jeweiligen Daten der Prognosephase anzugeben. Auch der verwendete Kapitalisierungszinsfuß, dessen Modifikationen und das nicht betriebsnotwendige Vermögen sind anzugeben. Dies umfasst die Begründung des Ertragswerts und der wertbeeinflussenden Fak-

---

[89] OLG Düsseldorf v. 29.12.2009 I-6 U 69/08, AG (2010), S. 713f. mit Hinweis auf die Rechtsprechung und das Schrifttum zum Verschmelzungsbericht: insbes. BGH v. 22.05.1989 II ZR 206/88, NJW (1989), S. 2689; BGH v. 18.12.1989 II ZR 254/88, ZIP (1990), 168 ff.; BGH v. 29.10.1990 II ZR 146/89, AG (1991), S. 103; Altmeppen (2010), § 293a AktG, Rn. 43.; Emmerich (2010), § 293a AktG, Rn 20 und 27; Hüffer (2012), § 293a AktG, Rn. 15; ausführlich Nirk (1990), S. 190-200.

[90] Vgl. Langenbucher (2008), § 293a AktG, Rn 16; Altmeppen (2010), § 293a AktG, Rn. 43; Emmerich (2010), § 293a AktG, Rn 27.

[91] Emmerich (2010), § 293a AktG, Rn. 25.

[92] Vgl. OLG Frankfurt v. 14.07.2008 23 W 14/08 AG (2008), S. 827; LG München I v. 28.08.2008 5 HK O 2522/08, AG (2008), S. 907; ebenso zu § 8 UmwG insbes. BGH v. 22.05.1989 II ZR 206/88, NJW (1989), S. 2689; BGH v. 18.12.1989 II ZR 254/88, AG (1990), S. 260 f.; Bungert, DB (1995), S. 1387 f.

[93] OLG Düsseldorf v. 29.12.2009 6U 69/08, AG (2010), S. 713 f.

toren. Letztlich ist auch die Entwicklung der Börsenkurse in diesem Zusammenhang zu berücksichtigen.[94]

2.4.5 Prüfung der Angemessenheit der Barabfindung

Das Abfindungsangebot unterliegt der Kontrolle eines gerichtlich bestellten Prüfers bzw. auf Verlangen mindestens eines Minderheitsaktionärs der Kontrolle des Gerichts.[95] Die Prüfung der Barabfindung soll dem Schutz der Minderheitsaktionäre dienen und orientiert sich am Verschmelzungsrecht.[96]

2.4.5.1 Prüfungszweck

Die Squeeze-out-Prüfung dient hauptsächlich dem Schutz der Minderheitsaktionäre, da diese gegen ihren Willen aus der Zielgesellschaft gedrängt werden können. Somit muss sicher sein, dass sie für den Verlust Ihrer Mitgliedschaft angemessen entschädigt werden.[97] Gemäß § 327c Abs. 2 S. 2 AktG ist die vom Hauptaktionär festgesetzte Barabfindung auf ihre Angemessenheit zu prüfen. Mit der Prüfung sollen die Minderheitsaktionäre die Gründe für die Durchführung des Squeeze-out und der Festlegung der Barabfindung plausibilisieren können. Der Gesetzgeber erhoffte sich durch die eingehende Prüfung auch eine Verringerung der eingeleiteten Spruchverfahren.[98]

---

[94] Vgl. Emmerich (2010), § 293a AktG, Rn. 26 mit Verweis auf LG Mainz v. 19.12.2000 10 HKO 143/99, AG (2002), 247f.; so auch LG Frankfurt v. 29.01.2008 3-5 O 275/07, Rn. 61, das die Beschreibung der Ertragswertmethode, Vermögens- Finanz- und Ertragslage der Gesellschaft, Planungsrechnung, Kapitalisierungszinssatz und die Verwendung des Börsenkurses bei der Bewertung als hinreichend zur Plausibilisierung des Abfindungsbetrags ansieht. Ausreichend zur Plausibilisierung ist freilich auch die (dem Hauptaktionär zu eigen gemachte) Publizierung des Bewertungsgutachtens, vgl. OLG München v. 6.7.2011 7 AktG 1/11, AG (2012), S. 48.

[95] Vgl. Lenz/Leinekugel (2004), S. 1.

[96] Vgl. Veit, DB (2005), S. 1697. Zum Verschmelzungsrecht vgl. IDW (2007), Band II D, Rn. 2-12.

[97] Vgl. Bukowski/Suerbaum (2010), Rn. 723.

[98] Vgl. Deutscher Bundestag (2001), BT-Drcuks. 14/7034, S. 73.; Habersack (2010), § 327c AktG, Rn. 1.

2.4.5.2 Prüfungspflicht

Gesetzliche Grundlage für die Prüfungspflicht der Angemessenheit der Barabfindung ist § 327c Abs. 2 S. 2 AktG.[99] Bei Prüfung im Rahmen eines Squeeze-out ist gem. § 327c Abs. 2 Satz 4 AktG i.V.m. § 293e Abs. 1 Satz 1 AktG ein schriftlicher Bericht anzufertigen.[100] Ausnahmen von der erforderlichen Prüfungspflicht sind nur dann möglich, wenn alle Aktionäre auf die Prüfung durch eine öffentlich beglaubigte Erklärung verzichtet haben (§ 327c Abs. 2 Satz 4 i. V. m. § 293a Abs. 3 AktG). [101] Bei fehlendem Prüfbericht ist der Übertragungsbeschluss anfechtbar.[102]

2.4.5.3 Anforderungen an den Prüfer

Beim Squeeze-out obliegt die Pflicht zur Prüfung der Angemessenheit der Barabfindung einem oder mehreren sachverständigen Prüfern gemäß § 327c Abs. 2 S. 2 AktG. Bezüglich der Auswahl des Prüfers verweist der Gesetzgeber auf § 293d AktG, der sich wiederum auf die §§ 319 Abs. 1 bis 4, 319a Abs. 1 und 320 Abs. 1 S. 2 sowie Abs. 2 S. 1 bis 2 HGB beruft. Somit sind im Falle des Squeeze-out analog die Anforderungen an Kompetenz und mögliche Tatbestände für den Ausschluss eines Prüfers bei der Jahresabschlussprüfung auf die Squeeze-out-Prüfung übertragbar.[103] Als Squeeze-out-Prüfer kommen bei Aktiengesellschaften somit nur Wirtschaftsprüfungsgesellschaften oder Wirtschaftsprüfer in Betracht.[104] Jedoch muss der Wirtschaftsprüfer gem. § 327c Abs. 2 S. 2 AktG ein Sachverständiger sein. Diese Einschränkung soll einen Hinweis geben, dass aufgrund der Berufsgrundsätze der Wirtschaftsprüfer Aufträge nur bei ausreichender Kompetenz und Routine in Bezug auf die Prüfung von

---

[99] Vgl. Grzimek (2008), § 327c AktG, Rn. 14.

[100] Zur obligatorischen, schriftlichen Anfertigung und Unterzeichnung durch die Prüfer vgl. § 293e Abs. 2 Satz 2 AktG bzw. § 126 BGB.

[101] Vgl. Grzimek (2008), § 327c AktG, Rn. 35.

[102] Vgl. Grunewald (2010), § 327c AktG, Rn. 15.

[103] Vgl. Veit, DB (2005), S. 1699.

[104] Vgl. Ebke (2008), § 319 HGB, Rn. 8.

Squeeze-outs angenommen werden sollten. Durch den Verweis auf die §§ 319 Abs. 2 bis 4 und 319a HGB wird sichergestellt, dass der Prüfer unbefangen zu sein hat. Als befangen wird derjenige gesehen, der an der Erstellung des Übertragungsberichts mitgewirkt hat.[105] Es gelten analog die Ausschlussgründe bei geschäftlichen, finanziellen, und persönlichen Verbindungen und Kollisionen der Interessen,[106] auch wenn die Bestellungsverbote nur den Hauptaktionär betreffen.[107] Besteht eine Beteiligung am Mehrheitsaktionär, ist die Prüfung beim Squeeze-out nicht möglich.[108]

2.4.5.4 Auswahl und Bestellung des Prüfers

Der Squeeze-out-Prüfer wird auf Antrag des Hauptaktionärs vom Gericht am Sitz der Gesellschaft ausgewählt und bestellt (§ 327c Abs. 2 S. 3 AktG).[109] Dem Hauptaktionär steht somit ein Vorschlagsrecht des Prüfers offen,[110] dem sich das Gericht ohne eigene Auswahlentscheidung anschließen kann.[111] Durch die Bestellung durch das Gericht soll die Neutralität des Prüfers gewahrt bleiben.[112]

2.4.5.5 Rechte und Pflichten des Prüfers

Die Rechte des Prüfers erstrecken sich auf Auskunft und Prüfung.[113] Mit § 327c Abs.2 Satz 4 AktG, der auf § 293d AktG verweist, wird nur das Auskunftsrecht angesprochen, allerdings kann dies als Grundlage für ein Prüfungsrecht interpretiert werden.[114]

---

[105] Vgl. Veit, DB (2005), S. 1699.

[106] Vgl. Veit, DB (2005), S. 1699.

[107] Vgl. Habersack (2010), § 327c AktG, Rn. 12.

[108] Vgl. Grzimek (2008), § 327c AktG, Rn 17.

[109] Vgl. Grzimek (2008), § 327c AktG, Rn. 18-21.

[110] Vgl. Hasselbach (2010), § 327c AktG, Rn. 42 f.

[111] Vgl. BGH v. 18.9.2006, II ZR 225/04, NZG (2006), S. 906; OLG Düsseldorf v. 13.1.2006 I-16 U 137/04, AG (2006), S. 204.

[112] Vgl. Veit, DB (2005), S. 1699; kritisch: Steinmeyer/Häger, (2007), § 327c Rn. 12.

[113] Vgl. Veit, DB (2005), S. 1699.

[114] Vgl. Veit, DB (2005) S. 1699.

Die Prüfer haben das Recht, Bücher, Schriften, Belege und Protokolle der Zielgesellschaft zu prüfen (§ 320 Abs. 1 Satz 2 HGB).[115] Weiter steht den Prüfern ein Auskunftsrecht offen, das alle für die Prüfung notwendigen Aufklärungen und Nachweise in mündlicher und schriftlicher Form umfasst.[116]

Die Verantwortlichkeit des Prüfers erstreckt sich auf die Verpflichtung zu einer unparteiischen und gewissenhaften Prüfung sowie auf die Verschwiegenheitspflicht des Prüfers (§§ 327c Abs. 2 S. 4, 293d Abs. 2 AktG i.V. m. § 323 Abs. 1 HGB). Geschäfts- oder Betriebsgeheimnisse, die aufgrund der Prüfung erlangt wurden, dürfen nicht unbefugt verwertet werden (§ 323 Abs. 1 S. 2 HGB).[117]

2.4.5.6 Prüfungsgegenstand

Prüfungsgegenstand ist die Angemessenheit der angebotenen Barabfindung (§ 327c Abs. 2 Satz 2 AktG).[118] Hierzu zählt nicht die Prüfung der Rechtmäßigkeit oder der rechtlichen Voraussetzungen der Übertragung der Aktien.[119] Auch der Hauptaktionärsbericht (§ 327c Abs. 2 Satz 1 AktG) ist nicht direkt Teil der Squeeze-out-Prüfung.[120]

2.4.5.7 Prüfungsablauf und Umfang

Der Prüfer hat eine materielle Überprüfung durchzuführen, ob die Barabfindung angemessen ist. Die Fertigstellung des Prüfberichts erfolgt nach Vorlage des Bewer-

---

[115] Vgl. Veit, StuB (1999), S. 852; Ebke (2008), § 320 HGB, Rn. 7; Hopt/Merk (2012), § 320 HGB, Rn. 1.

[116] Vgl. Veit, StuB (1999), S. 852; Hopt/Merk (2012), § 320 HGB, Rn. 2.

[117] Vgl. Hopt/Merkt (2012), § 323 HGB, Rn. 1f.

[118] Vgl. Grunewald (2010), § 327c AktG, Rn. 11.

[119] Vgl. Grunewald (2010), § 327c AktG, Rn. 11; Eisolt, DStR (2002), S. 1147.

[120] Vgl. Veit, DB (2005), S. 1700.

tungsgutachtens und des Übertragungsberichts des Hauptaktionärs.[121] Der Prüfer hat nach herrschender Meinung keine eigenständige Unternehmensbewertung durchzuführen, er muss lediglich beurteilen, ob die zugrundeliegenden Methoden zweckadäquat sind.[122] Stützt sich die Gesamtbewertung auf das Ertragswertverfahren, so ist dessen Anwendung hinsichtlich der Bestandteile Prognose, Kapitalisierungszinssatz und nicht betriebsnotwendiges Vermögen zu überprüfen.[123] Wird bei der Bewertung der Liquidationswert herangezogen, so muss der Prüfer die Annahmen zur Geschwindigkeit und Intensität der Zerschlagung überprüfen. Auch der Börsenkurs ist vergleichend bei der Gesamtbewertung zu berücksichtigen.[124]

Im Regelfall wird ein Bewertungsgutachten erstellt, das in den Bericht des Hauptaktionärs übernommen wird oder das sich der Hauptaktionär zumindest zu eigen macht. Hat der Hauptaktionär zur Ermittlung der angemessenen Barabfindung einen Gutachter beauftragt, betrifft die Prüfung das Bewertungsgutachten.[125] Auch hier erfolgt lediglich eine kritische Überprüfung der Vorgehensweise.[126] Da das Bewertungsgutachten und der Prüfungsbericht bereits vor Einberufung der Hauptversammlung zu erstellen sind, erfolgt die Bewertung und Prüfung auf Basis der Informationen, die zu einem Stichtag vor Einberufung der Hauptversammlung vorliegen. Eventuelle Ereignisse, die bis zum Zeitpunkt der Beschlussfassung auf der Hauptversammlung eintreten, sind nachträglich bei Bemessung der Barabfindung zu berücksichtigen.[127] Oftmals beginnt die Prüfungstätigkeit des Squeeze-out-Prüfers bereits, bevor die Erstellung des Bewertungsgutachtens abgeschlossen ist (sog. Parallelprüfung). Trotz der damit verbundenen

---

[121] Vgl. Eisolt, DStR (2002), S. 1148.

[122] Vgl. Altmeppen (2010), § 293e AktG, Rn. 9; Veit, DB (2005), S. 1700.

[123] Vgl. Altmeppen (2010), § 293e AktG, Rn. 9 f.; Emmerich (2010), § 293e AktG, Rn. 10; bezogen auf Unternehmensverträge, Jung (1999), S. 203.

[124] Vgl. Veit, DB (2005) S. 1700.

[125] Vgl. Eisolt, DStR (2002), S. 1148.

[126] Vgl. Veit (2005), S. 1700.

[127] Vgl. Bukowski/Suerbaum (2010), Rn. 788.

Einschränkungen hinsichtlich der selbstständigen Prüfungsmöglichkeit hat sich eine derartige Vorgehensweise etabliert.[128]

2.4.5.8 Ausgestaltung des Prüfungsberichts

Der Bericht ist auf die Ergebnisse der Beurteilung der Angemessenheit der Barabfindung begrenzt. Jedoch ist ein gewisser Mindestumfang des Berichts nötig, um zu gewährleisten, dass die Minderheitsaktionäre sich ein eigenes Urteil bilden können (§ 327b AktG i.V.m. § 293e Abs. 1 AktG).[129] So soll der Bericht eine „Plausibilitätskontrolle durch den (sachkundigen) Adressaten"[130] ermöglichen. Der Gesetzgeber lässt die Ausgestaltung des Berichts und Einbindung der Mindestangaben offen. Es kann bei der Squeeze-out-Prüfung auf die Grundsätze, die für den Verschmelzungsbericht gelten, zurückgegriffen werden.[131] Zur Struktur von Prüfungsberichten lassen sich folgende Gliederungspunkte unterscheiden:

A. Prüfungsauftrag und Auftragsdurchführung

B. Rechtliche Verhältnisse der AG

C. Art und Umfang der Prüfung

D. Prüfung der Angemessenheit der Barabfindung an die Minderheitsaktionäre der AG

---

[128] Vgl. BGH v. 18.9.2006 II ZR 225/04, NZG (2006), S. 906; OLG Stuttgart v. 3.12.2003 20 W 6/03, NZG (2003), S. 148 f.; OLG Düsseldorf v. 11.8.2006 15 W 110/05, AG (2007), S. 367; OLG Karlsruhe v. 29.6.2006 7 W 22/06, AG (2007), S. 93; OLG München v. 26.10.2006 31 Wx 12/06, ZIP (2007), S. 377 f.; OLG Stuttgart v. 26.10.2006 20 W 14/05, NZG (2007), S. 114; OLG Stuttgart v. 4.5.2011 20 W 11/08, AG (2011), S. 561.

[129] Vgl. Veit (2005), S. 1701; Hüffer (2012), § 293e AktG, Rn. 3.

[130] Altmeppen (2010), § 293e AktG, Rn. 13.

[131] Vgl. Hüffer (2012), § 293e AktG, Rn. 3; ein Muster für den Prüfungsbericht findet sich auch bei: Hoffmann-Becking (2011), Band 1 X.4; zum Verschmelzungsbericht vgl. den Gliederungsvorschlag des IDW, vgl. IDW (2007), Band II D, Rn. 77.

E. Schlusserklärung.[132]

Zum Bereich A „Prüfungsauftrag und Auftragsdurchführung" sollte der Prüfer Auftragsbedingungen, Informationen zur Haftung, relevante Fachgutachten des IDW, vorhandene Prüfungsunterlagen und den Prüfungszeitraum angeben.[133] Im Abschnitt B „Rechtliche Verhältnisse der AG" werden grundlegende rechtliche Informationen zur Gesellschaft wie rechtliche Struktur, Unternehmenssitz und Grundkapital der Gesellschaft gegeben.[134] Abschnitt C, „Art und Umfang der Prüfung", beschreibt die Auswirkungen des § 327c AktG für die Prüfung, wozu anzumerken ist, dass der Hauptaktionärsbericht zur Prüfung herangezogen wird und Prüfungsgegenstand die Angemessenheit der vom Hauptaktionär festgesetzten Barabfindung ist.[135]

Im Abschnitt D zur „Prüfung der Angemessenheit der Barabfindung" erfolgt die Dokumentation über die Beurteilung, ob die angebotene Barabfindung gerechtfertigt ist.[136] Dieser Abschnitt bildet den eigentlichen Hauptteil des Berichts.[137] Dabei ist die Vorgehensweise der Bemessung der Abfindung kritisch zu hinterfragen. Über Bewertungsmethoden und Bewertungsschwierigkeiten sollte detailliert in eigenen Berichtsteilen Auskunft gegeben werden.[138] Angaben zu Bewertungsschwierigkeiten umfassen zusätzliche Bewertungsprobleme einzelner Branchen bei laufender Sanierung, Unternehmen, die sich in der Entstehungsphase befinden, oder etwa besondere Risiken hinsichtlich der zukünftigen Marktentwicklung.[139]

---

[132] Vgl. Eisolt, DStR (2002), S. 1148; Veit, DB (2005), S. 1701; Bukowski/Suerbaum (2010), Rn. 251.
[133] Vgl. Jung (1999), S. 232; Veit, DB (2005), S. 1701.
[134] Vgl. Bukowski/Suerbaum (2010), Rn. 811.
[135] Vgl. Bukowski/Suerbaum (2010), Rn. 812.
[136] Vgl. Veit, DB (2005), S. 1701.
[137] Vgl. Bukowski/Suerbaum (2010), Rn. 813.
[138] Vgl. Altmeppen (2010), § 293e AktG, Rn. 10; Veit, DB (2005), S. 1701.
[139] Vgl. Altmeppen (2010), § 239e AktG, Rn. 10; Emmerich (2010), § 293e AktG, Rn. 15.

Unter Bewertungsmethoden im Abschnitt D sind die Methoden darzustellen, nach denen die Abfindung ermittelt wurde. Da regelmäßig die Anwendung der Ertragswertmethode erfolgt, kann, sofern sie gewählt wird, eine detaillierte Verfahrensbeschreibung unterbleiben.[140] Dies bezieht sich jedoch nur auf das Modell Ertragswertmethode an sich, jedoch nicht auf deren Anwendung. Zu den einzelnen Schritten bei der Anwendung der Ertragswertmethode hat insbesondere eine Erläuterung der prognostizierten Nettoerträge, Ermittlung des Kapitalisierungszinses und die Ermittlung des nicht betriebswendigen Vermögens unter Bezug auf die Prüfungshandlungen zu erfolgen.[141] Bei einer börsennotierten Gesellschaft sind auch Angaben, in welcher Weise der Aktienkurs bei Bemessung der Abfindung Berücksichtigung findet, nötig.[142] Gemäß § 293e Abs. 1 S. 3 Nr. 3 AktG muss der Prüfbericht Informationen dazu enthalten, welche Abfindungsbeträge sich durch die Anwendung mehrerer verschiedener Methoden, falls mehrere angewandt worden sind, jeweils ergeben würden.[143]

Der letzte Teil, die Schlusserklärung gem. § 327c Abs. 2 S. 4 i.V.m. § 293e Abs. 1 Satz 2 AktG stellt einen zentralen, obligatorischen Punkt des Prüfungsberichts dar. In diesem Abschnitt wird festgehalten, ob der vom Hauptaktionär angebotene Abfindungsbetrag angemessen ist.[144]

---

[140] Vgl. Altmeppen (2010), § 239e AktG, Rn. 9; Emmerich (2010), § 293e AktG, Rn 10 f.; Hüffer (2012), § 293e AktG, Rn. 3 f.

[141] Vgl. Emmerich (2010), § 293e AktG Rn. 10; Veit (2005), S. 1701.

[142] Vgl. Koppensteiner (2004), § 293e AktG, Rn. 13.

[143] Vgl. auch Emmerich (2010), § 293e AktG, Rn. 12-14.

[144] Vgl. Altmeppen (2010), § 293e AktG, Rn. 14; Hüffer (2012), § 293e AktG, Rn. 7; Veit (2005), S. 1701.

2.4.6 Durchführung der Hautversammlung

2.4.6.1 Beschlussfassung

Der Übertragungsbeschluss der Hauptversammlung ist Voraussetzung für den Ausschluss der Minderheitsaktionäre.[145] Die Beschlussfassung erfolgt mit einfacher Mehrheit (§ 133 Abs. 1 AktG).[146] Inhalt des Beschlusses ist, dass alle Kapitalanteile der Minderheitsaktionäre gegen Entrichtung der angemessenen Barabfindung auf den zu bezeichnenden Hauptaktionär übergehen.[147] Die Höhe der Barabfindung ist im Übertragungsbeschluss anzugeben und gleicht den Verlust des Mitgliedschaftsrechts des Aktionärs an der Gesellschaft aus.[148]

2.4.6.2 Erläuterungen des Hauptaktionärs und des Vorstands, Auskunftsrecht der Minderheitsaktionäre

Die Information der Minderheitsaktionäre erfolgt zusätzlich zu den entsprechend § 327c Abs. 2. Nr. 1-4 AktG auszulegenden Unterlagen durch den Hauptaktionär und/oder Vorstand in der Hauptversammlung.[149] §327d AktG regelt zusätzlich zu den grundsätzlichen Vorschriften der §§ 118-149 AktG zur Durchführung die Information der Minderheiten auf der Hauptversammlung. Die Erläuterungspflicht des Vorstands der Zielgesellschaft wird auf Basis des § 176 AktG begründet.[150] Der Vorstand hat die Möglichkeit, die Erläuterung teilweise auf den Hauptaktionär zu übertragen (§ 327d S.

---

[145] Vgl. Grunewald (2010), § 327a AktG, Rn. 14.

[146] Vgl. Hüffer (2012), § 327a AktG, Rn. 11; Fuhrmann/Simon, WM 2002, S. 1212; Handelsrechtsausschuss des DAV, NZG 1999, S. 851; Sieger/Hasselbach, ZGR (2002), S. 142; Vetter, AG (2002), S. 186.

[147] Vgl. Grunewald (2010), § 327a AktG, Rn. 15; Hüffer (2012), § 327a AktG, Rn. 10.

[148] Vgl. Deutscher Bundestag, BT-Drucks. 14/7034, S. 72.

[149] Vgl. Santelmann/Hoppe (2010), Rn. 171.

[150] Vgl. OLG Hamburg v. 11.4.2003 11 U 215/02, ZIP (2003), S. 1348; Fleischer (2007), § 327d AktG, Rn. 7 f.; Singhof (2010), § 327d AktG, Rn. 3; Stange (2010), S. 224.

2 AktG). Eine Erläuterungspflicht seitens des Hauptaktionärs besteht indes nicht.[151] Haben sich jedoch Inhalte des schriftlichen Hauptaktionärsberichtsbericht geändert, so sind diese zu aktualisieren.[152] Die Ausführungen haben sich auf den Entwurf des Übertragungsbeschlusses sowie eventuellen Änderungen bis zum Anfang der Hauptversammlung und die Bemessung der Barabfindung zu richten (§ 327d S. 2 AktG). Die Minderheitsaktionäre genießen gegenüber der Zielgesellschaft ein allgemeines Auskunftsrecht (§ 131 Abs. 1 AktG).[153] Überlässt der Vorstand die Auskunft dem Hauptaktionär, macht sich die Gesellschaft die Erläuterungen des Hauptaktionärs zu eigen.[154]

2.4.7 Eintragung des Übertragungsbeschlusses in das Handelsregister

Die Eintragung des Übertragungsbeschlusses in das Handelsregister dient der Publizität sowie Rechtssicherheit durch registergerichtliche Kontrolle.[155] Die Anmeldung der Eintragung wird durch den Vorstand der Gesellschaft mit der Niederschrift des Übertragungsbeschlusses und Anlagen vorgenommen (§327e Abs. 1 AktG).[156] Zur zügigen Sicherstellung der Eintragung des Übertragungsbeschlusses sieht der Gesetzgeber verschiedene alternative Wege nach Anmeldung vor. Dadurch sollen die Aktionäre möglichst schnell Rechtssicherheit über ihre Position gegenüber der Zielgesellschaft erlangen.[157] § 327e Abs. 2 AktG verweist auf § 319 Abs. 5 und 6 AktG. Mit der Anmel-

---

[151] Vgl. OLG Köln v. 6.10.2003 18 W 36/03, Der Konzern (2004), S. 34; OLG Stuttgart v. 3.12.2003 20 W 6/03, NZG (2004), S. 147; Grzimek (2008), § 327d AktG, Rn. 3; Gesmann-Nuissl, WM (2002), S. 1209.

[152] Vgl. Deutscher Bundestag (2001), BT-Drucks. 14/7034, S. 73; Santelmann/Hoppe (2010), Rn. 185.

[153] Vgl. Habersack (2010), § 327d AktG, Rn. 5; Hüffer (2012), § 327d AktG, Rn. 1. Ist der Hauptaktionär jedoch ein verbundenes Unternehmen i.S.v. §§ 15 ff. AktG, so erstreckt sich die Auskunftspflicht auch auf die rechtlichen und geschäftlichen Beziehungen zum Hauptaktionär (§ 131 Abs. 1 S. 2 AktG).

[154] OLG Stuttgart v. 3.12.2003 20 W 6/03, NZG (2004), S. 147; Fleischer (2007), § 327d AktG, Rn. 5.

[155] Vgl. Habersack (2010), § 327e AktG, Rn. 1; Hüffer (2012), § 327e AktG, Rn. 1.

[156] Vgl. Hüffer (2012), § 327e AktG, Rn. 2.

[157] Vgl. Santelmann/Hoppe (2010), Rn. 190f.

dung hat der Vorstand eine Negativerklärung[158] abzugeben, liegt diese nicht vor, hindert dies die Eintragung.[159] In diesem Fall kann die Eintragung jedoch entsprechend § 327e Abs. 2 AktG i.V.m. § 319 Abs. 6 AktG über ein Unbedenklichkeits- bzw. Freigabeverfahren erreicht werden.[160]

Mit der Eintragung des Übertragungsbeschlusses in das Handelsregister ist die Wirksamkeit des Squeeze-out gegeben (§ 327e Abs. 3 S.1 AktG).[161] Die Anteile der Minderheitsaktionäre gehen auf den Hauptaktionär über (§327e Abs. 3 S.1 AktG). Damit endet die Mitgliedschaft der Minderheitsaktionäre an der Zielgesellschaft und es entsteht ihr Anspruch auf Barabfindung.[162] Falls Aktienurkunden ausgegeben worden sind, verbriefen sie nun den Anspruch auf Barabfindung (§ 327e Abs. 3 S. 2 AktG).[163] Der Anspruch auf Barabfindung wird entsprechend § 271 Abs. 1 BGB bzw. mit Herausgabe der Aktienurkunden gem. § 327b Abs. 2 AktG sofort fällig.[164]

2.4.8 Spruchverfahren

Im Spruchverfahren erfolgt die gerichtliche Überprüfung, ob das Abfindungsangebot angemessen ist (§ 327f S. 2 AktG). Das Spruchverfahren ist durch das Spruchgesetz (SpruchG) geregelt. Ist der Minderheitsaktionär der Meinung, die Barabfindung sei zu niedrig oder fehlerhaft berechnet, tritt anstelle der Klageerhebung das Spruchverfahren

---

[158] Damit versichert der Vorstand, dass keine Klagen (mehr) gegen den Übertragungsbeschluss vorliegen; vgl. Fleischer (2007), § 327e AktG, Rn. 7 f.

[159] Vgl. Fleischer (2007), § 327e AktG, Rn. 11; in Bezug auf § 16 UmwG vgl. BGH v. 5.10.2006 III ZR 283/05, DB (2006), S. 2563.

[160] Zum Freigabeverfahren vgl. Grunewald (2010), § 327e AktG, Rn. 5-7; zu Details des Verfahrensablaufs vgl. Santelmann/Hoppe (2010), Rn. 191- 193.

[161] Vgl. Grzimek (2008), § 327e AktG, Rn. 1; Gehling/Heldt/Royé (2007), S. 16.

[162] Vgl. Grunewald (2010), § 327e AktG, Rn. 10; Habersack (2010), § 327e AktG, Rn. 10.

[163] Vgl. Fleischer (2007), § 327e AktG, Rn. 49; Polte/Weber/Kaisershot-Abdmoulah (2007), AG 2007, S. 692.

[164] Vgl. Steinmeyer/Häger (2002), § 327b Rn. 59; Fleischer (2007), § 327e AktG, Rn. 48; Singhof (2010), § 327b AktG, Rn. 9; Heidel/Lochner (2011), § 327b AktG, Rn. 13; zur Verzinsung des Barabfindungsanspruchs ab Fälligkeit vgl. § 247 BGB.

(§ 327f S. 1 AktG).[165] Dadurch soll verhindert werden, dass die Durchführung des Minderheitenausschlusses an der Bemessung der Barabfindung scheitert. Das Spruchverfahren stellt ein eigenständiges Verfahren dar, das keinen Einfluss auf den Ausschluss der Minderheitsaktionäre hat.[166] Jeder der Minderheitsaktionäre kann einen Antrag auf Einleitung des Spruchverfahrens stellen, sobald der Squeeze-out in das Handelsregister eingetragen ist (§ 3 Nr. 2 SruchG).[167] Der Antrag muss innerhalb von drei Monaten nach Bekanntmachung des Squeeze-out gestellt werden (§ 4 Abs. 1 Nr.3 SruchG).[168] Antragsgegner ist der Hauptaktionär (§ 5 Nr. 3 SpruchG).[169]

Das Gericht bestellt einen gemeinsamen Vertreter (§ 6 SpruchG), um auch die Interessen der ausgeschlossenen Aktionäre zu wahren, die das Spruchverfahren nicht eingeleitet haben.[170] Der Verfahrensausgang ist auch für diejenigen Minderheitsaktionäre bindend, die das Verfahren selbst nicht betrieben haben (§ 13 SpruchG).[171] Das Verfahren endet regelmäßig mit dem Beschluss des Gerichts, in dem es bei einem begründeten Antrag der Minderheitsaktionäre die angemessene Barabfindung entsprechend § 327 b Abs. 2 AktG festsetzt.[172] Die Verfahrenskosten hat der Hauptaktionär zu tragen (§ 15 Abs. 2 S. 1 SpruchG).[173]

---

[165] Vgl. Habersack (2010), § 327f AktG, Rn. 1.

[166] Vgl. Hüffer (2012), § 327f AktG, Rn. 1.

[167] Vgl. Habersack (2010), § 327f AktG, Rn. 7; Koppensteiner (2004), Anhang § 327e, Rn. 16.

[168] Vgl. Drescher (2010), § 4 SpruchG, Rn. 3-7.

[169] Vgl. Kubis (2010), § 5 SpruchG, Rn. 2.

[170] Vgl. Kubis (2010), § 6 SpruchG, Rn. 1.

[171] Vgl. Emmerich (2010), § 13 SpruchG, Rn. 3.

[172] Vgl. Emmerich (2010), § 13 SpruchG, Rn. 2.

[173] Vgl. Drescher (2010), § 15 SpruchG, Rn. 16.

2.5 Dokumentation und Berichterstattung bei Unternehmensbewertungen auf Basis des IDW S 1

Die Berichterstattung hat das Ziel, dem Leser die Plausibilisierung der Annahmen, Grundsatzüberlegungen und Wertermittlung zu ermöglichen.[174] Aus den Ergebnissen des Gutachtens muss eine Beurteilung anfänglicher Fragestellungen möglich sein.[175] Im Gutachten ist ein eindeutiger Unternehmenswert oder eine Wertspanne auszuweisen und zu begründen. Die dazu nötigen Überlegungen und Details sind gemäß den Grundsätzen ordnungsgemäßer Berichterstattung unter Berücksichtigung der Zielsetzung zu erläutern.[176]

Im Gutachten muss erwähnt sein, in welcher Funktion der Wirtschaftsprüfer tätig war und welches Wertkonzept (subjektiver Entscheidungswert, Einigungswert, objektivierter Unternehmenswert) bei der Bewertung verfolgt wurde.[177] Der Gutachter muss in angemessener Weise die Vorgehensweise und das verwendete Bewertungsverfahren erläutern. Er hat auch auf die Vorgehensweise bei der Prognose und Diskontierung der finanziellen Überschüsse einzugehen. Der Umfang und die Qualität der herangezogenen Daten müssen aus den Überlegungen ersichtlich sein. Dem Grundsatz der Klarheit entsprechend müssen die wesentlichen Annahmen und eventuelle Vereinfachungen beschrieben werden. Bei den getroffenen Annahmen muss kenntlich gemacht werden, ob es sich dabei um Annahmen, die von sachverständigen Dritten getroffen wurden, um vorgenommene Prämissen des Gutachters bzw. Typisierungen oder Annahmen und Vorgaben des Auftraggebers handelt.[178] Weiter sind Plausibilitätsüberlegungen zu erörtern, die anhand von Vergleichen mit anderen Unternehmen angestellt werden. Da der Börsenkurs bei Squeeze-out allgemein einen Mindestwert darstellt, ist besonders

---

[174] Vgl. IDW (2007), Band II A, Rn. 553.

[175] Vgl. IDW (2007), Band II A, Rn. 553; IDW, WPg (1983), S. 480.

[176] Vgl. IDW (2007), Band II A, Rn. 554.

[177] Vgl. IDW (2007), Band II A, Rn. 555.

[178] Vgl. IDW (2007), Band II A, Rn. 556.

dessen Eignung zu untersuchen.[179] Aus dem IDW S 1 geht folgender Vorschlag für die Gliederung des Gutachtens hervor:

„A. Auftrag und Auftragsdurchführung

B. Bewertungsgrundsätze und Methoden

C. Beschreibung des Bewertungsobjekts

1. Rechtliche und steuerliche Verhältnisse

2. Wirtschaftliche Grundlagen

3. Vermögens-, Finanz- und Ertragslage

D. Ermittlung des Unternehmenswerts

1. Ermittlung der erwarteten Nettoausschüttungen

2. Ermittlung des Kapitalisierungszinssatzes

3. Ableitung des Ertragswerts für das laufende Geschäft

4. Gesondert bewertete Vermögensteile

5. Unternehmenswert

E. Plausibilisierung auf der Grundlage von Marktdaten

F. Zusammenfassendes Ergebnis“[180]

---

[179] Vgl. IDW (2007), Band II A, Rn. 558.

Umfang und Detaillierung der Berichterstattung hängen grundsätzlich von den Erwartungen und Geheimhaltungserfordernissen ab.[181]

Im Vorschlag des IDW umfasst Abschnitt A Angaben zu Auftraggeber, Auftrag (Bewertungsobjekt und Stichtag sowie Bewertungsanlass), Zeitraum und Ort der Auftragsdurchführung sowie Angaben zu den zur Verfügung stehenden Unterlagen und zu Personen die Auskunft erteilen, darüber hinaus die Vollständigkeitserklärung, der verwendete Bewertungsstandard, die Funktion des Gutachters und schließlich Ausführungen zu den Auftragsbedingungen und der Verantwortlichkeit.[182]

Durch Abschnitt B „Bewertungsgrundsätze und Methoden" wird die allgemeine methodische Darstellung des verwendeten Bewertungsverfahrens erfasst.[183]

Im Abschnitt C „Beschreibung des Bewertungsobjekts" werden die wirtschaftlichen Grundlagen, die Geschäftstätigkeit und Überlegungen zu Markt und Wettbewerb des Unternehmens mit Marktpositionierung und Wettbewerbssituation ausgeführt sowie Stärken und Schwächen des Unternehmens angegeben. Zur Vermögens- Finanz- und Ertragslage sind Angaben zur Vergangenheitsanalyse und Bereinigung zu erörtern.[184]

Unter Abschnitt D „Ermittlung des Unternehmenswerts" fällt die Ermittlung der Cashflows aus der gewöhnlichen Geschäftstätigkeit mit Analyse der Planungsrechnung. Dabei kann nach Erträgen und Aufwendungen (operatives Ergebnis), Beteiligungsergebnis, Zinsergebnis, Ertragssteuern und den Nettoausschüttungen differenziert werden. Abschnitt D umfasst weiter Informationen zur Ermittlung des Kapitalisierungszinssatzes und der Ermittlung des Ertragswerts. Schließlich fallen in diesen Teil die

---

[180] IDW (2007), Band II A, Rn. 559; vgl. zu einem ähnlichen Gliederungsvorschlag Helbling (2009), S. 260-262.

[181] Vgl. Helbling (2009), S. 259.

[182] Vgl. IDW (2007), Band II A, Rn. 559.

[183] Vgl. IDW (2007), Band II A, Rn. 559.

[184] Vgl. IDW (2007), Band II A, Rn. 559.

Erläuterung des nicht betriebsnotwendigen Vermögens, steuerliche Verlustvorträge oder gesondert bewertete Beteiligungen. Am Ende von Abschnitt D folgen die Ausführungen zum ermittelten Unternehmenswert. [185]

Alternativ kann auch die Analyse der vergangenen Ertragslage in die Planungsrechnung integriert werden. Der Abschnitt C beschränkt sich dadurch auf die Ausführungen zur Vermögens- und Finanzlage.[186] Im folgenden Abschnitt E „Plausibilisierung auf der Grundlage von Marktdaten" erfolgt die Plausibilisierung des vom Gutachter ermittelten Bewertungsergebnisses anhand von Marktdaten, wofür meist ein vergleichsorientierter Ansatz, wie das Multiplikatorverfahren, verwendet wird. Dazu erfolgt der Vergleich des Bewertungsergebnisses mittels eines über eine Bezugsgröße eines anderen Unternehmens berechneten Multiplikators.[187] Das Gutachten schließt mit einem zusammenfassenden Ergebnis, in dem im Fall des aktienrechtlichen Squeeze-out die ermittelte Barabfindung ausgewiesen wird.

---

[185] Vgl. IDW (2007), Band II A, Rn. 559.

[186] Vgl. IDW (2007), Band II A, Rn. 559.

[187] Vgl. Löhnert/Böckmann (2009), S. 569.

3 Ökonomische Analyse des Squeeze-out

Mit der ökonomischen Analyse wird die Anreizsituation der am Squeeze-out beteiligten Parteien untersucht, um Aufschluss für die an konkreten Ausschlussverfahren beteiligten Personengruppen zu geben, welche Strategien der jeweiligen Parteien im Verfahren und bei der Bemessung der Barabfindung bestehen.

Erfüllt der Hauptaktionär die Voraussetzungen[188] zur Durchführung des Squeeze-out, so kann er wählen, ob er den Squeeze-out durchführen möchte. Der Hauptaktionär wird folglich die Option zur Durchführung nur dann ergreifen, wenn er sich durch den Minderheitenausschluss einen Nutzen erwartet, der die Kosten des Minderheitenausschlusses übersteigt.[189] Folgend werden deshalb die aus dem Minderheitenausschluss resultierenden Kosten und Nutzen für den Minderheits- und Mehrheitsaktionär basierend auf bestehender Literatur zusammengetragen, um dadurch im ersten Schritt die Anreizsituation der beiden Parteien zu erschließen. Darauf aufbauend werden die verschiedenen Handlungsalternativen der Parteien abgeleitet und auf Basis einer spieltheoretischen Betrachtung untersucht, ob eine dominante Strategie für die Parteien im Squeeze-out-Prozess besteht.

3.1 Hauptaktionär

3.1.1 Nutzen

Der Nutzen des Squeeze-out für den Hauptaktionär besteht einerseits im Einsparungspotenzial direkt messbarer Kosten[190] und umfasst andererseits Komponenten, die nicht unmittelbar monetär fassbar sind, sogenannte indirekte Kosten.[191] Die einsparungsfä-

---

[188] Siehe Kapitel 2.4.1.

[189] Vgl. Rathausky (2008), S. 22; Stöckl (2010), S. 109.

[190] Vgl. Rathausky (2008), S. 78.

[191] Vgl. Rathausky (2008), S. 74.

higen direkten Kosten der Zielgesellschaft setzen sich vorwiegend aus den jährlichen Beschlussfassungs- und Publizitätskosten zusammen.[192] Bei einer Befragung von Unternehmen, bei denen im Jahr 2002 zum Stichtag 10.5.2002 ein Hauptaktionär mindestens 95% der Anteile hielt, erhielt Gampenrieder (2004) auf Basis von 28 Antworten die Information, dass die jeweiligen Hauptaktionäre die jährlich einsparungsfähigen Beschlussfassungskosten in einem breiten Intervall zwischen 10.000 € und 807.000 € (arithmetischer Mittelwert 114.000 €) einordnen.[193] Die einsparungsfähigen Publizitätskosten liegen in seiner Befragung zwischen 12.000 € und 807.000 € (arithmetischer Mittelwert 163.000 €).[194]

Rathausky (2008) beziffert auf Basis der Auskünfte in 89 Antworten bei einer Befragung von Unternehmen, bei denen vor dem 31.12.2003 ein Squeeze-out erfolgte oder unmittelbar bevorstand,[195] die gesamten, jährlich einsparungsfähigen Beschlussfassungskosten zwischen 1.000 € und 1.570.000 € (arithmetischer Mittelwert 173.000 €).[196] Die einsparungsfähigen Publizitätskosten liegen in seiner Befragung auf Basis von 81 Fällen zwischen 4.000 € und 1.250.000 € (arithmetischer Mittelwert 94.000 €).[197] Für 91,1% von 101 befragten Unternehmen waren die Beschlussfassungskosten, für 72,3% der befragten Unternehmen die Publizitätskosten zumindest ein wichtiger Grund für die Durchführung des Squeeze-out.[198]

Indirekte Minderheitenkosten fallen an, wenn der Hauptaktionär aus „strategischen, wirtschaftlichen oder aus geschäftspolitischen“[199] Interessen eine Veränderung der Ei-

---

[192] Vgl. Gampenrieder (2004), S. 118.
[193] Vgl. Gampenrieder (2004), S. 120.
[194] Vgl. Gampenrieder (2004), S. 119.
[195] Vgl. Rathausky (2008), S. 45.
[196] Vgl. Rathausky (2008), S. 86.
[197] Vgl. Rathausky (2008), S. 88.
[198] Vgl. Rathausky (2008), S. 78 f. Rathausky verwendet in seiner Befragung eine Skala mit den fünf Schritten „ausschlaggebend“, „sehr wichtig“, „wichtig“, „weniger wichtig“ und „unwichtig“.
[199] Vetter (2002), S. 178.

gentümer- oder Kapitalstruktur beabsichtigt und sich dieses Vorhaben nur unter großem Aufwand und Inkaufnahme zeitlicher Verzögerung realisieren lässt.[200] Rathausky (2008) ordnet die einsparungsfähigen Minderheitenkosten den Bereichen Transaktionssicherheit, Flexibilität und vollständige Integration zu.[201] Durch die erhöhte Transaktionssicherheit nach Durchführung des Squeeze-out kann der Hauptaktionär ungehindert strategische Entscheidungen treffen, was für 81,1% der befragten Unternehmen mindestens ein wichtiger Grund für den Squeeze-out war. Aufgrund höherer Flexibilität kann die Zielgesellschaft Struktur- und Kapitalmaßnahmen, welche die Einberufung einer Hauptversammlung voraussetzen, sobald erforderlich, zeitnah durchführen. Dies war für 92,1% der befragten Unternehmen zumindest ein wichtiges Argument zur Durchführung des Squeeze-out.[202] Die Möglichkeit zur vollständigen Integration der Zielgesellschaft in ein anderes Unternehmen war für 83,8% der befragten Gesellschaften mindestens ein wichtiger Grund zur Durchführung des Squeeze-out.[203]

3.1.2 Kosten

Mit der Durchführung des Squeeze-out entstehen für den Hauptaktionär einmalige, direkt messbare Ausschlusskosten und indirekte, nicht unmittelbar monetär fassbare Kosten, die durch den Ausschluss entstehen.[204] Zu den direkten Ausschlusskosten zählt Rathausky (2008) beispielsweise Kosten für Rechtsberatung, für die Gutachtenerstellung und Prüfung des Gutachtens oder für die Bankgarantie. Kosten, die durch Anfechtungsklagen oder das Spruchverfahren entstehen, werden von ihm nicht zu den direkten Ausschlusskosten gezählt, da sie von der Vorbereitung und Durchführung des Minderheitenausschlusses abhängen und somit optional sind. Auch die geleisteten Abfindungszahlungen werden nicht unter den direkten Ausschlusskosten erfasst, da der

---

[200] Vgl. Helmis/Kemper (2002), S. 520; Vetter (2002), S. 178; Gampenrieder (2004), S. 113 f.

[201] Vgl. Rathausky (2008), S. 74-77.

[202] Vgl. Rathausky (2008), S. 75f.

[203] Vgl. Rathausky (2008), S. 77.

[204] Vgl. Rathausky (2008), S. 91, 100.

Hauptaktionär im Gegenzug die Unternehmensanteile erhält (deren Nettokapitalwert für ihn annahmegemäß zumindest der geleisteten Abfindungszahlung entspricht).[205] In der Studie von Rathausky (2008) beziffern 85 Zielgesellschaften die gesamten direkten Ausschlusskosten zwischen 4.000 € und 4.525.000 € (arithmetischer Mittelwert 475.000 €).[206] In Bezug auf die Relevanz der Ausschlusskosten erachten 66% von 100 befragten Zielgesellschaften diesen Kostenbestandteil für weniger wichtig oder unwichtig.[207] Für die ökonomische Abwägung des Squeeze-out sind für den Hauptaktionär eventuell entstehende (außerordentliche) Kosten durch Anfechtungsklagen und Spruchverfahren in 60% der Fälle zumindest wichtig zur Abwägung der Kosten und des Nutzens des Squeeze-out.[208] Gampenrieder (2004) setzt die Kosten für das Gutachten und dessen Prüfung pauschal mit 250.000 € an.[209]

Indirekte Kosten entstehen für den Hauptaktionär eventuell durch den sinkenden Bekanntheitsgrad und die sinkende Reputation, wenn das Unternehmen nach dem erfolgten Squeeze-out von der Börse genommen wird. Dieses Argument stufen jedoch 66% der befragten Unternehmen als weniger wichtig oder unwichtig und nur 19% als mindestens wichtig ein.[210] Eine eventuell folgende schlechtere Bonitätsbeurteilung oder der Wegfall von Kapitalbeschaffungsmöglichkeiten spielen der Befragung von Rathausky (2008) zufolge eine untergeordnete Rolle.[211]

3.1.3 Nettobarwert

Rathausky (2008) ermittelt auf Basis der einsparungsfähigen, direkten Minderheitenkosten der Zielgesellschaft einen Barwert und subtrahiert davon die einmaligen Aus-

---

[205] Vgl. Rathausky (2008), S. 91.
[206] Vgl. Rathausky (2008), S. 94.
[207] Vgl. Rathausky (2008), S. 104.
[208] Vgl. Rathausky (2008), S. 104 f.
[209] Vgl. Gampenrieder (2004), S. 122.
[210] Vgl. Rathausky (2008), S. 100.
[211] Vgl. Rathausky (2008), S. 102 f.

schlusskosten, die beim Mehrheitsaktionär anfallen, um den Nettobarwert des Squeeze-out zu erhalten.[212] Die Höhe des ökonomischen Vorteils ist seinen Berechnungen zufolge für 84 einbezogene Zielgesellschaften durchwegs positiv und bewegt sich zwischen 95.000 € und 45,9 Mio. € (arithmetischer Mittelwert 5,4 Mio. €).[213] Gampenrieder (2004) errechnet Nettobarwerte zwischen 300.000 € und 32 Mio. € (arithmetischer Mittelwert 5,3 Mio. €).[214]

3.2 Minderheitsaktionär

Aufseiten der Minderheitsaktionäre wird dem zwangsweise ausscheidenden Anteilseigner die Möglichkeit genommen, an potenziellen Wertsteigerungen des Unternehmens zu partizipieren.[215] Die Barabfindung unterliegt weiter der Besteuerung, entspricht jedoch, sofern sie angemessen ist, der vollen Entschädigung für den entzogenen Nutzen,[216] da „der Schutz der Minderheitsaktionäre gebietet, dass sie jedenfalls nicht weniger erhalten, als sie bei einer freien Deinvestitionsentscheidung zum Zeitpunkt der unternehmensrechtlichen Maßnahme erhalten hätten“[217]. Der Nutzen des Squeeze-out für die Minderheitsaktionäre besteht folglich in den Zahlungen, die sie im Ausschlussverfahren erhalten. Wenn der Nutzen des Squeeze-out für den Minderheitsaktionär den ihm entstehenden Kosten entspricht, liegt der Nettobarwert des Ausschlusses bei null.

---

212 Vgl. Rathausky (2008), S. 81 f.

213 Vgl. Rathausky (2008), S. 96.

214 Vgl. Gampenrieder (2004), S. 122.

215 Vgl. Baums (2001), S. 31.

216 Ähnlich: Baums (2001), S. 30.

217 BVerfG v. 27.04.1999 1 BvR 1613/94, BB (1999), S. 1779; BVerfG v. 20.12.2010 1 BvR 2323/07, NZG (2011), S. 235.

3.3 Anreizsituation der beteiligten Parteien

Der Hauptaktionär *(HA)* wird versuchen, die durch den Squeeze-out *(SO)* entstehenden (erwarteten) Kosten zu minimieren und den resultierenden Nutzen zu maximieren:

$$[E\big((U)SO\big) - E(K^{SO})] \rightarrow max! \qquad (3.1)$$

mit:

$E\big((U)SO\big) =$ erwarteter Nutzen des Squeeze-out

$E(K^{SO}) =$ erwartete Kosten des Squeeze-out

Der Nutzen des Hauptaktionärs ist annahmegemäß eindimensional und besteht aus den einsparungsfähigen, direkten Kosten und einsparungsfähigen indirekten (nicht unmittelbar monetär fassbaren) Kostenbestandteilen. Der Nutzen kann vom Hauptaktionär vorab abgeschätzt werden und ist unabhängig von den Alternativen, die dem Hauptaktionär nach dem Entschluss, den Squeeze-out durchzuführen, offenstehen.[218]

Die erwarteten Kosten des Squeeze-out für den Hauptaktionär setzen sich aus den direkten Ausschlusskosten K^D und weiteren Kostenbestanteilen, den vom Hauptaktionär festgesetzten, zu entrichtenden Barabfindungsbetrag *(B)* und eventuell entstehenden Kosten durch ein Spruchverfahren, zusammen: [219]

$$E(K^{SO}) = K^D + B + E(K^{Sp}) + E(A^{Sp}) \qquad (3.2)$$

mit:

---

[218] Gleiches wird für die direkten Ausschlusskosten K^D unterstellt.

[219] Indirekte (nicht unmittelbar monetär fassbare) Ausschlusskosten werden im folgenden Modell vernachlässigt, da sie laut Rathausky (2008) als unwesentlich eingestuft werden können, vgl. Abschnitt 3.1.2.

K^D= direkte Ausschlusskosten

B= vom Hauptaktionär festgesetzte zu entrichtende Barabfindung

$E(K^{Sp})$= erwartete Verfahrenskosten durch ein Spruchverfahren

$E(A^{Sp})$= erwartete Aufstockung der Barabfindung im Spruchverfahren

Der Hauptaktionär wird folglich, soweit möglich, versuchen,[220] die erwarteten Kosten der zu zahlenden Barabfindung und die erwarteten Belastungen durch das Spruchverfahren zu minimieren:

$$E(K^{SO}) = K^D + B + E(K^{Sp}) + E(A^{Sp}) \rightarrow min! \qquad (3.3)$$

Auch die Minderheitsaktionäre *(MA)* werden versuchen, analog zum Hauptaktionär ihren Nutzen, der aus dem Zwangsausschluss resultiert, zu maximieren. Der Nutzen besteht für sie annahmegemäß aus den beim Squeeze-out erhaltenen Zahlungen. Den Minderheitsaktionären entstehen vorwiegend Kosten durch den Verlust des Mitgliedschaftsrechts an der Gesellschaft, worauf sie annahmegemäß keinen Einfluss ausüben können, da über die Durchführung des Squeeze-out der Mehrheitsaktionär bestimmt.[221] Da der Barabfindungsbetrag vom Hauptaktionär festgesetzt wird, haben die Minderheitsaktionäre an dieser Stelle keine Möglichkeit zur Einflussnahme auf die Höhe der Barabfindung. Den Minderheitsaktionären steht im Anschluss die Möglichkeit offen, die Barabfindung im Spruchverfahren gerichtlich überprüfen zu lassen und gegebenenfalls eine Aufstockung der Barabfindung zu erzielen. Die Minderheitsaktio-

[220] Dies betrifft insbesondere die durch die Grundsätze zur Durchführung von Unternehmensbewertungen (IDW S 1) bestehenden Vorgaben, die bei Bemessung der Barabfindung einzuhalten sind; vgl. Abschnitt 2.4.5.

[221] Die Möglichkeit zur Blockierung des Minderheitenausschlusses durch Anfechtungsklagen wird an dieser Stelle nicht betrachtet.

näre können folglich nur über die Einleitung des Spruchverfahrens die ihnen vom Hauptaktionär zu entrichtende Barabfindung über eine Aufstockung beeinflussen.[222]

3.4 Spieltheoretische Betrachtung

Der Squeeze-out kann als strategische Entscheidungssituation interpretiert werden, aus der als Ergebnis ein bestimmter Barabfindungsbetrag resultiert, der von den Entscheidungen der beteiligten Entscheidungsträger „Hauptaktionär *(HA)*“ und „Minderheitsaktionär *(MA)*“ abhängt.[223] Aufgrund seines sequenziellen Charakters kann der Squeeze-out über einen Spielbaum abgebildet werden, in dem alle möglichen Spielverläufe dargestellt werden. Dadurch werden auch die zeitliche Struktur der jeweiligen Züge sowie der Informationsstand der beteiligten Spieler erfasst.[224] Da der Gutachter vom Hauptaktionär bestellt wird, dieser den Barabfindungsbetrag für den Hauptaktionär ermittelt, die Festsetzung letztendlich jedoch durch den Hauptaktionär erfolgt, wird nicht zwischen Gutachter und Hauptaktionär unterschieden. Da der Hauptaktionär über (private) Informationen der Zielgesellschaft zur Festsetzung der Barabfindung verfügt, die den Minderheitsaktionären nicht zugänglich sind, liegt eine Spielform mit unvollständiger Information vor.[225] An den jeweiligen Knotenpunkten in Abbildung 3-1 können die Spieler zwischen verschiedenen Handlungsalternativen wählen.[226]

---

[222] Croci/Erhard/Nowak (2012) zeigen, dass bei 92 Squeeze-outs im Zeitraum 2002-2010 in Deutschland, bei denen ein Spruchverfahren eingeleitet und bereits abgeschlossen wurde, die durchschnittliche Erhöhung der Barabfindung im Spruchverfahren bei 48,3% (Median 22,9%) mit stark abnehmender Tendenz lag; vgl. Croci/Erhard/Nowak (2012), S. 27.

[223] Vgl. Holler/Illing (2006), S. 1.

[224] Vgl. Holler/Illing (2006), S. 13.

[225] Vgl. Rieck (2008), S. 138 f.

[226] Vgl. Holler/Illing (2006), S. 13.

Abbildung 3-1: Spielbaum bei Squeeze-out

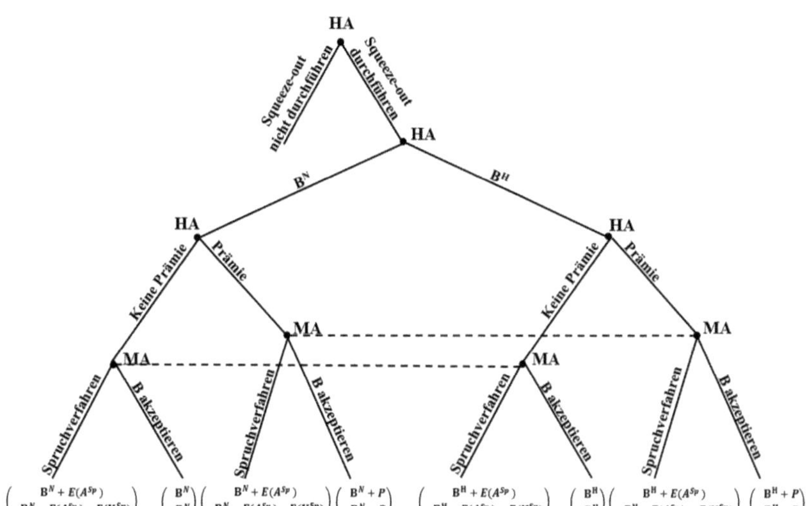

Zu Beginn hat der Hauptaktionär zu entscheiden, ob er den Squeeze-out einleitet oder nicht. Durch diese Möglichkeit steht dem Hauptaktionär eine Outside Option[227] offen, um das Spiel bzw. Verfahren abzubrechen. Entschließt er sich zum Squeeze-out, hat der Hauptaktionär die Möglichkeit,[228] die Barabfindung im Rahmen der zu beachtenden Bewertungsvorgaben tendenziell hoch oder niedrig festzusetzen:[229]

$$B^i \; mit \, i = \{H, N\} \qquad (3.4)$$

mit:

B^H= tendenziell hoch festgesetzte Barabfindung

---

[227] Vgl. Rieck (2008), S. 243.

[228] Dies betrifft insbesondere die Grundsätze zur Durchführung von Unternehmensbewertungen (IDW S 1), die bei Bemessung der Barabfindung einzuhalten sind; vgl. Abschnitt 2.4.5.

[229] Vgl. zu der Lokalisierung von Ermessensspielräumen Abschnitt 6.5.2.

B^N= tendenziell niedrig festgesetzte Barabfindung

Die Gesellschaft ist verpflichtet, dem Hauptaktionär alle zur Ermittlung der Barabfindung notwendigen Informationen mitzuteilen bzw. auszuhändigen (§327b Abs. 1 S. 2 AktG), der somit über private Informationen verfügt, die den Minderheitsaktionären vorenthalten sind. Somit besitzen die Minderheitsaktionäre nicht denselben Informationsstand wie der Hauptaktionär, sie können annahmegemäß nicht verifizieren, ob Ermessensspielräume existieren und wie der Hauptaktionär diese bei Bestimmung der Barabfindung nutzt.

Am nächsten Knotenpunkt in Abbildung 3-1 besteht für den Hauptaktionär zusätzlich die Möglichkeit, den Minderheitsaktionären eine Prämie anzubieten, die ausgezahlt wird, wenn diese auf die Einleitung des Spruchverfahrens verzichten.[230] Die Höhe der Prämie ist annahmegemäß unabhängig von der jeweils gewählten Strategie. Im letzten Schritt stehen die Minderheitsaktionäre unabhängig davon, ob der Hauptaktionär eine Prämie anbietet oder nicht, vor der Entscheidung, ob sie ein Spruchverfahren einleiten oder die Barabfindung akzeptieren. Leiten die Minderheitsaktionäre ein Spruchverfahren zur Überprüfung der Angemessenheit der Barabfindung ein, trägt der Hauptaktionär die Verfahrenskosten. Die Zahlungen, die sich für beide Parteien unter Berücksichtigung der jeweiligen Strategien ergeben, sind in den Vektoren am unteren Ende des Spielbaums der Abbildung 3-1 zusammengefasst, in der oberen Zeile der Vektoren jeweils für den Minderheitsaktionär und in der unteren Zeile der Vektoren für den Hauptaktionär.

Die Zahlungen, die der Minderheitsaktionär abhängig von der jeweiligen Strategie erhält, stehen in folgendem Zusammenhang:

---

[230] Es konnten sieben Squeeze-out-Fälle, bei denen diese Möglichkeit gewählt wurde, identifiziert werden, bei denen sich im Zeitraum 2005-2011 ein Delisting anschloss; vgl. Hoppenstedt Aktienführer (2011), S. V20-V25.

$$B^i + E(A^{Sp}) \geq B^i \qquad (3.5)$$

$$B^i + P > B^i \qquad (3.6)$$

mit:

P= Prämie

Für die Minderheitsaktionäre dominieren folglich diejenigen Strategien, in denen sie entweder ein Spruchverfahren einleiten oder, wenn eine Prämie angeboten wird, die Barabfindung und Prämie akzeptieren, diejenigen Strategien, in denen sie lediglich die Barabfindung erhalten. Bietet der Hauptaktionär eine Prämie an, ist die Annahme der Prämie so lange vorteilhaft, als sie mindestens der Aufstockung der Barabfindung im Spruchverfahren entspricht. Die Minderheitsaktionäre können jedoch keine Erwartung über die Aufstockung der Barabfindung im Spruchverfahren formulieren, da sie nicht über die private Information des Hauptaktionärs verfügen. Für den Fall, dass eine Prämie angeboten wird, kann somit keine Aussage getroffen werden, ob die Strategie der Annahme der Barabfindung und Prämie oder die Einleitung des Spruchverfahrens für die Minderheitsaktionäre vorteilhaft ist. Bietet der Hauptaktionär keine Prämie an, dominiert für die Minderheitsaktionäre die Strategie, ein Spruchverfahren einzuleiten, da für sie dadurch keine weiteren Kosten entstehen, jedoch die Möglichkeit einer Aufstockung der Barabfindung und damit ein möglicher Zuwachs der Zahlung, die sie erhalten, besteht.

Die Zahlung einer Prämie ist für den Hauptaktionär vorteilhaft, solange sie geringer als die Summe aus den Verfahrenskosten des Spruchverfahrens und der erwarteten Aufstockung der Barabfindung im Spruchverfahren ist. Er wird folglich, um seinen Nutzen zu maximieren, eine Prämie anbieten, die unter der Summe aus Verfahrenskosten und erwarteter Aufstockung der Barabfindung liegt. Damit ergibt sich:

$$B^i + E(A^{Sp}) + E(K^{Sp}) > B^i + P \qquad (3.7)$$

Maximiert der Hauptaktionär seinen Nutzen, dominiert die Strategie, eine niedrige Barabfindung anzubieten, da für die Minderheitsaktionäre nicht ersichtlich ist, ob es sich um einen hohen oder niedrigen Barabfindungsbetrag handelt. Zusätzlich kann er eine Prämie anbieten, die unter der Summe aus Verfahrenskosten und erwarteter Aufstockung der Barabfindung liegt.

3.5 Ergebnis – Forschungsfrage 1

Im Mittelpunkt der ökonomischen Analyse steht die Forschungsfrage 1, welche Anreizmuster der beiden beteiligten Parteien Hauptaktionär und Minderheitsaktionäre im Squeeze-out-Verfahren existieren und ob diesbezüglich eine dominante Strategie für das Verhalten der Parteien feststellbar ist. Der Nutzen des Squeeze-out für den Hauptaktionär besteht aus einsparungsfähigen direkten und indirekten Kostenbestandteilen. Die einsparungsfähigen direkten Kostenbestandteile umfassen hauptsächlich Publizitäts- und Beschlussfassungskosten, die indirekten Kostenbestanteile betreffen die Bereiche Transaktionssicherheit, Flexibilität und vollständige Integration. Der Hauptaktionär sowie die Minderheitsaktionäre werden annahmegemäß die durch den Squeeze-out entstehende Kosten-Nutzen-Relation zu maximieren versuchen. Der Hauptaktionär wird den Squeeze-out nur dann durchführen, wenn er davon ausgeht, dass für ihn der Nutzen des Verfahrens die entstehenden erwarteten Kosten übersteigt. Bestehen Ermessensspielräume bei der Festsetzung der Barabfindung, besteht die dominante Strategie des Hauptaktionärs darin, eine niedrige Barabfindung anzubieten, da er über private Information verfügt und die Minderheitsaktionäre somit nicht zwischen einer tendenziell hohen und einer tendenziell niedrigen Barabfindung unterscheiden können. Besteht die Möglichkeit zur Gewährung einer Prämie, die an die Minderheitsaktionäre ausgezahlt wird, wenn sie kein Spruchverfahren einleiten, ist es für den Hauptaktionär vorteilhaft, sie so zu bemessen, dass die Summe aus den Kosten der Barabfindung und Prämie unterhalb der Summe aus den Kosten der Barabfindung und den erwarteten Kosten des Spruchstellenverfahrens liegt.

Gewährt der Hauptaktionär keine Prämie, die gezahlt wird, wenn die Minderheitsaktionäre kein Spruchverfahren einleiten, besteht die dominante Strategie der Minderheitsaktionäre immer in der Einleitung des Spruchverfahrens. Für den Fall, dass den Minderheitsaktionären eine Prämie angeboten wird, existiert keine dominante Strategie hinsichtlich der Alternativen, ob ein Spruchverfahren eingeleitet werden soll oder die Barabfindung und Prämie akzeptiert werden sollen.

4 Wertkonzeptionen zur Ermittlung der angemessenen Barabfindung

Durch die Analyse der Wertkonzeptionen zur Ermittlung der angemessenen Barabfindung wird untersucht, ob Divergenzen innerhalb der betriebswirtschaftlichen Wertkonzeptionen (funktionale Bewertungslehre und IDW S 1) sowie zur Rechtswissenschaft und Rechtsprechung bestehen, um das Ergebnis an die beteiligten Parteien zu adressieren. Lediglich bei analogen Wertkonzeptionen beseht Konsens zwischen Betriebswirtschaftslehre und Rechtsprechung über die Höhe der Barabfindung, was für ein effizientes Verfahren einen kritischen Punkt darstellt und Zielsetzung des Gesetzgebers ist.

Im folgenden Abschnitt werden die verschiedenen Wertkonzeptionen auf Basis der funktionalen Bewertungslehre und des IDW S 1 vorgestellt und die deren Ermittlung zugrunde liegenden Vorgehensweisen bei Bestimmung der angemessenen Barabfindung skizziert. Da die Konzeption der Unternehmensbewertung des IDW auf der funktionalen Bewertungslehre fußt,[231] wird letztere Wertkonzeption zu Beginn diskutiert, um im Anschluss die Unterschiede in der Konzeption des IDW S 1 herauszuarbeiten. Danach werden die normativen Anforderungen der Rechtsprechung an die Bemessung der Barabfindung zusammengetragen und verglichen, ob die zuvor vorgestellten Wertkonzeptionen die normativen Anforderungen der Rechtsprechung erfüllen. Dabei wird insbesondere der Forschungsfrage nachgegangen, welche Wertbestandteile die Entschädigung der Minderheitsaktionäre entsprechend den jeweiligen Wertkonzeptionen enthält. Um die vorgestellten betriebswirtschaftlichen Wertkonzeptionen einordnen zu können, erfolgt vorab eine Systematisierung der Bewertungsanlässe und ein kurzer Überblick über die historische Entwicklung der Unternehmensbewertung.

---

[231] Vgl. IDW (2007), Band II A, Rn. 15-18.

4.1 Überblick über Entstehung und Anlässe in der Unternehmensbewertungslehre

4.1.1 Ökonomische Systematisierung der Bewertungsanlässe

Ein Großteil der Bewertungsanlässe kann drei verschiedenen ökonomischen Situationen zugeordnet werden.[232] Bei Kauf oder Verkauf eines Unternehmens bzw. eines Anteils erfolgt eine Bewertung, um den jeweiligen Grenzpreis auf der Käufer- bzw. Verkäuferseite zu ermitteln. Auch bei einer Fusion muss eine Bewertung der beiden beteiligten Unternehmen durchgeführt werden, um so das Umtauschverhältnis für die Unternehmensanteile zu ermitteln und damit die Eigentumsverhältnisse der neuen Rechtsperson festzulegen. Letztlich hat auch bei Neuemission eine Bewertung des betroffenen Unternehmens zu erfolgen, um einen Emissionspreis für das Unternehmen zu ermitteln.[233]

Eine andere Systematisierung erfolgt nach dem Merkmal, ob eine Neuzuordnung der Eigentumsverhältnisse bei der Transaktion stattfindet oder nicht.[234] Diese Neuzuordnung kann im Sinne aller beteiligten Parteien erfolgen, hierbei spricht man von einem nicht dominierten Anlass. Erfolgt die Neuzuordnung gegen den Willen einer beteiligten Partei, wird von einem dominierten Anlass gesprochen.[235]

4.1.2 Historische Entwicklung verschiedener Wertkonzeptionen

In der Vergangenheit der Bewertungslehre entwickelten sich verschiedene Konzepte, die der Wertermittlung in der jeweiligen Phase vorwiegend zugrunde gelegt wurden.[236]

---

[232] Vgl. Kuhner/Maltry (2006), S. 7.
[233] Vgl. Matschke (1975), S 31-34; Kuhner/Maltry (2006), S. 1.
[234] Vgl. Börner (1980), S. 112.
[235] Vgl. Matschke (1979), S. 31.
[236] Vgl. Mandl/Rabel (1997), S. 5 f.

Hierbei können vier Phasen identifiziert werden, die in der folgenden Übersicht dargestellt sind und folgend erläutert werden:

Tabelle 4-1: Historische Entwicklung verschiedener Wertkonzeptionen

	1. Phase	2. Phase	3. Phase	4. Phase
Konzept	Objektive Bewertungslehre	Subjektive Bewertungslehre	Funktionale Bewertungslehre	Kapitamarkt-orientierte Konzepte
Maßgebliche Wertgröße	Substanzwert	Substanz- und Ertragswert	Ertragswert	Ertragswert, Unternehmensgesamtwert
Vorwiegender Anwendungs-zeitraum	Bis Ende 50er-Jahre	60er-Jahre	70er-Jahre	Ab 80er-Jahre

Quelle: eigene Bearbeitung in Anlehnung an Drukarczyk/Schüler (2009), S. 88, Kuhner/Maltry (2006), S. 53, und Mandl/Rabel (1997), S. 6.

4.1.2.1 Objektive Bewertungslehre

Bis hinein in die Fünfzigerjahre dominierte im deutschsprachigen Raum die Auffassung, dass ein objektiver Wert von Unternehmen existiere, der interpersonelle Gültigkeit besitzt.[237] In den Unternehmenswert flossen die für jedermann gegebenen Erfolgsmöglichkeiten ein. Subjektive Fähigkeiten und Absichten der betrachteten Person wurden nicht beachtet. Der objektive Unternehmenswert repräsentiert damit einen Preis, der unter Ausschluss subjektiver Einflussfaktoren zu erzielen wäre. Aufgrund der vorwiegenden Orientierung dieser Erfolgsmöglichkeiten an Vergangenheitswerten

[237] Vgl. Rathenau (1917), S. 38; Mellerowicz (1952), S. 12.

hatte der Substanzwert des Unternehmens maßgeblichen Einfluss auf den Unternehmenswert.[238]

Am objektiven Unternehmenswert wurde jedoch zunehmend kritisiert, dass dieser grundsätzlich nicht zu ermitteln sei. Die Kritiker beriefen sich hierbei auf das Argument, dass der Unternehmenswert entscheidend von subjektiven Erwartungen und Risikoeinschätzungen geprägt sei. Somit stelle ein objektiver Unternehmenswert keine sinnvolle Verhandlungsgrundlage dar, da er gerade nicht die subjektiven Werteinflussfaktoren der Parteien berücksichtige.[239]

4.1.2.2 Subjektive Bewertungslehre

Nach Auffassung der subjektiven Bewertungslehre stellt der Unternehmenswert nicht mehr einen interpersonell gültigen Wert dar, sondern ergibt sich nur für eine bestimmte Person, wie Käufer oder Verkäufer. Im subjektiven Unternehmenswert spiegeln sich die subjektiven Risikoeinschätzungen und Erwartungen des Bewertungssubjekts im Hinblick auf das Unternehmen wider. Der subjektive Unternehmenswert entspricht somit dem Grenzpreis der jeweiligen Personen. Beim Käufer ist dies der Preis, den er maximal zu zahlen bereit ist, beim Verkäufer derjenige Preis, den er mindestens für das Unternehmen erlösen will.[240]

Der subjektive Unternehmenswert fokussiert somit stärker zukunftsorientierte Erwartungen des Bewertungssubjekts. Dies beinhaltet auch das Zugrundelegen des Gesamtbewertungsprinzips und die damit verbundene Abkehr vom Substanzwertverfahren, das auf der Einzelbewertung der entsprechenden Vermögensgegenstände und Schuldenpositionen aufbaut. Der subjektive Unternehmenswert ergibt sich dadurch anhand der (subjektiv) künftig erwarteten Einzahlungsüberschüsse des Unternehmens, die an-

---

[238] Vgl. Mellerowicz (1952), S. 12; Mandl/Rabel (1997), S. 6 f.

[239] Vgl. Mandl/Rabel (1997), S. 7.

[240] Vgl. Mandl/Rabel (1997), S. 7 f.

hand der in der Zukunft fließenden Zahlungsströme gemessen werden. Diese Einzahlungsüberschüsse werden auf den Bewertungsstichtag diskontiert, wobei der Diskontierungssatz der Verzinsung des besten alternativen Investitionsobjekts entspricht. An der subjektiven Bewertungslehre wird vorwiegend kritisiert, dass die ermittelten subjektiven (Entscheidungs-)Werte keine Vermittlungsfunktion besitzen und somit eine Kernaufgabe der Unternehmensbewertung nicht berücksichtigt wird.[241]

4.1.2.3 Funktionale Bewertungslehre

Die konfligierenden Positionen der objektiven und subjektiven Bewertungslehre werden in der maßgeblich durch die Kölner Schule geprägten Funktionenlehre zusammengeführt.[242] Auch sie spricht sich gegen die Existenz eines objektiven Unternehmenswerts aus.[243] Die Funktionenlehre unterscheidet verschiedene Funktionen der Wertermittlung, von denen maßgeblich das Ergebnis der Bewertung abhängt. Es werden die Hauptfunktionen Beratungsfunktion, Vermittlungsfunktion und Argumentationsfunktion unterschieden. Daneben existieren noch weitere Nebenfunktionen, insbesondere Bilanzfunktionen und die Steuerbemessungsfunktion.[244] Auch hier liegt den Hauptfunktionen das Ertragswertverfahren zur Bewertung zugrunde.[245] Aufgabe des Bewertungssubjekts im Rahmen der Beratungsfunktion ist es, einen Grenzpreis für die jeweilige Partei zu ermitteln, der die Grenze der Konzessionsbereitschaft darstellt.[246] Im Rahmen der Vermittlungsfunktion erfolgt die Ermittlung eines sog. Arbitriumwerts, der als Kompromiss zweier Parteien fungiert und somit zwischen den Grenzpreisen der jeweiligen Parteien liegt.[247] Bei Wahrnehmung der Argumentationsfunktion ist es Aufgabe des Bewertungssubjekts, einen Ausgangswert für Verhandlungen zu

---

[241] Vgl. Mandl/Rabel (1997), S. 8.

[242] Vgl. Mandl/Rabel (1997), S. 9.

[243] Vgl. Sieben, BFuP (1976), S. 504.

[244] Vgl. Coenenberg/Sieben (1976), Sp. 4062-4079; Matschke (1979), S. 16-19.

[245] Vgl. Kuhner/Maltry (2006), S. 56 f.

[246] Vgl. grundlegend Sieben (1977), S. 57-69.

[247] Vgl. Sieben, BFuP (1976), S. 493; ausführlich Matschke (1979).

finden, mit dem ein gewünschtes Verhandlungsergebnis möglichst optimal erreicht wird.[248]

4.1.2.4 Kapitalmarktorientierte Bewertung

Über die letzten drei Jahrzehnte rückte eine kapitalmarktorientierte Vorgehensweise bei der Wertermittlung in den Mittelpunkt. Hierbei stützt sich die Bewertung vor allem auf Markt- oder Börsenwerte, um so für den Bewertungsprozess notwendige Parameter intersubjektiv nachvollziehbar zu gestalten.[249] Im Laufe dieses Trends setzte sich vor allem die allseits bekannte Discounted Cash-Flow (DCF) Methode durch. Auch die Ermittlung des objektivierten Unternehmenswerts auf Basis des IDW S 1 stützt sich auf eine kapitalmarktorientierte Vorgehensweise. So erfolgt die Ermittlung der Komponenten des Kapitalisierungszinssatzes anhand am Markt beobachtbarer Parameter.[250]

4.2 Funktionale Bewertungslehre

4.2.1 Einordnung des Squeeze-out in das Normensystem der funktionalen Bewertungslehre

Im Rahmen der Vermittlungsfunktion[251] wird durch einen unparteiischen Gutachter ein Arbitriumwert ermittelt, der als Kompromiss zweier Parteien fungiert und somit zwischen den Grenzpreisen (Entscheidungswerten) der jeweiligen Parteien liegt.[252] Dieser Wert soll einen Interessenausgleich beider Parteien sicherstellen.[253] Er wird

---

[248] Vgl. Matschke (1975), S. 58 f. und S. 206-248; Sieben, BFuP (1976), S. 493.
[249] Vgl. Kuhner/Maltry (2006), S. 57.
[250] Vgl. IDW (2008), IDW S 1 i.d.F. 2008, Rn. 116, 118.
[251] Zur Einordnung der Vermittlungsfunktion in den Rahmen der funktionalen Bewertungslehre siehe den Unterabschnitt 4.1.2.3.
[252] Vgl. Sieben, BFuP (1976), S. 493.
[253] Vgl. Matschke, BFuP (1971), S. 519; Coenenberg/Sieben (1976), Sp. 4072 f.

deshalb unter Beachtung der Grenzpreise der beiden Parteien ermittelt.[254] Der Verhandlungsspielraum (Arbitriumbereich), der sich aus der Preisuntergrenze des Verkäufers und der Preisobergrenze des Käufers ergibt, wird entsprechend einem Gerechtigkeitspostulat auf die Parteien verteilt.[255] In der Regel wird eine hälftige Aufteilung des Verhandlungsspielraums empfohlen.[256]

Eine nicht dominierte Konfliktsituation liegt vor, wenn keine der beteiligten Parteien eine Veränderung der Eigentumsverhältnisse gegen den Willen der anderen Partei erzwingen kann.[257] Im Gegensatz zur nicht dominierten Konfliktsituation liegt eine dominierte (auch: beherrschte) Konfliktsituation vor, wenn die Änderung der Eigentumsverhältnisse allein auf Veranlassung einer Partei erzwungen werden kann.[258] Im Falle des Squeeze-out liegt eine dominierte Konfliktsituation vor, da die Änderung der Eigentumsverhältnisse der Gesellschaft allein auf Veranlassung des Mehrheitsaktionärs erfolgt. Diese Umstrukturierung kann somit gegen den Willen der Minderheitsaktionäre erzwungen werden.[259]

Liegt eine dominierte Konfliktsituation vor, ist es auch nötig, einen Arbitrium- oder Schiedswert zu ermitteln, falls kein Verhandlungsspielraum besteht. Dies ist der Fall, wenn der Grenzpreis des Käufers kleiner als der Grenzpreis des Verkäufers ist.[260] Für mindestens eine der beiden Parteien steht der zu ermittelnde Arbitriumwert folglich im Widerspruch zu rationalem Handeln.

---

[254] Vgl. Sieben, BFuP (1976), S. 500 f.

[255] Vgl. Sieben/Schildbach, DStR (1979), S. 456f.; ausführlich König (1977), S. 76-83;

[256] Vgl. Matschke (1971), S. 519; Moxter (1983), S. 18; Sieben/Schildbach, DStR (1979), S. 456; weitere Vorschläge zur Aufteilung der Verhandlungsspielraums finden sich bei König (1977), S. 76 f.

[257] Vgl. Matschke (1979), S. 31.

[258] Vgl. Matschke (1979), S. 33.

[259] Vgl. Matschke/Brösel (2007), S. 469.

[260] Vgl. Sieben, BFuP (1976), S. 500 f.

4.2.2 Ermittlung der angemessenen Barabfindung auf Basis der funktionalen Bewertungslehre

Matschke/Brösel (2007) sehen die normativ bindende Forderung der Rechtsprechung nach einer „vollen Entschädigung" bei Bestimmung der angemessenen Barabfindung bei ausschließlicher Berücksichtigung der subjektiven Werte der beiden Parteien innerhalb des folgenden Wertespektrums begründbar, in dem die Abfindungsbemessung denkbar wäre:[261]

i) Abfindung zum Grenzpreis der Minderheitsgesellschafter
ii) Abfindung zum Grenzpreis des Mehrheitsgesellschafters
iii) Abfindung zu einem Betrag, der zwischen den Grenzpreisen liegt

Sie folgern, dass alle drei Lösungen zu einer pareto-effizienten[262] Lösung führen, wenngleich die Fälle i) und ii) Randlösungen darstellen. Die Randlösungen würden zu unerwünschten Anreizen (Fall i) bzw. zu einer hindernden Wirkung (Fall ii) der Nutzung des Squeeze-out seitens des Hauptaktionärs führen. Sie sprechen sich deshalb für einen Abfindungsbetrag, der zwischen den Grenzpreisen der Parteien liegt, aus.[263]

Die Minderheitsgesellschafter werden ihren Anteilen individuell unterschiedliche, subjektive Wertschätzungen beimessen und dadurch individuell unterschiedliche Grenzpreise formulieren.[264] Die Literatur fordert, dass unter Berücksichtigung der Schutzwürdigkeit und Gleichbehandlung der Anteilseigner eine Abfindung zumindest zum

---

[261] Vgl. Matschke/Brösel (2007), S. 558, Matschke, BFuP (2013), S. 36; so auch generell vor dem Hintergrund zwangsweise ausscheidender Anteilseigner Drukarczyk, AG (1973), S. 358f.; König (1977), S. 83 f.

[262] Vgl. Varian (2004), S. 313.

[263] Vgl. Matschke/Brösel (2007), S. 558

[264] Vgl. Sieben/Schildbach, DStR (1979), S. 457.

maximalen Grenzpreis der Minderheitsgesellschafter erforderlich ist.[265] Begründet wird dies mit der Argumentation, dass die Partei, auf deren Verlangen hin der Ausschluss erfolgen soll, diesen im Falle eines Abfindungsbetrags, der über ihrem Grenzpreis liegt, schlichtweg unterlassen kann und somit ihre Interessen nicht schützenswert sind.[266]

Die Wertermittlung durch den Gutachter hat bei Vorliegen eines (positiven) Verhandlungsspielraums somit unter Beachtung der Grenzpreise der betroffenen Parteien zu erfolgen. Sollte jedoch kein Verhandlungsspielraum vorliegen, ist im Falle einer dominierten Konfliktsituation ebenfalls ein Arbitriumwert zu bestimmen.[267] Im Falle des Squeeze-out fordert der Gesetzgeber eine Abfindung zum vollen Wert der Beteiligung,[268] womit in diesem Fall Matschke (1979) eine Abfindung zum Grenzpreis der Minderheitsaktionäre fordert.[269] Falls ein negativer Verhandlungsspielraum existiert, hat der Gutachter folglich bei seiner Preisfindung nur den Bereich zu berücksichtigen, der rationalem Handeln der schützenswerten Partei der Minderheitsgesellschafter nicht zuwider steht.[270]

Ob jedoch solch ein Fall, in dem der (wahre) Grenzpreis des Mehrheitsgesellschafters niedriger als der des Minderheitsgesellschafters ist, überhaupt denkbar ist, wenn lediglich die Gewinnerzielungsabsicht beider Parteien berücksichtigt wird, scheint fraglich.[271] Wie bereits durch den Gesetzgeber angeführt, besteht gerade der Anreiz für den Mehrheitsgesellschafter darin, den Unternehmenswert durch den Ausschluss der Minderheitsgesellschafter, damit verbundene Synergieeffekte und Kosteneinsparungen

---

[265] Vgl. Matschke (1979), S. 79 f; Sieben/Schildbach, DStR (1979), S. 457; Matschke/Brösel (2007), S. 559; Matschke, BFuP (2013), S. 34.

[266] Vgl. Sieben/Schildbach, DStR (1979) S. 457.

[267] Vgl. Sieben (1983), S. 514.

[268] Vgl. BVerfG v. 27.4.1999 1 BvR 1613/94, BB (1999), S. 1780.

[269] Vgl. Matschke (1979), S. 34, 49.

[270] Vgl. Matschke (1979), S. 49; Matschke/Brösel (2007), S. 553.

[271] Ähnlich auch: Adolff (2007), S. 174.

zu erhöhen.[272] Vielmehr tritt an dieser Stelle die Problematik in den Mittelpunkt, inwieweit es dem Gutachter gelingt, die tatsächlichen Entscheidungswerte der beiden Parteien offenzulegen.[273]

4.3 Objektivierte Unternehmensbewertung auf Basis des IDW S 1

4.3.1 Historischer Abriss der Unternehmensbewertungsgrundsätze des IDW und deren grundlegende Änderungen

Ausgangpunkt der Grundsätze für Unternehmensbewertungen stellt die im August 1983 auf Basis eines Entwurfs vom Oktober 1980 veröffentlichte HFA-Stellungnahme 2/1983 dar.[274] Sie wurde mit dem Zweck der Absicherung und Homogenisierung der Unternehmensbewertung durch den Berufsstand der Wirtschaftsprüfer erarbeitet.[275] Dazu wurde die Ertragswertmethode als einzig zulässiges Verfahren zur Ermittlung eines Zukunftserfolgswerts festgelegt.[276] Im Mittelpunkt steht der objektivierte Wert für die gutachterliche Tätigkeit der Wirtschaftsprüfer, insbesondere im Rahmen gesellschaftsrechtlicher Bewertungsanlässe.[277] Bewertungsgrundlage bilden die alternativen Anlagemöglichkeiten des Anteilseigners am Kapitalmarkt.[278]

Zum 28.6.2000 wurde der IDW Standard „Grundsätze zur Durchführung von Unternehmensbewertungen“ (IDW S 1) verabschiedet, dessen Grundsätze erstmals die Einbeziehung persönlicher Ertragsteuern der Anteilseigner bei Bestimmung des objektivierten Unternehmenswerts vorsehen.[279] Außerdem wird bei der Bewertung nicht mehr

---

[272] Vgl. Deutscher Bundestag (2001), Drucksache 14/7034, S. 31 f.

[273] Vgl. im Kontext von § 305 AktG: König (1977), S. 75.

[274] Vgl. IDW, WPg (1983), S. 468-480.

[275] Vgl. Dörner, WPg (1983), S. 549.

[276] Vgl. Dörner, WPg (1983), S. 551.

[277] Vgl. Dörner, WPg (1983), S. 549, 551.

[278] Vgl. Dörner, WPg (1983), S. 551.

[279] Vgl. IDW (2000), IDW S 1 i.d.F. 2000, S. 1.

zwischen allgemeinem und speziellem Risiko getrennt.[280] Die marktorientierte Ermittlung des Risikozuschlags auf Basis des Capital Asset Pricing Model (CAPM) ist nun explizit erwünscht, alternativ konnte ein pauschaler Risikozuschlag zum Basiszinssatz erfolgen.[281] Bei der Kürzung des Kapitalisierungszinssatzes wurde unterstellt, dass die Alternativanlage als quasi-sichere Anlage auf Anteilseignerebene vollständig der typisierten Einkommensteuer unterliegt.[282] Die DCF-Verfahren werden nunmehr als konzeptionell gleichwertig zur Ertragswertmethode angesehen.[283]

Zum 9.12.2004 verabschiedete das IDW mit dem IDW ES 1 2005 einen Entwurf zur Neufassung des IDW S 1. Obwohl der neue Standard IDW S 1 i.d.F 2005 erst zum 18.10.2005 verabschiedet wurde, empfahl das IDW bereits mit der Veröffentlichung der Entwurffassung dessen Anwendung.[284] Mit dem IDW S 1 i.d.F. 2005 erfolgt die Abkehr von der Vollausschüttungshypothese, die zuvor zu unterstellen war, hin zu einer Analyse auf Basis des bestehenden dokumentierten Ausschüttungsverhaltens des Unternehmens.[285] Für den Fortführungswert wird das Ausschüttungsverhalten der Alternativanlage unterstellt.[286]

Als Alternativanlage zur Ermittlung des Kapitalisierungszinssatzes bei Ermittlung eines objektivierten Unternehmenswerts dient seit Einführung des IDW S 1 i.d.F. 2005 die Investition in Unternehmensanteile gleichen Risikos.[287] Dazu wurde empfohlen,

---

[280] Vgl. IDW (1999), IDW ES 1 i.d.F. 1999, Rn. 85 f.; Feldhoff, DB (2000), S. 1237; IDW (2002), Band II A, Rn. 209.

[281] Vgl. IDW (1999), IDW ES 1 i.d.F. 1999, Rn. 89; IDW (2002), Band II A, Rn. 213-216, 295-298.

[282] Vgl. Kunowski, DStR (2005), S. 571.

[283] Vgl. IDW (1999), IDW ES 1 i.d.F 1999, Rn. 97.

[284] Vgl. IDW (2004), IDW ES 1 i.d.F. 2004, S. 14; IDW (2005), IDW S 1 i.d.F. 2005, S. 1303, Fn. 1.

[285] Vgl. IDW (2005), IDW S 1 i.d.F. 2005, Rn. 45; Kozikowski/Dirscherl/Keller, UM (2005), S. 71f. Hierzu im Vorfeld aufgrund des Übergangs vom Anrechnungs- zum Halbeinkünfteverfahren kritisch: Laitenberger/Tschöpel, WPg (2003), S. 1367.

[286] Vgl. IDW (2005), S 1 i.d.F. 2005, Rn. 48; Gampenrieder, UM (2005), S. 114 f.; Kohl, UM (2005), S. 183.

[287] Vgl. Kozikowski/Dirscherl/Keller, UM (2005), S. 70.

auf historische Renditen börsennotierter Unternehmen abzustellen.[288] Ausschüttungen der Alternativrendite an die Anteilseigner unterlagen ab sofort entsprechend dem Halbeinkünfteverfahren nur dem hälftigen typisierten persönlichen Einkommensteuersatz. Thesaurierte Gewinne, die den Anteilseignern über Kursgewinne zufließen, konnten steuerfrei vereinnahmt werden.[289] Zur Ableitung des Risikozuschlags wurde neuerdings auf das Tax-CAPM von Brennan (1970)[290] verwiesen, das für die nationalen steuerlichen Rahmenbedingungen modifiziert wurde.[291] Der Ansatz eines pauschalen Risikozuschlags ist seitdem nicht mehr möglich.[292]

Der aktuelle Standard IDW S 1 i.d.F. 2008 wurde aufbauend auf dem am 5.9.2007 verabschiedeten IDW ES 1 i.d.F. 2007 zum 30.5.2008 beschlossen.[293] Die Überarbeitung des Standards wurde insbesondere aufgrund der Änderung der steuerlichen Rahmenbedingungen auf Anteilseignerebene notwendig. Dies betrifft insbesondere die seit dem 1.1.2009 auf Kursgewinne anfallende Abgeltungssteuer bei unmittelbarer Typisierung, um die die Kursgewinne in Form eines normierten Veräußerungsgewinnsteuersatzes bei Ertragswertermittlung zu kürzen sind sowie deren Auswirkungen auf die Marktrisikoprämie nach Steuern. Die Bewertungsmethodik bleibt unverändert.[294]

Neben Anpassungen aufgrund Änderungen der steuerlichen Rahmenbedingungen wird nun eine anlassbezogene Typisierung, d.h. abhängig vom jeweiligen Bewertungsanlass gefordert. Hierbei wird zwischen mittelbarer und unmittelbarer Typisierung unterschieden. Bei der neu eingeführten mittelbaren Typisierung wird im Gegensatz zur

---

[288] Vgl. Wagner u.a., WPg (2004), S. 891; IDW (2005), IDW S 1 i.d.F. 2005, Rn. 101.

[289] Vgl. IDW (2005), IDW S 1 i.d.F. 2005, Rn. 102; Kunowski, DStR (2005), S. 572.

[290] Vgl. Brennan, NTJ (1970), S. 417-427.

[291] Vgl. insbes. Wiese, Discussion Paper (2004); Jonas/Löffler/Wiese, WPg (2004), S. 898-906; Wagner u.a., WPg (2004), 892-896; Wiese, FB (2006), S. 242-248.

[292] Vgl. IDW (2005), IDW S 1 i.d.F. 2005, Rn. 125-133; Kunowski, DStR (2005), S. 573.

[293] Vgl. IDW (2007), IDW ES 1 i.d.F 2007, S. 1; IDW (2008), IDW S 1 i.d.F 2008, S. 68.

[294] Vgl. Wagner/Saur/Willershausen, WPg (2008), S. 731.

unmittelbaren Typisierung auf den Ansatz persönlicher Ertragsteuern im Bewertungskalkül verzichtet.[295]

4.3.2 Der objektivierte Unternehmenswert als normatives Rahmenkonzept der Wirtschaftsprüfer zur Abfindungsermittlung

4.3.2.1 Phasenorientierte Funktionenlehre des IDW

Grundlage für die Unternehmensbewertung durch Wirtschaftsprüfer bilden die Grundsätze zur Durchführung von Unternehmensbewertungen (IDW S 1) und das WP Handbuch 2008.[296] Wie bereits die funktionale Bewertungslehre unterscheidet das Institut der Wirtschaftsprüfer (IDW) verschiedene Funktionen des Wirtschaftsprüfers bei der Unternehmensbewertung, die von der Tätigkeit des Wirtschaftsprüfers abhängen.[297] Das IDW differenziert drei verschiedene Funktionen, in denen der Wirtschaftsprüfer tätig werden kann,[298] deren Klassifizierung und der damit verbundenen Methodik von der funktionalen Bewertungslehre abweicht.[299]

Im Rahmen der Beratungsfunktion wird ein subjektiver Entscheidungswert für den Investor ermittelt.[300] Dieser wird unter Berücksichtigung der individuellen Möglichkeiten und Zielsetzungen des Mandanten ermittelt und bildet die Preisobergrenze bei Beratung auf der Käuferseite bzw. die Preisuntergrenze bei Beratung auf der Verkäuferseite ab.[301]

---

[295] Vgl. Wagner/Saur/Willershausen, WPg (2008), S. 733 f.

[296] Vgl. IDW (2007), Band II A: Die Unternehmensbewertung.

[297] Vgl. Hayn, DB (2000), S. 1347.

[298] Vgl. IDW (2008), IDW S 1 i.d.F. 2008, Rn. 12.

[299] Vgl. Hommel/Braun/Schmotz, DB (2001), S. 341; kritisch: Brösel/Hauttmann, FB (2007), S. 307; Matschke, BFuP (2013), S. 43.

[300] Vgl. IDW (2008), IDW S 1 i.d.F. 2008, Rn. 12.

[301] Vgl. IDW (2008), IDW S 1 i.d.F. 2008, Rn. 12.

In der Schiedsgutachter-/ Vermittlerfunktion ermittelt der Wirtschaftsprüfer mit Rücksichtnahme auf die subjektiven Wertvorstellungen (d.h. der Entscheidungswerte) des Käufers und Verkäufers einen Einigungswert.[302] Der Einigungswert soll einen fairen Ausgleich zwischen Käufer und Verkäufer sicherstellen und liegt zwischen der Preisobergrenze des Käufers (Entscheidungswert Käufer) und der Preisuntergrenze des Verkäufers (Entscheidungswert Verkäufer). Die Aufteilung des Transaktionsspielraums erfolgt analog zur funktionalen Bewertungslehre anhand eines Gerechtigkeitspostulats.[303]

Letztlich kann der Wirtschaftsprüfer in seiner Kernfunktion als sog. „neutraler Gutachter“ tätig werden, in der der Wirtschaftsprüfer „einen von den individuellen Wertvorstellungen unabhängigen Wert des Unternehmens – den objektivierten Unternehmenswert – ermittelt“[304].[305] Dieser bildet auch den Ausgangspunkt zur Ermittlung des subjektiven Entscheidungswerts im Rahmen der Beratungsfunktion und bei Bestimmung des Einigungswerts in der Schiedsgutachterfunktion.[306]

Der objektivierte Unternehmenswert soll einen intersubjektiv nachvollziehbaren Zukunftserfolgswert darstellen, „der sich bei Fortführung des Unternehmens in unverändertem Konzept“[307] ergibt und der unter Berücksichtigung aller möglichen künftigen Entwicklungen des Unternehmens ermittelt wird. Der objektivierte Unternehmenswert wird in der Regel zukunftsorientiert anhand der Schätzungen der künftigen Nettozuflüsse an den Investor ermittelt.[308] „Bei der Ermittlung des objektivierten Unternehmenswerts ist die dem Unternehmen innewohnende und übertragbare Ertragskraft zu

---

[302] Vgl. IDW (2008), IDW S 1 i.d.F. 2008, Rn. 12.
[303] Vgl. Sieben/Schildbach, DStR (1979), S. 457; IDW (2007), Band II, A, Rn. 28.
[304] IDW (2008), IDW S 1 i.d.F. 2008, Rn. 12.
[305] Vgl. Feldhoff, DB (2000), S. 1238.
[306] Vgl. IDW (2007), Band II A, Rn. 20, 25 und 30.
[307] IDW (2007), Band II A, Rn. 20.
[308] Vgl. IDW (2008), IDW S 1 i.d.F. 2008, Rn. 5.

bewerten“[309]. Der objektivierte Unternehmenswert soll dadurch den beteiligten Parteien verdichtete Informationen über die zu bewertende Gesellschaft zukommen lassen.[310]

4.3.2.2 Methodik der Wertermittlung

Bei Squeeze-out ermittelt regelmäßig der Wirtschaftsprüfer in seiner Funktion als neutraler Gutachter im Auftrag des Hauptaktionärs den von ihm festzulegenden Barabfindungsbetrag gemäß § 327b Abs. 1 S. 1 AktG. Der Barabfindungsbetrag entspricht methodisch dem quotalen Anteilswert am objektivierten Unternehmensgesamtwert.[311] Basis bildet das bestehende (unveränderte) Unternehmenskonzept und den damit verbundenen prognostizierten zukünftigen Erfolgen.[312] Die zukünftigen Möglichkeiten und Planungen des Käufers fließen ceteris paribus nicht in den objektivierten Unternehmenswert mit ein.[313] Methodisch erfolgt somit keine entscheidungslogische Ermittlung der Barabfindung über die jeweiligen Entscheidungswerte des Käufers (Hauptaktionär) und Verkäufers (Minderheitsaktionäre).[314] Aufgrund dessen stehen Teile der Literatur der Konzeption des objektivierten Unternehmenswerts kritisch gegenüber.[315] Der Transaktionsspielraum bleibe demnach aufgrund der Konzeption des objektivierten Unternehmenswerts unbekannt und könne folglich auch nicht zuverlässig zwischen den beiden Parteien aufgeteilt werden.[316] Fehlen die zukünftigen Möglichkeiten und Planungen der Käuferseite bei der Wertfindung, ist dadurch methodisch auch nicht si-

---

[309] IDW (2008), IDW S 1 i.d.F. 2008, Rn. 38.

[310] Vgl. IDW (2007), Band II A, Rn. 19.

[311] Vgl. IDW (2008), IDW S 1 i.d.F. 2008, Rn. 13.

[312] Vgl. IDW (2007), Band II A, Rn. 77.

[313] Vgl. Hering/Brösel, WPg (2004), S. 939; Matschke, BFuP (2013), S. 45.

[314] Vgl. Schildbach, BFuP (1993), S. 29 f.; Hommel/Braun/Schmotz, DB (2001), S. 341f.

[315] Vgl. Schildbach, BFuP (1993), S. 30-33. Feldhoff, DB (2000), S. 1239 f. Hayn, DB (2000), S. 1353; Hommel/Braun/Schmotz, DB (2001), S. 347; Hering/Brösel, WPg (2004), S. 942, Matschke, BFuP (2023), S. 43 f.

[316] Vgl. Feldhoff, DB (2000), S. 1239 f, Hommel/Braun/Schmotz, DB (2001), S. 342

chergestellt, ob ein unparteiischer Wert ermittelt wird.[317] Weiter wurde bereits zur Einführung des IDW S 1 im Jahr 2000 von Teilen der Literatur darüber Kritik geäußert, dass sich der objektivierte Unternehmenswert durch eine einseitige Informationsberücksichtigung an der Preisuntergrenze des Verkäufers und damit an dessen Grenzpreis orientiere.[318]

Das IDW verweist hingegen auf die Problematik, dass Entscheidungswerte in der Praxis kaum ermittelbar seien und das Konzept der funktionalen Bewertungslehre zur Ermittlung eines Schieds- bzw. Arbitriumwerts praktisch nicht umsetzbar sei.[319]

4.3.3 Berücksichtigung des IDW S 1 in der Rechtsprechung

Für die Unternehmensbewertung wird seitens der Rechtsprechung keine bestimmte Methode vorgegeben.[320] Zur Bestimmung der Abfindung hat sich jedoch mit Einführung der HFA-Stellungnahme 2/1983 die Ertragswertmethode auf Basis der Unternehmungsbewertungsgrundsätze der Wirtschaftsprüfer vollumfänglich durchgesetzt.[321] Derweil wird betont, dass die für Wirtschaftsprüfer verbindlichen Unternehmensbewertungsgrundsätze keine normative Bindung besitzen.[322] Sie sind stattdessen als „Ausdruck guter beruflicher Praxis“[323] zu interpretieren. Auch die Anwendung der DCF- Methoden als grundsätzlich methodisch gleichwertige Verfahren ist möglich.[324]

---

[317] Kritisch: Feldhoff, DB (2000), S. 1239; Hayn, DB (2000), S. 1350; Hommel/Braun/Schmotz, DB (2001), S. 342.

[318] Vgl. Schildbach, BFuP (1993), S. 32 f.; Feldhoff, DB (2000), S. 1239; Hayn, DB (2000), S. 1350 ; Hommel/Braun/Schmotz, DB (2001), S. 342; Matschke, BFuP (2013), S. 44.

[319] Vgl. IDW (2007), Band II A, Rn. 29.

[320] Vgl. OLG München v. 30.11.2006 31 Wx 59/06, AG (2007), S. 411; Deilmann (2011), § 305 AktG, Rn. 48. Die Unternehmensbewertungsgrundsätze des § 305 AktG sind auch im Rahmen des §327b AktG anzuwenden; vgl. Fleischer (2007), § 327b, Rn. 13.

[321] Vgl. Krieger (2007), § 70 AktG, Rn. 129; Grzimek (2008), §327b AktG, Rn. 14; Paschos (2011), § 305 AktG, Rn. 16; Hüffer (2012), § 305 AktG, Rn. 19.

[322] Vgl. Emmerich/Habersack (2010), § 305 AktG, Rn. 52; Deilmann (2011), § 305 AktG, Rn. 48.

[323] Emmerich/Habersack (2010), § 305 AktG, Rn. 52.

[324] Vgl. Krieger (2007), § 70 AktG, Rn. 129.

Die Ertragswertmethode wird zur Bestimmung des Unternehmenswerts bei Abfindungsermittlung seitens der Rechtsprechung akzeptiert und ist verfassungsrechtlich nicht zu beanstanden.[325]

4.4 Rechtsprechung

4.4.1 Aufgabe des Rechtswesens

Die in Abschnitt 2.1 dargestellten Bewertungsanlässe beruhen auf vertraglichen Vereinbarungen oder rechtlichen Vorgaben und können damit – beispielsweise im Rahmen eines Squeeze-out – zum Gegenstand der Rechtsprechung werden.[326] Bei Betrachtung dieser Vorfälle obliegt dem Richter die Prüfung der Voraussetzungen der Bewertung und angewendeten Methodik.[327] So verlangt der BGH in Bezug auf die Bewertungsmethodik: „Sie sachverhaltsspezifisch auszuwählen und anzuwenden ist eine Sache des – sachverständig beratenen – Tatrichters."[328]

Nach Meinung von Großfeld (2002) ist die Unternehmensbewertung in der Rechtsprechung eng verwandt mit dem wirtschaftswissenschaftlichen Vorgehen, nimmt jedoch einen eigenen Platz ein.[329] Dies beruhe vor allem darauf, dass die Wertermittlung in der Wirtschaftswissenschaft in Form einer Bandbreite erfolge. Werte außerhalb der Bandbreite können dennoch angemessen sein, aber nicht modelltheoretisch erklärbar.[330] Das Rechtswesen hat weiter die Aufgabe, die betriebswirtschaftlich angewandte Methodik an der Zwecksetzung der rechtlichen Vorgaben und im Umfeld der vorherr-

---

[325] Vgl. insbes. BVerfG v. 27.04.1999 1 BvR 1613/94, BVerfGE 100, S. 307; BGH v. 21.07.2003 II ZB 17/01, NJW (2003), S. 3273; OLG Stuttgart v. 26.10.2006 20 W 14/05, NZG (2007), S. 112; OLG Frankfurt v. 24.11.2011 21 W 7/11, AG (2012), S. 514.

[326] Vgl. Großfeld (2011), S. 1.

[327] Vgl. Großfeld (2002), S. 15.

[328] BGH v. 24.10.1990 XII ZR 101/89, WM (1991), S. 284.

[329] Vgl. Großfeld (2002), S. 15.

[330] Vgl. Müller (2000), S. 715; Großfeld (2002), S. 16.

schenden Konventionen zu prüfen.[331] Die Wertermittlung seitens der Sachverständigen erfolgt oft heterogen, da sie Rechtsfragen abweichend abwägen.[332] Hier ist die Rechtsprechung gefragt und macht damit die Ermittlung einer angemessenen Abfindung zu einer rechtlichen Angelegenheit.[333]

4.4.2 Normative Anforderungen der Rechtsprechung an die Unternehmensbewertung

Gefragt ist nach dem Wert eines Unternehmens oder Anteils für Parteien, zwischen denen ein Rechtsverhältnis besteht.[334] Im Mittelpunkt steht daher nicht der „allgemeine" Anteilswert, sondern dessen Betrachtung in einer (gesellschafts-)rechtlichen Beziehung.[335] „Die Bewertung [...] gehört zum gesellschaftsrechtlichen Interessenausgleich."[336] Es handelt sich darum bei der Unternehmensbewertung um eine Rechtsfrage innerhalb eines Rechtsverhältnisses zwischen den beteiligten Parteien.[337] Wertungen, die für das bestehende Rechtsverhältnis typisch sind, müssen beachtet werden.[338]

Das Rechtsverhältnis hat somit maßgeblichen Einfluss auf die Bewertung. Die „wertbildenden Faktoren" werden deshalb anhand des bestehenden Rechtsverhältnisses abgeleitet. Es ist keine Rechtsfrage gegeben, wenn bei Ermittlung des Unternehmens-

---

[331] Vgl. Großfeld (2002), S. 16.

[332] Vgl. Großfeld (2002), S. 20.

[333] Vgl. OLG Celle v. 31.7.1998 9 W 128/97, NZG (1998), S. 988.

[334] Vgl. Wiedemann, ZGR (1978), S. 477; Großfeld (2002), S. 19.

[335] Vgl. Großfeld (2002), S. 19.

[336] Großfeld (2002), S. 19.

[337] Vgl. OLG Köln, NZG (1999), S. 1224. Bewertungselemente sind deshalb Rechtsfragen gem. § 549 ZPO, vgl. Großfeld (2002), S. 20.

[338] Vgl. Großfeld (2002), S. 20. Hierzu zählen bspw. die Treuepflicht, der Gleichbehandlungsgrundsatz und die Eigentumsgarantie.

werts keine Rechtsbeziehung besteht, beispielsweise bei Ermittlung eines Grenzpreises für Käufer oder Verkäufer.[339]

Die rechtlichen Bewertungsvorgaben werden einerseits normativ erfasst.[340] Die Bewertung muss außerdem angemessen erfolgen.[341] Die Angemessenheit folgt auch aus übergeordneter Perspektive des Verfassungsrechts (§ 14 GG, Eigentumsgarantie) und des Zivilrechts.[342] Die Höhe der Abfindung ist vonseiten des Gerichts nach § 738 Abs. 2 BGB und § 287 Abs. 2 ZPO zu schätzen. Die Schätzung unterliegt somit normativen Vorgaben, da sie sonst willkürlich wäre.[343]

Auch in der Rechtsprechung ist der Grundgedanke verankert, „dass jede Bewertung einen bestimmten Zweck verfolgt"[344]. Die Bewertungsregeln sind aufgrund der rechtlichen Zwecksetzung zu bestimmen, haben also den normativen Vorgaben zu entsprechen.[345] Es folgt, dass die Bewertung dem Recht entsprechen und „realitätsgerecht" sein muss. Die Bewertung ist an das individuelle Rechtsverhältnis anzupassen, die Bewertungsmethode muss also dem jeweiligen Einzelfall entsprechen.[346]

4.4.3 Inhalt der angemessenen Barabfindung aus rechtlicher Sicht

Für den Fall einer Barabfindung ist der Unternehmenswert unter Beachtung der Beziehungen der Gesellschafter untereinander zu ermitteln.[347] Bereits im sog. Feldmühle-Urteil (1962) hat das BVerfG festgestellt, dass beim Ausschluss von Minderheitsge-

---

[339] Vgl. Großfeld (2002), S. 19.

[340] Vgl. Großfeld (2002), S. 16;

[341] Vgl. BGH v. 29.05.1978 II ZR 52/77, NJW (1979) S. 104; vgl. bspw. auch §§ 327a Abs. 1, 305 Abs. 3 S. 2 AktG „angemessene Barabfindung".

[342] Vgl. BVerfG, v. 27. 4. 1999 1 BvR 1613/94, JZ (1999), S. 942.

[343] Vgl. Großfeld (2002), S. 18; Großfeld (2011), S. 48 f.

[344] Müller, JuS (1973), S. 605.

[345] Vgl. Großfeld (2011), S. 50.

[346] Vgl. Großfeld (2002), S. 21.

[347] Vgl. BGH v. 10.10.1979 IV ZR 79/78, JZ (1980), S. 105.

sellschaftern der Abfindungsbetrag der „vollen“ Entschädigung gleichen muss.[348] Das BVerfG hat die Forderung nach der vollen Abfindung in diesem Zusammenhang 1999 präzisiert und stellt fest: „Was unter voller Entschädigung zu verstehen ist, hat das BVerfG im Feldmühle-Urteil nicht näher definiert. Es steht aber fest, dass von Verfassungs wegen die grundrechtlich relevante Einbuße vollständig kompensiert werden muss. Auszugleichen ist, was dem Minderheitsaktionär an Eigentum im Sinne des Art. 14 Abs. 1 GG verloren geht.“[349]

Den Minderheitsaktionären ist für den Verlust ihrer Eigentumsrechte an der Gesellschaft also „voller Wertersatz“ zu leisten,[350] um angemessen zu sein.[351] Das bedeutet, „sie muss die Verhältnisse der Gesellschaft im Zeitpunkt der Beschlussfassung ihrer Hauptversammlung berücksichtigen“ (§ 327b Abs.1 S. 1 2. HS. AktG).

Somit bleibt die Frage bestehen, welche Wertbestandteile eine Abfindung zum vollen Wert umfasst. Das BVerfG fordert, dass „der Schutz der Minderheitsaktionäre gebietet, dass sie jedenfalls nicht weniger erhalten, als sie bei einer freien Desinvestitionsentscheidung zum Zeitpunkt der unternehmensrechtlichen Maßnahme erhalten hätten“[352]. Ein großer Teil der rechtswissenschaftlichen Literatur und Rechtsprechung interpretiert vorangehende Forderung als Abfindung der Minderheitsaktionäre zu deren Grenzpreis bzw. Entscheidungswert, also den Betrag, den der Abzufindende mindestens erhalten muss, um bei einer Ersatzinvestition nicht schlechter gestellt zu sein, als wenn er weiter an der Gesellschaft ohne Durchführung der Strukturmaßnahme betei-

---

[348] Vgl. BVerfG v. 7.8.1962 1 BvL 16/60, NJW (1962), S. 1667

[349] BVerfG 27.4.1999 1 BvR 1613/94, BVerfGE 100, S. 305.

[350] Vgl. BVerfG v. 30.5.2007 1 BvR 390/04, BB (2007), S. 1516.

[351] Vgl. BVerfG v. 7.8.1962 1 BvL 16/60, NJW (1962), S. 1667; OLG München v. 11.10.2006 7 U 3515/06, AG (2007), S. 335; OLG München v. 10.5.2007 31 Wx 119/06, BB (2007), S. 1582; OLG Frankfurt v. 17.06.2010 5 W 39/09, AG (2011), S. 718; OLG Frankfurt v. 7.6.2011 21 W 2/11, NZG (2011), S. 991; OLG Stuttgart v. 19.1.2011 20 W 2/07, AG (2011), S. 421; Hüffer (2012), § 327b AktG, Rn. 5.

[352] BVerfG v. 27.04.1999 1 BvR 1613/94, BB (1999), S. 1779; BVerfG v. 20.12.2010 1 BvR 2323/07, NZG (2011), S. 235.

ligt wäre.[353] Der volle Wertersatz darf jedenfalls nicht unter dem Verkehrswert liegen, womit der Börsenkurs bei Abfindungsermittlung die Untergrenze bildet.[354] Zusätzlich wird zur Ermittlung der Höhe der Barabfindung regelmäßig eine Unternehmensbewertung durchgeführt,[355] bei der die Ertragswertmethode zur Bestimmung der Abfindung zugrunde gelegt wird.[356] Emmerich (2010) ordnet den auf Basis des IDW S 1 ermittelten (objektivierten) Ertragswert dem Grenzpreis zu.[357]

Emmerich (2010) hält jedoch auch eine Interpretation des vollen Werts in Form des Schiedswerts („Schiedspreis"[358]) für möglich, bringt damit jedoch die Abfindung zum über dem Ertragswert liegenden Börsenkurs in Verbindung.[359]

4.5 Ergebnis – Forschungsfrage 2

Mit der Analyse der Wertkonzeptionen zur Ermittlung der angemessenen Barabfindung bei Squeeze-out wird analysiert, für welche Wertbestandteile des Unternehmenswerts die Minderheitsaktionäre durch die angemessene Barabfindung bei Squeeze-out entsprechend der jeweiligen Wertkonzeptionen zu entschädigen sind (Forschungsfrage 2).

---

[353] Vgl. BGH v. 4.3.1998 II ZB 5/97, NJW (1998), S. 1867; OLG München v. 19.10.2006 31 Wx 92/05, AG (2007), S. 288; OLG München v. 17.7.2007 31 Wx 60/06, AG (2008), S. 29; Krieger (2007), § 70 AktG, Rn. 127; Deilmann (2010), § 305 AktG, Rn. 33f.; Paulsen (2010), § 305 AktG, Rn. 72; Veil (2010), § 305 AktG, Rn. 46.

[354] Vgl. BVerfG v. 27.04.1999 1 BvR 1613/94, BB (1999), S. 1778. Zur Diskussion der Zugrundelegung eines Stichtagskurses oder eines historischen Durchschnittskurses vgl. Brösel/Karimi, WPg (2011), S. 430.

[355] Vgl. Santelmann/Hoppe (2010), Rn. 130.

[356] Vgl. Fleischer (2007), § 327b AktG, Rn. 13; Habersack (2010), § 327b AktG, Rn. 9; Hüffer (2012), § 327b AktG, Rn. 4; Mattes/v. Maldeghem, BKR (2003), S. 533 .

[357] Vgl. Emmerich (2010), § 305 AktG, Rn. 52; so auch Krieger (2007), § 70 AktG, Rn. 127 und 129; Deilmann (2010), § 305 AktG, Rn. 36.

[358] Emmerich (2010), § 305 AktG, Rn. 38.

[359] Vgl. Emmerich (2010), § 305 AktG, Rn. 38f; so auch Großfeld (2011), S. 46.

Die Bemessung der Barabfindung im Rahmen der Wertkonzeption der funktionalen Bewertungslehre erfolgt unter Berücksichtigung der Grenzpreise der beteiligten Parteien. Ein positiver Verhandlungsspielraum wird zwischen den Parteien aufgeteilt. Die Abfindung der Minderheitsaktionäre enthält bei Aufteilung des Verhandlungsspielraums auch Wertbestandteile, die aus den zukünftigen Möglichkeiten und Planungen des Käufers resultieren.[360]

Die zukünftigen Möglichkeiten und Planungen des Käufers werden hingegen in der objektivierten Wertkonzeption nicht berücksichtigt, die abzufindende Partei bei Squeeze-out wird für diesen Wertbestanteil auf Basis der Methodik des objektivierten Werts nicht vergütet.[361]

Nach herrschender Meinung der Rechtsprechung ist der Abzufindende nicht für Wertbestandteile zu entschädigen, die aus den zukünftigen Möglichkeiten und Planungen des Käufers resultieren, zumindest dann, wenn der ermittelte Ertragswert über dem Börsenkurs liegt oder die Gesellschaft der abzufindenden Minderheitsaktionäre nicht börsennotiert ist.[362] Eine Interpretation des „vollen Wertausgleichs" als Schiedswert scheint jedoch nicht ausgeschlossen.[363]

Damit deckt sich im Ergebnis die Wertkonzeption des objektivierten Werts mit den Anforderungen, die seitens der Rechtsprechung an den vollen Wertausgleich in Form einer angemessenen Barabfindung gestellt werden. Im Gegensatz dazu steht die Kritik aus Teilen der Literatur gegenüber dem Konzept des objektivierten Unternehmenswerts und der Wertkonzeption der funktionalen Bewertungslehre zur Ermittlung der angemessenen Barabfindung. Sie sehen in der Abfindung zum Grenzpreis der Minder-

---

[360] Im Ergebnis auch: Matschke/Brösel (2007), S. 557f; Matschke, BFuP (2013), S. 42 und 45.

[361] Vgl. Hering/Brösel, WPg (2004), S. 939.

[362] Im Ergebnis ähnlich: Emmerich (2010), § 305 AktG, Rn. 38.

[363] Vgl. Emmerich (2010), § 305 AktG, Rn. 38f; so auch Großfeld (2011), S. 46.

heitsaktionäre eine fehlende Kompensation der Minderheitsaktionäre für Wertbestandteile, die aus den zukünftigen Möglichkeiten und Planungen des Käufers resultieren.[364]

[364] Vgl. Schildbach, BFuP (1993), S. 32 f.; Feldhoff, DB (2000), S. 1239; Hayn, DB (2000), S. 1350 ; Hommel/Braun/Schmotz, (DB 2001), S. 342.

5 Vorstellung der empirischen Analyse

5.1 Forschungsfragen der empirischen Untersuchung

Die qualitative Auswertung des Datenmaterials widmet sich folgender übergreifender Forschungsfrage:

3. Welche Ermessensspielräume bestehen bei der Erhebung und Bemessung der für den Bewertungskalkül notwendigen Parameter für den Bewertungsgutachter?

Zur Bearbeitung wird obige Forschungsfrage in folgende untergeordnete Fragestellungen differenziert, um den mit der Forschungsfrage verbundenen Problemkreis näher zu spezifizieren:

3.1. Folgen die Bewertungsgutachter den Empfehlungen des IDW zur Bemessung einzelner Parameter bzw. übernehmen sie Empfehlungen der Fachliteratur bei ihren Bewertungen?

3.2. Welche Veränderungen einzelner Bewertungsparameter und Vorgehensweisen im Bewertungsprozess sind im Zeitablauf zu beobachten?

3.3. Welche Ermessensspielräume bestehen im Rahmen der Empfehlungen für den Gutachter und wie werden diese wahrgenommen?

Ziel der qualitativen Analyse ist, wie bereits in der Einleitung beschrieben, die Auswertung der Gutachten, um so einen Überblick über den Ansatz und Ermessensspielräume bei der Bestimmung der einzelnen Modellparameter zu geben, um letztlich vorhandene Ermessensspielräume im Bewertungsprozess qualitativ zu identifizieren.

Im Mittelpunkt der quantitativen Analyse steht die Bearbeitung folgender zentraler Forschungsfrage, die zur Spezifizierung wiederum in detaillierte Fragestellungen differenziert wird:

4. Welchen Anteil am Unternehmenswert haben Detailplanungs- und Fortführungsphase, wie sensitiv reagiert der Unternehmenswert auf einzelne Parametervariationen?

4.1. Können die in den Gutachten berechneten Unternehmenswerte repliziert werden?

4.2. Wie verteilt sich der ermittelte Unternehmenswert auf die Detailplanungsphase(n) und welchen Wertbeitrag liefert die Fortführungsphase (ewige Rente) bei den einzelnen Bewertungsfällen?

4.3. Wie wirken sich Abweichungen von den Empfehlungen, die bei Bewertungen auf Basis der unmittelbaren Typisierung im Rahmen des IDW S 1 bei Bemessung der persönlichen Ertragsteuern bestehen, auf den Ertragswert aus?

4.4. Welche relativen Wertänderungen entstehen bei der Bestimmung des Ertragswerts im Rahmen der Vorschriften des IDW S 1 durch Variation einzelner Parameter (Risikozuschlag, Wachstumsabschlag) des Kapitalisierungszinssatzes?

Ziel der quantitativen Analyse ist die Prüfung der Plausibilisierbarkeit der Gutachten sowie Identifikation der Sensitivitäten einzelner Bewertungsparameter hinsichtlich des Unternehmenswerts. Dadurch soll der tatsächliche Einfluss einzelner Bewertungsparameter auf den Unternehmenswert offengelegt und für den Gutachter (notwendigerweise) vorhandene Ermessensspielräume quantifiziert werden. Dazu werden anhand der Gutachten die Wertbeiträge einzelner Komponenten aufgezeigt und deren Einfluss auf den jeweils ermittelten Unternehmenswert in Form einer Sensitivitätsanalyse abgebildet. Mit der Sensitivitätsanalyse der persönlichen Ertragsteuern wird erörtert, wie sich deren abweichende Bemessung im Bewertungskalkül auf den Unternehmenswert auswirkt, wenn vom IDW abweichende Annahmen zur Haltedauer[365] getroffen werden.

5.2 Ablauf

Der empirische Teil dieser Arbeit ist wie folgt aufgebaut: Nachdem im vorhergehenden Unterabschnitt die Forschungsfragen aus der Problemstellung aufgegriffen und weiter differenziert worden sind, werden im Anschluss Erkenntnisse bestehender Literatur zusammengefasst. Es folgt die Erläuterung der Datenbasis mit der Kategorisierung der Bewertungsobjekte der empirischen Untersuchung. Die nun folgenden Kapitel qualitative empirische Analyse und quantitative, empirische Analyse bilden den Hauptteil.

Zur Bearbeitung der Fragestellungen die auf die qualitative Analyse ausgerichtet sind, werden in den anschließenden Abschnitten Informationen der Gutachten qualitativ erhoben und vor dem Hintergrund der Unternehmensbewertungsgrundsätze des IDW S 1 analysiert. Im Mittelpunkt steht die Analyse der Vorgehensweise bei Ermittlung des Ertragswerts im Rahmen des Ertragswertverfahrens gemäß IDW S 1,[366] das in den allermeisten Fällen die vorherrschende Bewertungsmethode zur Bestimmung des Zukunftserfolgswerts der Zielgesellschaften ist. Das Ertragswertverfahren wurde in 78 der 80 Bewertungsfälle angewendet, wodurch sich die Datenbasis bei Analysen, die sich auf den Ertragswert beziehen, auf 78 Gutachten verringert.

Im ersten Unterabschnitt der qualitativen Analyse werden die in den Gutachten angewendeten Bewertungsmethoden dargestellt und es wird analysiert, wie die Wertuntergrenze der Barabfindung für die Minderheitsaktionäre im Gutachten ermittelt wurde

[365] Vgl. Abschnitt 6.2.2.3.

[366] Vgl. IDW (2008), IDW S 1 i.d.F. 2008, Rn. 101-123.

sowie in welchem Verhältnis diese zu den Ergebnissen anderer verwendeter Bewertungsmethoden stehen. In den anschließenden Kapiteln werden einzelne Komponenten des Bewertungsprozesses bei Bestimmung des Ertragswerts betrachtet. Der Unterabschnitt 6.2 widmet sich vorweg den zur Ertragswertbestimmung notwendigen Grundlagen und der Auswertung der zu beachtenden steuerlichen Rahmenbedingungen im Untersuchungszeitraum. Dies schließt auch die Prämissen zum Ansatz der persönlichen Ertragsteuern im Bewertungsprozess mit ein.

Im Anschluss folgt die Analyse der bewertungsrelevanten Überschüsse zur Bestimmung des Ertragswerts, bei der sowohl die Vergangenheitsanalyse als auch die Prognosephase untersucht werden. Der Abschnitt umfasst auch die Betrachtung der zu treffenden Ausschüttungsannahmen.

Schließlich wird die Ermittlung des Kapitalisierungszinssatzes untersucht. Es wird die Umsetzung der modelltheoretischen Rahmenbedingungen im Bewertungskalkül zur Ermittlung des Kapitalisierungszinssatzes dargestellt und der Ansatz der einzelnen Parameter, aus denen sich der Kapitalisierungszinssatz zusammensetzt, differenziert betrachtet. Hierbei liegt der Schwerpunkt der Analyse auf den Kriterien, die zur Ableitung der Parameter verwendet wurden. Zum Schluss erfolgt eine Zusammenfassung der Ergebnisse im Hinblick auf die Forschungsfrage der qualitativen Analyse.

Die quantitative Analyse dient der Quantifizierung der Sensitivitäten und Wertbeiträge einzelner Parameter in Bezug auf den Ertragswert. Dadurch soll der tatsächliche Einfluss einzelner Bewertungsparameter auf den Unternehmenswert offengelegt und für den Gutachter (notwendigerweise) vorhandene Ermessensspielräume quantifiziert werden. Die quantitative Analyse ist aufgeteilt in eine Wertbeitragsanalyse und Sensitivitätsanalysen. Zum Ende werden die Ergebnisse der quantitativen Analyse zusammengefasst.

Zur Beantwortung der Forschungsfrage der quantitativen Analyse erfolgt auf Basis der in den Gutachten gegebenen Daten im ersten Schritt eine Nachbildung jedes einzelnen

Bewertungsfalls. Dazu wurden die in den Gutachten publizierten Berechnungen analog zum jeweiligen Gutachten nachgebildet und die Unternehmenswerte neu berechnet. Die replizierbaren Gutachten werden folgend für die Wertbeitragsanalyse der Wertkomponenten Detail- und Fortführungsphase und die Sensitivitätsanalysen verwendet. Sensitivitätsanalysen werden zur Berücksichtigung der persönlichen Ertragsteuern, Risikozuschlag und Wachstumsabschlag vorgenommen.

5.3 Datenbasis

In den folgenden Abschnitten erfolgt die Analyse der Gutachten aktienrechtlicher Squeeze-outs börsennotierter Unternehmen[367] in Deutschland im Zeitraum 2005 bis 2009. Das zugrunde liegende Datenmaterial besteht aus „gesammelten" Gutachten aktienrechtlicher Squeeze-outs gemäß §§ 327a-f AktG börsennotierter Aktiengesellschaften, deren Hauptversammlung, auf welcher der Übertragungsbeschluss gefasst wurde, im Zeitraum 2005 bis 2009 abgehalten wurde, oder bei denen die Erstellung des Bewertungsgutachtens in diesem Zeitraum erfolgte.[368] Die Gutachten liegen entweder in Form des originalen Bewertungsgutachtens vor oder es wird auf den vom Hauptaktionär übernommenen Abschnitt im Übertragungsbericht abgestellt. Ersatzweise wird in einzelnen Fällen auch auf den Übertragungsbericht abgestellt, wenn das Bewertungsgutachten nicht in Originalform vorlag und der Inhalt des Bewertungsgutachtens nur sinngemäß in den Übertragungsbericht einfließt. Somit wird gewährleistet, dass in allen betrachteten Bewertungsfällen die Information ausgewertet wird, die den Minderheitsaktionären zur Verfügung stand.

Es werden jedoch, um eine einheitliche Bewertungsgrundlage sicherzustellen, nur Bewertungsfälle berücksichtigt, bei denen der IDW ES 1 i.d.F. 2005 oder eine aktuellere

---

[367] In einem Fall handelt es sich um ein Unternehmen, dessen Anteile im Freiverkehr gehandelt werden, das selbst jedoch nicht börsennotiert ist.

[368] Vgl. Hoppenstedt Aktienführer (2010); SDK, Statistik Squeeze-outs 2005-2009.

Fassung als Bewertungsstandard diente. Der Standard IDW ES 1 i.d.F. 2005 ist vom Hauptfachausschuss am 9.12.2004 verabschiedet worden.[369] Somit werden Squeeze-outs, bei denen die Hauptversammlung, auf welcher der Übertragungsbeschluss erging, im Jahr 2005 stattfand, deren Bewertung jedoch noch im vorangehenden Jahr auf Basis des IDW S 1 i.d.F. 2000 durchgeführt wurde, nicht betrachtet.

Insgesamt liegt Datenmaterial zu 80 von 93 identifizierten Squeeze-out-Fällen börsennotierter Aktiengesellschaften vor. Das gesammelte Datenmaterial dieser 80 Bewertungsfälle umfasst 46 originäre Bewertungsgutachten, 19 Fälle, bei denen das Bewertungsgutachten wörtlich im Übertragungsbericht integriert ist[370], 12 Fälle in denen keine Kopie des Bewertungsgutachtens vorliegt und der Hauptaktionär sich dieses bei seinen Erläuterungen im Übertragungsbericht zu eigen macht. In drei Fällen existiert kein Gutachten, da die Bewertung vom Hauptaktionär selbst durchgeführt wurde oder wie in einem dieser drei Fälle nur Arbeitspapiere vom Bewertungsgutachter erstellt wurden.[371]

Zu den obigen 80 Bewertungsanlässen liegen in allen Fällen zusätzlich die Prüfungsberichte vor. In 43 der betrachteten Fälle erfolgte die Bewertung entsprechend dem Erstellungszeitpunkt auf Grundlage des IDW ES 1 2005[372] bzw. dem daraus resultierenden IDW S 1 i.d.F. 2005[373]. Bei 37 Bewertungsanlässen war die Bewertung anhand des IDW ES 1 i.d.F. 2007[374] bzw. des verabschiedeten IDW S 1 i.d.F. 2008[375] durchzuführen.

---

369 Vgl. IDW (2004), IDW ES 1 i.d.F. 2005, S. 14.

370 In den meisten Fälle erfolgte die Übernahme der Ausführungen des Bewertungsgutachters ohne die Abschnitte „Auftrag und Auftragsdurchführung“, in Einzelfällen erfolgte eine Umgliederung einzelner Teile des Bewertungsgutachtens in einen anderen Abschnitt des Übertragungsberichts.

371 Vgl. Anhang 1

372 Vgl. IDW (2004), IDW ES 1 i.d.F. 2005.

373 Vgl. IDW (2005), IDW S 1 i.d.F. 2005.

374 Vgl. IDW (2007), IDW ES 1 i.d.F. 2007.

Die Unternehmen, deren Minderheitsaktionäre durch einen aktienrechtlichen Squeeze-out aus dem Unternehmen gedrängt wurden, lassen sich in Anlehnung an die Kategorisierung des SIC-Codes folgenden Sektoren zuordnen:

Abbildung 5-1: Kategorisierung der Unternehmen nach Branchen

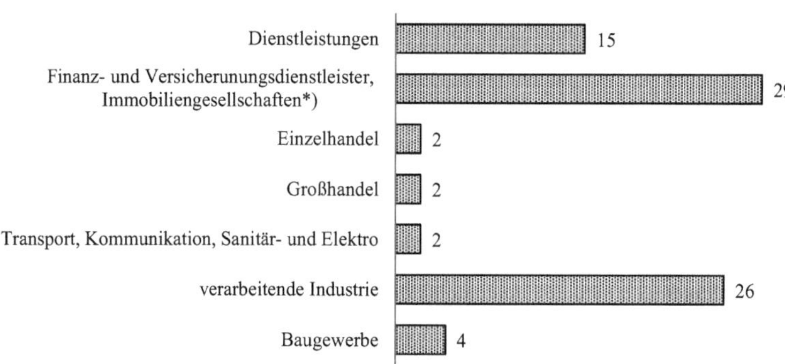

*) einschl. Holdings und Beteiligungsgesellschaften

Abbildung 5-1 zeigt, dass am meisten Unternehmen aus dem Bereich „Finanz-, Versicherungsdienstleister und Immobiliengesellschaften" vertreten sind, wobei unter diese Kategorie auch Beteiligungsgesellschaften fallen, die einen Großteil der 29 Unternehmen bilden. Die Sektoren „verarbeitende Industrie" und der Dienstleistungssektor sind mit 26 bzw. 15 Unternehmen in der Datenbasis vertreten. Weitere zehn Unternehmen stammen aus den Bereichen „Einzelhandel" (2), „Großhandel" (2), „Transport, Kommunikation, Sanitär und Elektro" (2) und dem „Baugewerbe" (4).

Verwendet man den in den Gutachten ausgewiesenen Ertragswert zur Größenklassifizierung der Unternehmen (Tabelle 5-1), so liegen diese in einer Bandbreite zwischen null und 30,7 Mrd. €. Für 29 Unternehmen der Datenbasis wurde ein Unternehmenswert bis 100 Mio. € ermittelt, insgesamt 28 Unternehmen bewegen sich zwischen 100

---

[375] Vgl. IDW (2008), IDW S 1 i.d.F. 2008.

Mio. € und einer Mrd. €. 23 Unternehmen waren laut Gutachten mindestens eine Mrd. € wert.

Tabelle 5-1: Größenklassifizierung der Unternehmen anhand des Unternehmenswerts (Ertragswert) [376]

Unternehmenswert bis einschl. (Mio. €)	50	100	500	1.000	5.000	über 5.000	gesamt
Anzahl Unternehmen	18	11	22	6	17	6	80

Bei Betrachtung der Bilanzsumme der Unternehmen wird aufgrund der Spezifika des Sektors „Finanz- und Versicherungsdienstleister, Immobiliengesellschaften" zwischen den Unternehmen, die diesem Sektor zugeordnet sind, und den anderen Unternehmen unterschieden.

Tabelle 5-2: Bilanzsumme Finanz-, Versicherungsdienstleister und Immobiliengesellschaften einschl. Holdings und Beteiligungsgesellschaften

Bilanzsumme bis einschl. (Mio. €)	100	1.000	10.000	über 10.000
Anzahl Unternehmen	6	8	8	7

In der ersten Gruppe (Tabelle 5-2) liegt die Bilanzsumme in 14 Fällen unter einer Mrd. €, acht Unternehmen wiesen im dem Bewertungsstichtag vorhergehenden Jahresabschluss eine Bilanzsumme von bis zu 10 Mrd. € aus und in sieben Fällen lag die Bilanzsumme über 10 Mrd. €, bei einem Minimum von 0,2 Mio. und einem Maximum von 508 Mrd. €.

Tabelle 5-3: Bilanzsumme Unternehmen (ohne Finanz-, Versicherungsdienstleister und Immobiliengesellschaften)

Bilanzsumme bis einschl. (Mrd. €)	100	1.000	10.000	über 10.000	n.v.
Anzahl Unternehmen	18	16	8	2	7

---

[376] In einem Fall Net Asset Value (NAV).

Die anderen Unternehmen (Tabelle 5-3) weisen eine Bilanzsumme zwischen 4,3 Mio. € und 17,9 Mrd. € auf, wobei 18 Unternehmen eine Bilanzsumme bis 100 Mio. € und 16 Unternehmen eine Bilanzsumme bis zu einer Mrd. € ausweisen. Lediglich 10 Unternehmen weisen eine Bilanzsumme über einer Mrd. € aus.

Die Durchführung der Bewertung (Tabelle 5-4) erfolgte in 55% der Fälle von insgesamt drei verschiedenen Wirtschaftsprüfungsgesellschaften. So wurde in 19% der Fälle das Bewertungsgutachten von PricewaterhouseCoopers (PWC) erstellt, gefolgt von Ernst&Young (E&Y) und KPMG, die 19% bzw. 17% der Unternehmensbewertungen durchführten. Die Wirtschaftsprüfungsgesellschaften SUSAT (12%), Warth&Klein (5%) sowie andere waren in den verbleibenden 44% der Bewertungsfälle, bei denen eine Wirtschaftsprüfungsgesellschaft bei der Bestimmung der angemessenen Barabfindung (unterstützend) tätig war, für die Erstellung des Gutachtens zuständig.

Tabelle 5-4: Erstellung Gutachten nach Wirtschaftsprüfungsgesellschaften

Erstellung Gutachten (%)	E&Y	PWC	KPMG	SUSAT	Warth&Klein	andere
	19,2%	19,2%	16,7%	11,5%	5,1%	28,2%

Bei der Erstellung des Prüfberichts zeigt sich ein anderes Bild (Tabelle 5-5): An dieser Stelle waren in den allermeisten Fällen kleinere Wirtschaftsprüfungsgesellschaften tätig, die meisten Prüfberichte wurden von der Wirtschaftsprüfungsgesellschaft Warth&Klein (17%) erstellt. Insgesamt verteilt sich die Erstellung der Prüfberichte auf deutlich mehr verschiedene Wettbewerber als die der Erstellung des Bewertungsgutachtens.

Tabelle 5-5: Erstellung Prüfbericht nach Wirtschaftsprüfungsgesellschaften

Erstellung Prüfungsberichte (%)	Stüttgen&Haeb	Warth&Klein	RölfsPartner	BDO	Rödl Partner	PWC	andere
	12,5%	17,5%	12,5%	5,0%	2,5%	3,8%	46,3%

Der hohe Grad an Konzentration zeigt sich jedoch, wenn beide Abbildungen betrachtet werden: So waren die Wirtschaftsprüfungsgesellschaften PWC und Warth&Klein in 23% bzw. 22,6% der Squeeze-outs bei Erstellung oder Prüfung des Bewertungsgutachtens involviert.

5.4 Literaturüberblick empirischer Analysen bei Squeeze-out

Einige Studien widmeten sich bereits Teilbereichen der Wertermittlung bei Squeeze-out bzw. der objektivierten Unternehmenswertermittlung auf Basis des IDW S 1. Die im Kontext dieser Arbeit relevante Literatur wird im Folgenden überblicksartig zusammengefasst. Der Vergleich der Ergebnisse dieser Arbeit mit den Ergebnissen bestehender Studien erfolgt mit den Ergebnissen am Ende der jeweiligen Abschnitte.

Hachmeister/Kühnle/Lampenius (2009) untersuchen in einer empirischen Analyse die Unternehmensbewertung bei Squeeze-out. Sie zeigen die Entwicklung der Methodik der Unternehmensbewertung über den Zeitraum 2002 bis 2008 auf und stellen den Ansatz der einzelnen Parameter im Bewertungskalkül dar. Die Stichprobe umfasst 122 Bewertungsfälle von 310 identifizierten Squeeze-outs börsennotierter und nicht börsennotierter Unternehmen. Die Autoren analysieren sowohl den Übertragungsbericht gem. § 327c Abs. 2 Satz 1 AktG als auch den Prüfungsbericht entsprechend § 327c Abs. 2 Satz 2 AktG.[377]

Im Rahmen der Vergangenheitsanalyse stellen sie fest, dass die Gutachter überwiegend einen Zeitraum von zwei bis drei Jahren verwenden. Zur Prognose der Zahlungsüberschüsse wird ein Zwei- oder Dreiphasenmodell verwendet. Die Länge der Detail-

[377] Vgl. Hachmeister/Kühnle/Lampenius, WPg (2009), S. 1234 f.

prognosephase orientiert sich bis auf Ausnahmen an den Empfehlungen des IDW mit einer Länge von drei bis fünf Jahren.[378]

Sie stellen weiter fest, dass sich die Annahmen des Ausschüttungsverhaltens über den Zeitablauf verändert haben, da sich die Vorgaben des IDW mit Einführung des IDW S 1 i.d.F. 2005 verändert haben. Die hierbei mit Einführung des IDW S 1 i.d.F. 2005 zu treffenden Annahmen zur Ausschüttungsquote variieren zwischen 30% und 70%. In der ewigen Rente liegt der Analyse zufolge die durchschnittliche Ausschüttungsquote mit Anwendung des IDW S 1 i.d.F. 2005 zwischen 50% und 58%. Abweichungen werden mit Besonderheiten der Branche begründet. In der Untersuchung finden sich bereits Erkenntnisse zur Berücksichtigung der Abgeltungsteuer im Bewertungskalkül, jedoch nur für den Übergangszeitraum zwischen Verabschiedung und Einführung der Unternehmensteuerreform auf Ebene der persönlichen Ertragsteuern (6.7.2007 bis 31.12.2008). So können zwei unterschiedliche Vorgehensweisen identifiziert werden. Im einen Fall wird die Veräußerungsgewinnbesteuerung nicht berücksichtigt, im anderen Fall wird sie bereits typisiert vorweg genommen.[379]

Bei Ermittlung des Basiszinssatzes sehen sie mit Einführung des IDW S 1 i.d.F. 2005 eine Umorientierung hin zu einer marktorientierten Ermittlung anhand der aktuellen Zinsstrukturkurven der Bundesbank.[380] Bei Ermittlung des Risikozuschlags kommt ab 2005 nur noch das CAPM zum Einsatz. Durch die 2007 und 2008 noch größtenteils unklaren Auswirkungen der Unternehmensteuerreform stellen sie in dieser Zeitspanne einen heterogenen Ansatz der Marktrisikoprämie fest. Vorwiegend erfolgt die Verwendung von Beta-Werten, die auf Basis einer Vergleichsgruppe geschätzt wurden. Die Berücksichtigung des Verschuldungsgrads erfolgt nicht in allen Fällen, jedoch deuten die begründeten Abweichungen auf eine reflektierte Anwendung hin. In den

---

[378] Vgl. Hachmeister/Kühnle/Lampenius, WPg (2009), S. 1246.
[379] Vgl. Hachmeister/Kühnle/Lampenius, WPg (2009), S. 1246.
[380] Vgl. Hachmeister/Kühnle/Lampenius, WPg (2009), S. 1239.

Bewertungsfällen bewegen sich die Wachstumsabschläge in der ewigen Rente hauptsächlich zwischen 0,5% und 1,0%, wobei in Ausnahmefällen sogar niedrigere Werte angesetzt werden. Die Untersuchung zeigt ein hohes Maß an Übereinstimmung zwischen den Vorgaben des IDW S 1, der Bewertungsmethodik und der Ableitung der einzelnen Parameter.[381]

Rathausky (2008) untersucht 150 Bewertungsfälle im Zeitraum 2002 bis zum ersten Quartal 2005.[382] Bei der Bemessung des Basiszinssatzes hielten sich die Gutachter weitestgehend an die Empfehlungen des IDW und wichen nur dann ab, wenn eine Aktualisierung der Empfehlung zur Bemessung des Basiszinssatzes bevorstand.[383] Wurde zur Ermittlung des Risikozuschlags das CAPM angewendet, so wurde nur in 20,4% der Fälle ein originärer Beta-Faktor zur Bewertung verwendet.[384] In 64,6% der Bewertungen wurde der Beta-Faktor anhand von börsennotierten Vergleichsunternehmen bestimmt.[385] Insgesamt stellt Rathausky fest, dass die Gutachter teilweise inkonsistent vorgehen und meist intransparente Informationen offenlegen. So wurden die Vergleichsunternehmen in 58,9% der Fälle nicht namentlich erwähnt. Deren Auswahlkriterien wurden grundsätzlich nicht spezifiziert. Der verwendete Referenzzeitraum divergiert zwischen einem und zehn Jahren, bei Ableitung eines originären Beta-Werts zwischen einem und 17 Jahren. In 82,8% der Bewertungsfälle wird der Referenzzeitraum im Gutachten nicht offengelegt. Das verwendete Renditeintervall zur Schätzung des Beta-Faktors wurde in 89,0% der Fälle nicht angegeben.[386] Die Offenlegung von Sensitivitäten einzelner Parameter unterblieb demnach im Allgemeinen. In 86,3% der Bewertungsfälle fehlen Angaben, ob es sich bei den historischen Beta-Faktoren um adjustierte Werte handelt. Bei den verbleibenden 13,7% der Bewertungsfälle kommen

---

[381] Vgl. Hachmeister/Kühnle/Lampenius, WPg (2009), S. 1246.

[382] Vgl. Rathausky (2008), S. 126, 147 f.

[383] Vgl. Rathausky (2008), S. 129.

[384] Vgl. Rathausky (2008), S. 133.

[385] Vgl. Rathausky (2008), S. 135.

[386] Vgl. Rathausky (2008), S. 147.

sowohl adjustierte als auch nicht adjustierte Beta-Faktoren zum Einsatz.[387] Angaben zum Referenzindex fehlten in 82,2% der Gutachten. Eine Umrechnung des Verschuldungsgrads auf ein fiktiv unverschuldetes Unternehmen (sog. Unlevern) wurde unter Angabe einer Begründung in 21,9% der Fälle unterlassen und in 19,2% der Fälle fehlt ein eindeutiger Hinweis. In den anderen Fällen wurde eine Umrechnung vorgenommen.[388] Explizite Angaben, dass eine Anpassung an den Verschuldungsgrad (sog. Relevern) der Zielgesellschaft erfolgte, finden sich in 50,7% der Bewertungsfälle, in 30,1% der Fälle wurde diese Anpassung nicht vorgenommen, zu den verbleibenden Bewertungen (19,2%) konnte aufgrund fehlender Angaben keine eindeutige Aussage getroffen werden.[389] Die Mittelwertbildung erfolgte heterogen unter der Anwendung verschiedener Verfahren. Die Risikozuschläge bewegen sich in den untersuchten Bewertungsfällen zwischen 0,8% und 9,35% bei einem arithmetischen Mittel von 3,81%. Bis auf zwei Bewertungsfälle wurden typisierte Ertragsteuern in Höhe von 35% angesetzt.[390] In 90,2% der Bewertungsfälle wurde ein (nominaler) Wachstumsabschlag von 0,5% oder 1,0% angesetzt. Der Kapitalisierungszinssatz nach Steuern bewegt sich bei den betrachteten Bewertungsfällen zwischen 2,59% und 9,45% bei einem arithmetischen Mittelwert von 5,46%.[391]

Schüler/Lampenius (2007) untersuchen in 134 Bewertungsfällen im Zeitraum 1985-2003 die getroffenen Wachstumsannahmen. Hierbei handelt es sich in 84 Bewertungsfällen um einen Squeeze-out als Anlass der Bewertung.[392] Der durchschnittliche Wachstumsabschlag beträgt für die gesamten Bewertungsfälle 0,65%, wobei am häufigsten ein Abschlag i.H.v. 1% verwendet wurde. In 94% der Bewertungsfälle wurde ein Abschlag verwendet, der nicht größer als 1% war. In 32 der 84 Squeeze-out-

---

[387] Vgl. Rathausky (2008), S. 138.
[388] Vgl. Rathausky (2008), S. 138f.
[389] Vgl. Rathausky (2008), S. 139f.
[390] Vgl. Rathausky (2008), S. 143.
[391] Vgl. Rathausky (2008), S. 148.
[392] Vgl. Schüler/Lampenius, BFuP (2007), S. 239.

Gutachten wurden keine Begründungen zur Höhe des Wachstumsabschlags angeführt.[393] Sie stellen fest, dass bei Gebrauch der geschätzten Inflationserwartung anhand Realzinsen und bei Durchschnittsinflation abgeleitet aus historischen Daten für keines der Gutachten ein positives Realwachstum bei vollständiger Überwälzbarkeit der Preissteigerung resultiert. Bei Ansatz der Stichtagsinflation resultiert nur für 19 der 134 Bewertungsfälle ein positives Realwachstum. Sie zeigen weiter, wie für verschiedene Fälle der partiellen Überwälzbarkeit der Preissteigerung der zum Anfang des Betrachtungszeitraums existierende Cashflow über den Zeitablauf erodiert und zu welchen Zeitpunkten das nominale Wachstum und der Cashflow erstmalig negativ wird.[394] Sie treffen hierzu verschiedene Annahmen zur Überwälzbarkeit der Inflation und sehen in Abhängigkeit von der Überwälzquote ein konzeptionelles Problem, da bei unvollständiger Inflationsüberwälzung und dadurch resultierendem Verlauf der Cashflows die Liquidation des Unternehmens zu berücksichtigen wäre.[395]

Schrenker (2011) untersucht auf Basis von 80 Bewertungsgutachten aktienrechtlicher Strukturmaßnahmen der Jahre 2002 bis 2010, bei denen in 56 Fällen die angemessene Barabfindung bei aktienrechtlichem Squeeze-out gem. §§ 327a-f AktG ermittelt wurde, die Vergangenheitsanalyse und Planungsrechnungen der Gutachten.[396] Sie analysiert u. a. die zeitliche Struktur der Vergangenheitsanalyse und stellt fest, dass bei der Vergangenheitsanalyse mehrheitlich in 75% der Fälle die drei vorhergehenden Geschäftsjahre analysiert werden. In 16,25% werden die vorhergehenden vier Jahre analysiert und nur in Ausnahmefällen (7,5%) werden mehr als vier Jahre zur Analyse herangezogen.[397]

---

393 Vgl. Schüler/Lampenius, BFuP (2007), S. 243.

394 Vgl. Schüler/Lampenius, BFuP (2007), S. 245 f.

395 Vgl. Schüler/Lampenius, BFuP (2007), S. 237, 246.

396 Vgl. Schrenker, CF biz (2011), S. 484.

397 Vgl. Schrenker, CF biz (2011), S. 487.

Im Rahmen der Planungsrechnung wurde in allen Gutachten auf ein Phasenmodell zurückgegriffen, bei denen i.d.R. interne Planungsrechnungen die Grundlage bildeten. Die Detailplanungsphase umfasst hierbei meist drei bis fünf Jahre (drei Jahre in 23,75%, vier in 21,25% und fünf in 26,25% der Fälle). Bis auf einen Fall, in dem die Detailplanungsphase nur ein Jahr umfasst, werden in den übrigen Bewertungsfällen Zeitspannen gewählt, die fünf Jahre übersteigen und bis zu 46 Jahre umspannen. Die überwiegende Mehrheit der Bewertungsgutachter greift auf ein Zwei-Phasen-Modell zurück, nur in sechs Gutachten wurde ein Drei-Phasen-Modell verwendet, in einem Fall schloss sich aufgrund einer begrenzten Lebensdauer der Unternehmung keine Fortführungsphase an die Detailplanungsphase an.[398]

---

[398] Vgl. Schrenker, CF biz (2011), S. 487 f.

6 Qualitative empirische Analyse

6.1 Wertermittlung

6.1.1 Bewertungsmethoden

Der Unternehmenswert ergibt sich grundsätzlich als Zukunftserfolgswert aus den Zahlungsüberschüssen, die bei Fortführung des Unternehmens erzielt werden.[399] Obwohl das IDW alle DCF-Verfahren als konzeptionell gleichwertige Alternative zum Ertragswertverfahren entsprechend IDW S 1 zur Ermittlung des Unternehmenswerts sieht,[400] ist in den allermeisten Fällen das Ertragswertverfahren entsprechend IDW S 1 Grundlage der Bewertung zur Ermittlung des objektivierten Werts, der bei Bestimmung der angemessenen Barabfindung zu berücksichtigen ist. Das Ertragswertverfahren gemäß IDW S 1 entspricht methodisch dem Konzept der direkten Ermittlung des Eigenkapitalwerts (Equity-Verfahren), sofern auch bei der Ertragswertmethode gemäß IDW S 1 der Kapitalisierungszinssatz kapitalmarktorientiert (d.h. auf Basis des CAPM bzw. Tax-CAPM) ermittelt wird.[401] Der Marktwert des Eigenkapitals wird durch Diskontierung der um die Fremdkapitalkosten gekürzten Zahlungsüberschüsse mit den Eigenkapitalkosten des (verschuldeten) Unternehmens ermittelt.[402]

Falls die zu erzielenden (Netto-)Überschüsse bei Liquidation des Unternehmens den ermittelten Unternehmenswert bei Unternehmensfortführung übersteigen, bildet der Liquidationswert den Unternehmenswert. Somit ist bei der Bewertung grundsätzlich

---

[399] Vgl. IDW (2008), IDW S 1 i.d.F. 2008, Rn. 5.

[400] Vgl. IDW (2008), IDW S 1 i.d.F. 2008, Rn. 101.

[401] Vgl. Kuhner/Maltry (2006), S. 57; Baetge u.a. (2009), S. 352; Ballwieser (2011), S. 132; Saur u.a., WPg (2011), S. 1022.

[402] Vgl. Schmidt, ZfbF (1995), S. 1088; Baetge u.a. (2009), S. 351 f.

die Überlegung anzustellen, ob der Liquidationswert den Zukunftserfolgswert übersteigt.[403]

Der Zukunftserfolgswert bildet den Unternehmenswert grundsätzlich ohne Berücksichtigung eines bestehenden Beherrschungs- und Gewinnabführungsvertrags ab. Besteht ein solcher, ist die Höhe zukünftig entstehender Zahlungsüberschüsse auf Unternehmensebene für den Minderheitsaktionär nicht mehr Grundlage seiner Zuflüsse, da Ausgleichszahlungen unabhängig vom handelsrechtlichen Erfolg des Unternehmens zu leisten sind.[404] In diesem Fall sind die Ausgleichsansprüche bei Bemessung der anzubietenden Barabfindung zusätzlich neben dem Ertragswert zu berücksichtigen, wenn vom Fortbestand des Beherrschungs- und Gewinnabführungsvertrags im Bewertungszeitpunkt ausgegangen werden kann.[405]

Bei Ermittlung der angemessenen Barabfindung bei Squeeze-out ist der Abfindungsbetrag bei börsennotierten Aktiengesellschaften nicht ohne Beachtung des Börsenkurses der Anteile zu ermitteln, der – soweit ein nicht verzerrter Börsenkurs vorliegt – als Untergrenze der Barabfindung heranzuziehen ist.[406] Der Börsenkurs ist somit beispielsweise bei mangelnder Liquidität oder Manipulation des Börsenkurses nicht als Untergrenze der angemessenen Barabfindung zu beachten.[407] Gerade bei einem Squeeze-out stellt sich dies als problematisch dar, da in den allermeisten Fällen über den maßgebenden Referenzzeitraum zur Ermittlung des Durchschnittswerts nur ein geringer Anteil der emittierten Aktien handelbar ist. Der Hauptaktionär muss schließlich

---

[403] Vgl. IDW (2008), IDW S 1 i.d.F. 2008, Rn. 140 f.
[404] Vgl. Bödeker/ Fink, NZG (2011), S. 818.
[405] Vgl. OLG Frankfurt v. 16.7.2010 5W 53/09, BeckRS (2011), Rn. 5382.
[406] Vgl. BVerfG, v. 27. 4. 1999 1 BvR 1613/94, DB (1999), S. 1693.
[407] Vgl. IDW (2008), IDW S 1 i.d.F. 2008, Rn. 16.

bei Ankündigung des Zwangsausschlusses mindestens 95% der Anteile besitzen, womit der Streubesitz unter 5% liegt.[408]

6.1.2 Ermittlung der Wertuntergrenze der angemessenen Barabfindung

In den Jahren 2005 bis 2009 führten folgende Bewertungsmethoden zur Untergrenze der anzubietenden Barabfindung[409]:

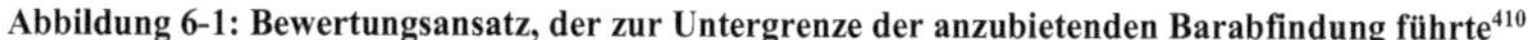

Abbildung 6-1: Bewertungsansatz, der zur Untergrenze der anzubietenden Barabfindung führte[410]

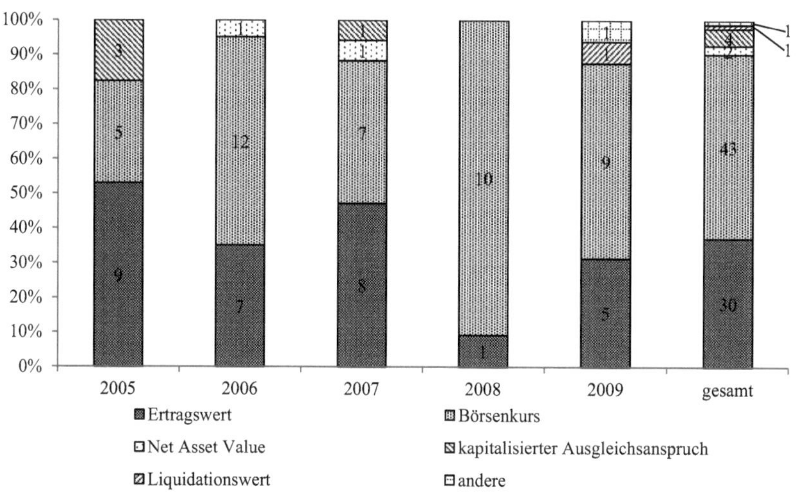

---

[408] Vgl. IDW (2007), Band II A, Rn. 506.

[409] Bei verschiedenen Aktiengattungen wurde auf die Bewertungsmethode für den Abfindungsbetrag der Stammaktien abgestellt.

[410] Doppelnennung im Jahr 2006.

Tabelle 6-1: Bewertungsansatz, der zur Untergrenze der anzubietenden Barabfindung führte

	2005	2006	2007	2008	2009	gesamt	in %
Ertragswert	9	7	8	1	5	30	37,0
Börsenkurs	5	12	7	10	9	43	53,1
Net Asset Value	0	1	1	0	0	2	2,5
Kapitalisierter Ausgleichsanspruch	3	0	1	0	0	4	4,9
Liquidationswert	0	0	0	0	1	1	1,2
Andere	0	0	0	0	1	1	1,2
Summe	**17**	**20**	**17**	**11**	**16**	**81[410)]**	**100,00**

Es zeigt sich, dass in der Regel die Untergrenze der anzubietenden Barabfindung auf Basis des Ertragswerts oder der historischen Börsenkurse festgesetzt wurde. Dabei ist keine Tendenz festzustellen, auch in den Jahren 2008 und 2009, in denen aufgrund der Finanzmarktkrise größtenteils fallende Kurse zu beobachten waren, bildete der Börsenkurs in zehn bzw. neun Fällen den Bewertungsansatz, der zur Untergrenze der anzubietenden Barabfindung führte. Bei insgesamt vier Squeeze-out-Fällen bildete der kapitalisierte Ausgleichsanspruch aus einem bestehenden Beherrschungs- und Gewinnabführungsvertrag die Wertuntergrenze der anzubietenden Barabfindung.

In vier Fällen liegt der Ermittlung der Barabfindung ein anderes Verfahren zugrunde, hier wurde zweimal auf die Ermittlung des Net Asset Value (Substanzwert)[411] verwiesen sowie in einem Fall der den Ertragswert übersteigende Liquidationswert angesetzt. In einem Fall wurde auf den Betrag bei Sachkapitalerhöhung abgestellt.

6.1.3 Vergleich der Abfindungsbeträge

Zum Vergleich der Abfindungsbeträge werden alle Gutachten herangezogen, in denen sowohl ein Ertragswert als auch ein Börsenkurs ermittelt wurde, die bei Ermittlung der Barabfindung zu berücksichtigen waren. Dies betrifft insgesamt 61 Gutachten. In 44

---

[411] Dieser ergibt sich aus der Differenz der Marktwerte des Vermögens und der Schulden des Unternehmens. In allen Fällen handelt es sich um Beteiligungsgesellschaften, die mehrheitlich vermögensverwaltend tätig sind; vgl. Sieben/Maltry (2009), S. 543.

Fällen lag der Börsenkurs über dem Ertragswert. In 17 Fällen lag der Ertragswert über dem Börsenkurs und bildete somit die Untergrenze der anzubietenden Barabfindung.

Bildete der Ertragswert die Untergrenze der anzubietenden Barabfindung, lag der niedrigere Börsenkurs im Durchschnitt 16,19% (Median 12,04%) unter dem Ertragswert (Abbildung 6-2). Lag der Börsenkurs über dem Ertragswert und bildete somit die Untergrenze der anzubietenden Barabfindung, wich der niedrigere Ertragswert im Durchschnitt um 30,01% (Median 24,81%) vom höheren Börsenkurs ab (Abbildung 6-3). Auffällig sind die unterschiedlichen durchschnittlichen Abweichungen. Die durchschnittliche Abweichung des (niedrigeren) Ertragswerts vom höheren Börsenkurs ist etwa doppelt so hoch (30,01%) wie die durchschnittliche Abweichung, wenn der Ertragswert über dem Börsenkurs lag (14,42%).

Abbildung 6-2: Abweichung des (niedrigeren) Börsenkurses vom Abfindungsbetrag[412]

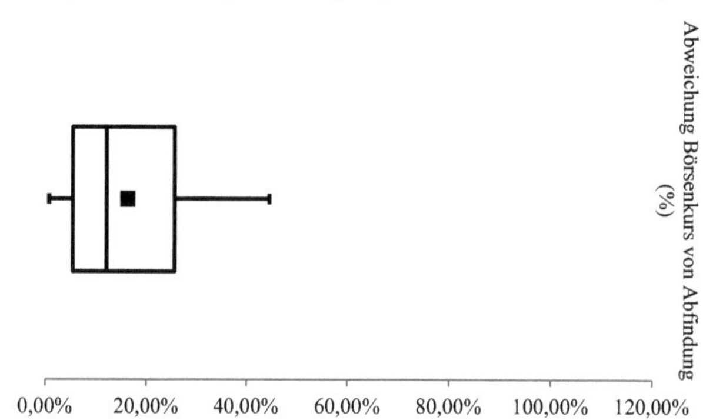

---

[412] Die Box umfasst alle Beobachtungen des zweiten und dritten Quartils. Die Grenze zwischen den beiden Rechtecken zeigt den Median an, die quadratische Markierung das arithmetische Mittel. Fälle, die mehr als 1,5 Boxlängen von der Box entfernt sind, werden durch einen Kreis dargestellt.

Abbildung 6-3: Abweichung des (niedrigeren) Ertragswerts vom Abfindungsbetrag

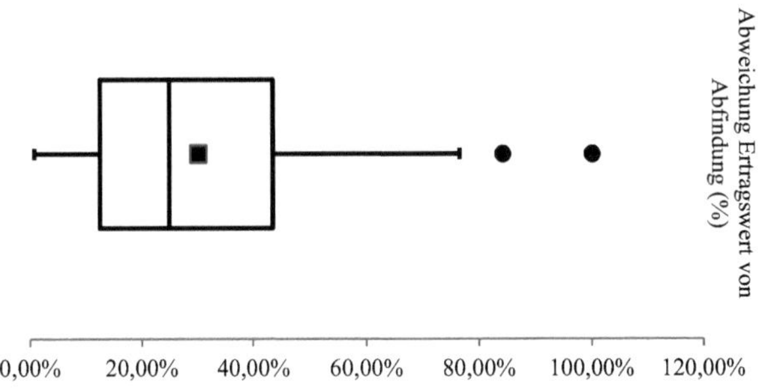

Es stellt sich die Frage, weshalb die durchschnittlichen Abweichungen vom Abfindungsbetrag derart unterschiedlich ausfallen und weshalb der Börsenkurs in 44, der Ertragswert in lediglich 17 Fällen die Untergrenze der anzubietenden Barabfindung bildete. Einen ersten Anhaltspunkt liefert die ökonomische Analyse. Bestehen Ermessensspielräume bei der Festsetzung der Barabfindung, besteht im Modellrahmen die dominante Strategie des Hauptaktionärs darin, eine tendenziell niedrige Barabfindung anzubieten, da er über private Information verfügt und die Minderheitsaktionäre somit nicht zwischen einer hohen und einer niedrigen Barabfindung unterscheiden können.[413] Liegt der Ertragswert über dem Börsenkurs, kann der Hauptaktionär die anzubietende Barabfindung beeinflussen, solange der ermittelte Ertragswert über dem Börsenkurs liegt und sofern Ermessensspielräume bei der Ertragswertermittlung bestehen. Unter Berücksichtigung der dominanten Strategie hat der Hauptaktionär damit einen Anreiz, den Ertragswert möglichst nah am Börsenkurs oder unterhalb des Börsenkurses festzusetzen.

Liegt der Börsenkurs jedoch bereits ohne Nutzung von Ermessensspielräumen im Sinne des Hauptaktionärs über dem Ertragswert, besteht für den Hauptaktionär kein An-

---

[413] Vgl. Abschnitt 3.5.

reiz, Ermessensspielräume bei der Ertragswertermittlung zu nutzen und damit den ermittelten Ertragswert möglichst nah am Abfindungsbetrag zu platzieren. Schließlich kann er dadurch die Untergrenze der Barabfindung nicht beeinflussen, die durch den Börsenkurs determiniert ist.

Im Ergebnis lässt sich festhalten, dass die Anreizsituation des Hauptaktionärs unter Berücksichtigung der dominanten Strategie ein Indiz für die im Durchschnitt unterschiedlichen Abweichungen des niedrigeren Ertragswerts bzw. Börsenkurses von der anzubietenden Barabfindung und der deutlich höheren Anzahl an Bewertungsfällen, bei denen der Börsenkurs die Untergrenze der anzubietenden Barabfindung bildet, liefert. Außerdem deuten die erläuterten Beobachtungen darauf hin, dass Ermessensspielräume für den Hauptaktionär bzw. Gutachter bei der Ertragswertermittlung bestehen.

6.2 Erfassung von Steuern im Ertragswertverfahren

Im folgenden Abschnitt werden als Einschub die Grundlagen der steuerlichen Rahmenbedingungen auf Unternehmensebene und Ebene der Anteilseigner erläutert. Diese sind Voraussetzung zum Verständnis der Bewertungsmethodik im Rahmen des Ertragswertverfahrens, da bei der Ertragswertermittlung grundsätzlich die steuerlichen Rahmenbedingungen auf Unternehmensebene und persönliche Ertragsteuern der (privaten) Anteilseigner gemäß unmittelbarer Typisierung[414] zu berücksichtigen sind.[415]

6.2.1 Unternehmensteuern

6.2.1.1 Regelung bis zum 31.12.2007

Für Erhebungszeiträume bis zum 31.12.2007 war für Kapitalgesellschaften eine Gewerbesteuer (GewSt-)Messzahl von 5% anzusetzen (§ 11 Abs. 2 GewStG a.F.). Die

---

[414] Vgl. IDW (2008), IDW S 1 i.d.F. 2008, Rn. 31 sowie Abschnitt 6.2.2.

[415] Vgl. IDW (2008), IDW S 1 i.d.F. 2008, Rn. 28.

Gewerbesteuer minderte als Betriebsausgabe ihre eigene Bemessungsgrundlage und die Bemessungsgrundlage der Körperschaftsteuer (KSt) (§ 4 Abs. 5b EStG a.F.).[416] Der Körperschaftsteuersatz betrug einheitlich 25% (§ 23 Abs. 1 KStG a.F.). Insgesamt ergab sich somit bei einem GewSt-Hebesatz von 400% ein Unternehmensteuersatz von 38,65%.[417]

6.2.1.2 Regelung ab dem 1.1.2008

Mit der Unternehmensteuerreform 2008 haben sich umfangreiche Änderungen bei der Ermittlung der Steuerlast auf Unternehmensebene eingestellt.[418] So veränderten sich die nominalen Steuersätze und Bemessungsgrundlagen der GewSt und Körperschaftsteuer (KSt). Für Kapitalgesellschaften ist nun eine Messzahl von 3,5% maßgeblich (§ 11 Abs. 2 GewStG).[419] Nebenbei erhöht sich die Bemessungsgrundlage, da mit Einführung zusätzlich zu Dauerschuldzinsen auch insbesondere alle Zinsaufwendungen und Finanzierungsanteile aus Mieten, Leasing und Pachten zu addieren sind.[420] Weiter entfällt die Abzugsfähigkeit der GewSt als Betriebsausgabe (§ 4 Abs. 5b EStG).

Als zweite Steuerlast auf Grundlage der finanziellen Überschüsse fällt wie bisher die KSt an. Die KSt hat den Charakter einer föderalen Unternehmensteuer mit einem Steuersatz von nunmehr 15% statt den bisherig veranschlagten 25% (§ 23 Abs. 1 KStG) .[421] Die Möglichkeit zur Nutzung eines Steuervorteils aus Fremdfinanzierung wird durch Einführung der sog. Zinsschranke beschränkt.[422]

---

[416] Zu weiteren Hinzurechnungstatbeständen vgl. § 8 GewStG a.F.

[417] Vgl. Herzig, WPg (2007), S. 9; Blum (2008), S. 29.

[418] Vgl. im Original Deutscher Bundesrat (2007), Drucksache 384/07.

[419] Vgl. Herzig, WPg (2007), S. 8 f.

[420] Vgl. Blum (2008), S. 19 f.; zu weiteren Hinzurechnungstatbeständen § 8 Nr. 1 GewStG.

[421] Vgl. Herzig, WPg (2007), S. 9.

[422] Vgl. Deutscher Bundesrat (2007), Drucksache 384/07; ausführlich Rödder/Stangl, DB (2007), S. 479 ff.; Blum (2008), S. 21-28.

6.2.2 Persönliche Ertragsteuern auf Anteilseignerebene

Unbestritten ist inzwischen der Umstand, dass sich persönliche Steuern auf Ebene der Investoren, abgesehen von trivialen Ausnahmen, nicht unternehmenswertneutral verhalten.[423] Ein solcher Ausnahmefall ist zum Beispiel im Fall der ewigen Rente bei gleicher Besteuerung des Zahlungsstroms des Unternehmens und der Alternativanlage gegeben. Der Steuersatz im Zähler und Nenner kann dadurch in der Bewertungsgleichung gekürzt werden.[424] Da dieser Fall in der Praxis bei einem differenzierten Steuersystem nicht vorliegt, versucht das IDW, diesen Umstand bei Bewertungen auf Basis des IDW S 1 im Rahmen des auf Brennan zurückgehenden Tax-CAPM zu berücksichtigen.[425]

Aufgrund der Auswirkung persönlicher Ertragsteuern auf den Unternehmenswert kann es erforderlich sein, die individuell unterschiedlichen steuerlichen Rahmenbedingungen der betroffenen Anteilseigner abhängig vom Bewertungsanlass bei Ermittlung des objektivierten Unternehmenswerts normiert in den Bewertungskalkül einfließen zu lassen (unmittelbare Typisierung).[426] Bei der objektivierten Bewertung vor einem gesellschaftsrechtlichen Hintergrund wird bei der Bewertung einer Kapitalgesellschaft – typisiert – von einem unbeschränkt einkommensteuerpflichtigen Inländer, der einen Anteil am Unternehmen von unter 1% hält, ausgegangen.[427] Aufgrund des im deutschen Steuersystem bestehenden progressiven Verlaufs der Einkommensteuerbelastung existiert kein einheitlicher Steuersatz für natürliche Personen.[428] Das IDW löst dieses Problem mit der typisierten Annahme eines Einkommensteuersatzes von

---

[423] Vgl. Kruschwitz/Löffler, WPg (2005), S. 77 f.

[424] Vgl. Ballwieser (1995), S. 19f.; Mandl/Rabel (2009), S. 61.

[425] Vgl. IDW (2008), IDW S 1 i.d.F. 2008, Rn. 92.

[426] Vgl. IDW (2008), IDW S 1 i.d.F. 2008, Rn. 29-31.

[427] Vgl. IDW (2008), IDW S 1 i.d.F. 2008, Rn. 31; Wagner/Saur/Willershausen, WPg (2008), S. 735.

[428] Vgl. § 32a EStG.

35%.[429] Im Folgenden werden nur die steuerlichen Regelungen vorgestellt, die im Betrachtungszeitraum unter zuletzt genannten Bedingungen im Bewertungskalkül zu berücksichtigen sind.

6.2.2.1 Regelung bis zum 31.12.2008

Bis zum 31.12.2008 unterlagen laufende Zinseinkünfte aus Zinstiteln im Sinne des § 20 Abs 1. Nr. 7 EStG a.F. vollumfänglich der persönlichen Einkommensteuer. Gewinnanteile (Dividenden) i.S.d. § 20 Abs. 1 Nr. 1 EStG a.F. unterlagen im bis zum 31.12.2008 anzuwendenden Halbeinkünfteverfahren je zur Hälfte dem persönlichen Einkommensteuersatz. Somit wurden Dividendenerträge im Bewertungskalkül mit dem hälftigen typisierten Einkommensteuersatz belastet. Veräußerungsgewinne bei Wertpapieren bei einer Anteilsquote von weniger als einem Prozent und einer Mindesthaltedauer von einem Jahr konnten gem. §§ 17 Abs. 1, 23 Abs. 1 EStG a.F. steuerfrei vereinnahmt werden.

6.2.2.2 Regelung ab dem 1.1.2009

Aufgrund der am 6.7.2007 verabschiedeten Unternehmensteuerreform 2008[430] unterliegen seit 1.1.2009 alle Einkünfte aus Kapitalvermögen i.S.d. § 20 EStG, die aus Anteilen im Privatvermögen einer inländischen, natürlichen, unbeschränkt steuerpflichtigen Person stammen und bei denen der Anteilsbesitz nicht die Voraussetzungen des § 17 Abs. 1 Satz 1 EStG erfüllt, einer pauschalen Abgeltungsteuer in Höhe von 25% (§ 32d Abs. 1 EStG) zuzüglich Solidaritätszuschlag (SolZ), insgesamt somit 26,38% (§§ 1-5 SolzG 1995).[431] Zu den zu versteuernden Einkünften aus Kapitalvermögen zählen

---

[429] Vgl. IDW (2008), Band II A, Rn. 107.

[430] Vgl. Deutscher Bundesrat (2007), Drucksache 384/07 (2007); UntStRefG (2007), S. 1912-1938.

[431] Dividendeneinkünfte aus im Privatvermögen gehaltenen Anteilen können auf Verlangen des Investors auch nach dem Teileinkünfteverfahren veranlagt werden, wenn die Beteiligungsquote über 25% liegt oder eine Beteiligungsquote von 1% gehalten wird und der Anteilseigner gleichzeitig eine berufliche Tätigkeit für die Gesellschaft ausübt (§ 32d Abs. 2 Nr. 3 EStG). Beim Teileinkünfte-

nun, unabhängig von Haltefrist und Beteiligungshöhe, Veräußerungsgewinne aus der Veräußerung von Anteilen an einer Körperschaft (insbes. Aktien) (§ 20 Abs. 2 Satz 1 Nr. 1 EStG).[432] Nicht realisierte Veräußerungsgewinne aus der Veräußerung von Anteilen an einer Körperschaft bleiben unverändert steuerfrei. Somit sind auch private Veräußerungsgewinne von Aktien bei einer Beteiligung unter 1% mit einer Haltedauer von mehr als einem Jahr, die bisher nicht steuerlich erfasst wurden, zu versteuern.[433] Die Abgeltungsteuer umfasst auch Gewinnanteile (Dividendeneinkünfte) (§ 20 Abs. 1 EStG), die bisher im Rahmen des Halbeinkünfteverfahrens zu versteuern waren.[434] Veräußerungsgewinne aus der Veräußerung von Anteilen, die bereits vor dem 31.12.2008 gehalten wurden, sind gem. § 52a Abs. 10 EStG durch einen Bestandsschutz von der Veräußerungsgewinnbesteuerung bei einem späteren Verkauf unter Einhaltung der Mindesthaltedauer von einem Jahr ausgenommen.[435]

6.2.2.3 Abbildung der Haltedauer im Bewertungskalkül

Die Änderung der Besteuerung der Zuflüsse auf Anteilseignerebene wirkt sich auf das nach IDW S 1 i.d.F. 2008 anzuwendende Tax-CAPM aus.[436] Obgleich ab dem 1.1.2009 nominal derselbe pauschale Steuersatz auf Dividendenzahlungen und realisierte Kursgewinnsteigerungen fällig ist, ist nur im Einperiodenmodell die Irrelevanz der Dividendenpolitik gegeben.[437]

---

verfahren wird der mit dem Einkommensteuersatz zu versteuernde Anteil mit 60% veranschlagt (§ 3 Nr. 40 EStG); vgl. Blum (2008), S. 32.

[432] Lücking/Schanz/Knirsch, FB (2008), S. 448.

[433] Lücking/Schanz/Knirsch, FB (2008), S. 450.

[434] Vgl. Behrens, BB (2007), S. 1027.

[435] Vgl. Oho/Hagen/Lenz, DB (2007), S. 1326

[436] Vgl. Wagner/Saur/Willershausen, WPg (2008), S. 731.

[437] Vgl. zu den Bedingungen, unter denen persönliche Ertragsteuern wertneutral sind, Wagner/Rümmele, WPg (1995), S. 434.

Im Mehrperiodenfall können Investoren Veräußerungsgewinne zu verschiedenen Zeitpunkten realisieren, wodurch mit zunehmender Haltedauer ein Stundungseffekt entsteht, der sich in einem in Abhängigkeit von Haltedauer und Kurswachstum der Wertpapiere abnehmenden effektiven Steuersatz auf die realisierten Kursgewinne niederschlägt.[438] Im Mittelpunkt steht nun im Rahmen der objektivierten Wertermittlung bei unmittelbarer Typisierung nicht mehr nur die Annahme eines typisierten Grenzsteuersatzes, sondern die Notwendigkeit der Annahme einer für alle Investoren durchschnittlichen Haltedauer und eines durchschnittlichen Kurswachstums der Anteile.[439]

Das IDW schlägt für die Zurechnung der thesaurierten Gewinne zwei Wege vor, entweder eine kapitalwertneutrale Wiederanlage oder die (fiktive) direkte Zurechnung an die Anteilseigner im Detailplanungszeitraum und der ewigen Rente.[440] Im ersten Fall erfolgt nach Ablauf der Haltedauer die Besteuerung des erwarteten Kursgewinns im Realisationszeitpunkt mit dem nominalen Abgeltungsteuersatz. Bei der zweiten Möglichkeit erfolgt eine jährliche (fiktive) Veräußerungsgewinnbesteuerung der direkt zugerechneten thesaurierten Beträge mit dem – bei einer Haltedauer über einem Jahr niedrigeren – effektiven Abgeltungsteuersatz, womit der entstehende Stundungseffekt berücksichtigt werden soll.[441]

Würden die Kursgewinne jedes Jahr durch Verkauf der Anteile realisiert, so wäre ein effektiver Steuersatz in Höhe von 25% zzgl. SolZ (gesamt 26,38%) zu berücksichtigen.[442] Je länger die Haltedauer jedoch ist, desto weiter sinkt die effektive Steuerlast aufgrund des entstehenden Stundungseffekts ab. Entscheidend für die Bemessung der effektiven Steuerlast auf Veräußerungsgewinne ist folglich die durchschnittliche Hal-

---

[438] Vgl. Wagner/Saur/Willershausen, WPg (2008), S. 735 f.

[439] Vgl. Wiese, WPg (2007), S. 375; kritisch zur derzeitigen Vorgehensweise mittels Annahme einer durchschnittlichen Haltedauer vgl. Kruschwitz/Löffler, WPg (2008), S. 810.

[440] Vgl. IDW (2007), Band II A, Rn. 326 f.

[441] Vgl. Wagner/Saur/Willershausen, WPg (2008), S. 735.

[442] Vgl. Wagner/Saur/Willershausen, WPg (2008), S. 735.

tedauer der Anteile, die im Modellrahmen unterstellt wird. Als zweiter Faktor beeinflusst die durchschnittliche Kursrendite die effektive Steuerlast.[443] Dies lässt sich anhand des folgenden Zusammenhangs verdeutlichen.

Erwirbt ein Investor ein Wertpapier mit dem Wert V_0 im Zeitpunkt t_o und wächst der Kurs des Wertpapiers mit der Rate g über die Haltedauer T, so ergibt sich bei Sicherheit über das Eintreten der zukünftigen Zahlungsüberschüsse folgende Beziehung zwischen dem nominalen Steuersatz s^{nom} und dem effektiven Steuersatz s^{eff}:[444]

$$V_0(1+g(1-s^{eff}))^T = [(1-s^{nom})[(1+g)^T-1]+1]V_0 \qquad (6.1)$$

und somit:

$$s^{eff} = \left\{(1+g) - [(1-s^{nom})[(1+g)^T-1]+1]^{\frac{1}{T}}\right\}/g \qquad (6.2)$$

mit:

$s^{eff}=$ effektiver Steuersatz

$g=$ Kurswachstum p.a.

$s^{nom}=$ nominaler Steuersatz Kursgewinnsteuer

$T=$ Haltedauer

Mit Gleichung (6.2) ergeben sich in Abhängigkeit von der Haltedauer und unterschiedlichen Kurswachstumsraten g folgende Verläufe der effektiven Steuerlast s^{eff}:

---

[443] Vgl. Wiese, WPg (2007), S. 370 f.
[444] Vgl. Auerbach, JEL (1983), S. 919.

Abbildung 6-4: Abhängigkeit der effektiven Veräußerungsgewinnbesteuerung von Haltedauer und Kurswachstum[445]

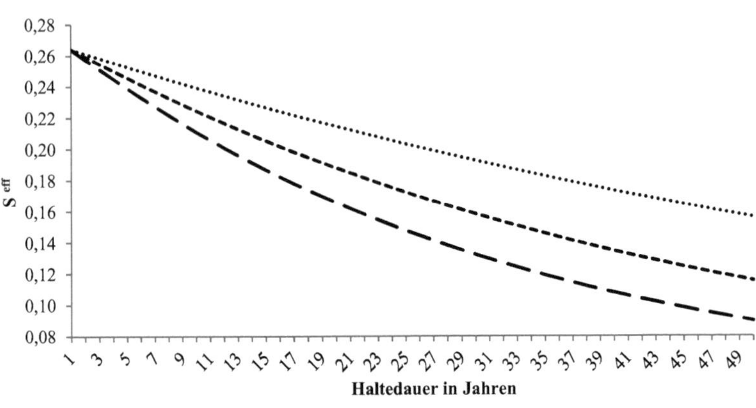

Derzeit wird vom IDW und mehreren Autoren empfohlen, einen typisierten effektiven Veräußerungsgewinnsteuersatz im Rahmen der fiktiven direkten Zurechnung der thesaurierten Beträge in Höhe der Hälfte des nominalen Steuersatzes auf Veräußerungsgewinne anzusetzen.[446] Dies entspricht bei einer langfristig durchschnittlichen Kursrendite von 5% einer typisierten, durchschnittlichen Haltedauer von 41 Jahren, wie in obiger Abbildung dargestellt.

6.2.2.4 Analyse der Gutachten

Insgesamt liegen 18 Gutachten vor, in denen die seit dem 1.1.2009 zu berücksichtigende pauschale Abgeltungssteuer auf thesaurierte Gewinne im Bewertungskalkül erfasst wird. Dies betrifft vier Bewertungsgutachten des Jahrgangs 2007 und 14 Bewertungsgutachten des Jahrgangs 2009.

---

[445] Vgl. auch Wiese, WPg (2007), S. 371.

[446] Vgl. IDW (2007), Band II A, Rn. 332; Jonas (2008), WPg (2008), S. 830 f.; Wagner/Saur/Willershausen, WPg (2008), S. 735 f.; Zeidler/Schöniger/Tschöpel, FB (2008), S. 281.

In allen Bewertungen kommt die Möglichkeit der (fiktiven) direkten Zurechnung der thesaurierten Gewinne an die Anteilseigner zum Einsatz. Der unterstellte effektive Steuersatz entspricht bis auf einen Fall[447] dem hälftigen nominalen Steuersatz. Somit erfolgt immer eine typisierte Annahme, auch dann, wenn die Haltedauer beispielsweise anhand des historischen Börsenumsatzes des Bewertungsobjekts abgeschätzt werden könnte.

Für Bewertungsstichtage im Übergang der Steuersysteme ab dem Bundesratsbeschluss zur Unternehmensteuerreform[448] vom 7.7.2007 bis 31.12.2008 ist die Veräußerungsgewinnbesteuerung bei Zurechnung der thesaurierten Wertbeiträge im Großteil der Bewertungsfälle nicht berücksichtigt (Ausnahmen sind eingangs erwähnte vier Gutachten des Jahrs 2007), da im Privatbesitz gehaltene Anteile, deren Anschaffung vor dem 13.12.2008 liegt, (bei Überschreiten der Spekulationsfrist von einem Jahr) keiner Veräußerungsgewinnsteuer unterliegen. Die pauschale Abgeltungsteuer auf Dividendenzahlungen hingegen ist auch bei Anteilen, die vor dem 1.1.2009 erworben wurden, ab dem 1.1.2009 abzuführen. Dieser Umstand ist seit Veröffentlichung des Bundesratsbeschlusses bei den nachfolgenden Unternehmensbewertungen zu berücksichtigen.[449]

6.3 Ertragswertbestimmung: bewertungsrelevante Überschüsse

Dieser Abschnitt beinhaltet die Analyse der bewertungsrelevanten Überschüsse zur Bestimmung des Ertragswerts. Nach einem kurzen Überblick über die Rahmenbedingungen bei Ermittlung der bewertungsrelevanten Überschüsse folgt jeweils zuerst die Vorgehensweise und im Anschluss die Analyse der Bereiche Vergangenheitsanalyse,

---

[447] Im entsprechenden Fall des Jahrgangs 2007 wurde eine Verhandlungslösung simuliert, bei der der angenommene effektive Veräußerungsgewinnsteuersatz i.H.v. 20% hälftig verrechnet wurde, da dieser nur bei späterer Veräußerung auf Käuferseite anfalle.

[448] Vgl. Deutscher Bundesrat (2007), Drucksache 384/07.

[449] Vgl. Wagner/Saur/Willershausen, WPg (2008), S. 743-745.

Prognose der Zahlungsüberschüsse und zuletzt der Thesaurierung und Ausschüttungsannahmen.

6.3.1 Rahmenbedingungen bei Ermittlung der bewertungsrelevanten Überschüsse

Beim Ertragswertverfahren im Rahmen des IDW S 1 erfolgt wie bei den Netto-DCF-Verfahren die direkte Ermittlung des Eigenkapitalwerts durch Diskontierung der den Eigentümern zufließenden finanziellen Überschüsse (Cashflows).[450] Grundlage bilden die den Anteilseignern zufließenden Nettoüberschüsse, bei denen die den Fremdkapitalgebern zustehenden Fremdkapitalzinsen bereits in Abzug gebracht wurden. Die Ermittlung der bewertungsrelevanten Überschüsse in den vorliegenden Bewertungsfällen erfolgt regelmäßig indirekt auf Basis des Jahresüberschuss gemäß Gewinn-und-Verlustrechnung (GuV) anhand eines vereinfachten Schemas.[451] Zur Ermittlung der den Anteilseignern zufließenden bewertungsrelevanten Überschüsse sind Annahmen über die künftige Ausschüttungspolitik zu treffen, um somit differenzieren zu können, welcher Teil den Anteilseignern in Form von Ausschüttungen zufließt und welcher Teil den Anteilseignern über thesaurierungsbedingtes Wachstum zugerechnet wird.[452]

6.3.2 Vergangenheitsanalyse

6.3.2.1 Vorgehensweise

Die Vergangenheitsanalyse stellt das Grundgerüst für die Prognose zukünftiger Erfolge des Unternehmens und einen Maßstab für die Plausibilisierung der Planungsda-

---

[450] Vgl. IDW (2008), IDW S 1 i.d.F. 2008, Rn. 101f., 138. Zur Unterscheidung von Brutto- und Nettoverfahren vgl. IDW (2007), Band II A, Rn. 225; Ballwieser (2011), S. 132.

[451] Vgl. auch IDW (2007), Band II A, Rn. 238.

[452] Siehe auch Abschnitt 6.3.4.

ten.[453] dar. Um eine Einschätzung der Finanz-, Vermögens- und Ertragslage des Unternehmens zu erhalten, sind Informationen aus der externen sowie internen Unternehmensrechnung der Vergangenheit zu gewinnen.[454] Die verwendeten Daten sind gegebenenfalls zu bereinigen,[455] um die Determinanten des Unternehmenserfolgs in der Vergangenheit aufzeigen zu können.[456] Die Vergangenheitsanalyse hat vor dem Hintergrund der bisherigen Entwicklung des Marktumfelds und der Marktposition des Unternehmens zu erfolgen.[457] Für die historische Zeitspanne, die in die Analyse einzubeziehen ist, werden in der Literatur drei bis sechs Jahre genannt.[458] Somit entsteht ein Spannungsfeld, da einerseits durch einen entsprechend langen Zeitraum einseitige Konjunktureinflüsse bei der Vergangenheitsanalyse ausgeschlossen werden müssen. Dadurch wird auch sichergestellt, dass sowohl positive als auch negative Entwicklungen des Unternehmens bei der Vergangenheitsanalyse berücksichtigt werden. Andererseits sind jedoch eventuelle strukturelle Änderungen der Märkte, auf denen das Unternehmen tätig ist, durch aktuelle Daten und somit einen entsprechend kurzen Analysezeitraum zu berücksichtigen. Auch bei einer Umstellung des Rechnungslegungsstandards bei der Erstellung der Jahresabschlüsse kann ein kurzer Analysezeitraum angemessen erscheinen, um die Vergangenheitsanalyse auf Basis einheitlicher Daten durchzuführen.[459]

6.3.2.2 Analyse der Gutachten

Eine Vergangenheitsanalyse erfolgt ausnahmslos in allen Gutachten, in denen das Ertragswertverfahren angewendet wurde. Abbildung 6-5 zeigt die verwendeten Zeiträu-

---

[453] Vgl. Münstermann (1966), S. 49; Bruns (1998), S. 48; IDW (2008), IDW S 1 i.d.F. 2008, Rn. 72.

[454] Schult/ Brösel (2008), S. 45.

[455] Zu den Positionen der Bereinigung im Rahmen der Vergangenheitsanalyse vgl. IDW (2007), Band II A, Rn. 246-248.

[456] Vgl. IDW (2008), IDW S 1 i.d.F. 2008, Rn. 73; ähnlich: Koller/Goedhart/Wessels (2010), S. 131.

[457] Vgl. Born (2003), S. 47; IDW (2008), IDW S 1 i.d.F. 2008, Rn. 74.

[458] Vgl. Born (2003), S. 60; Peemöller (2009), S. 39; Ballwieser (2011), S. 23.

[459] Vgl. Born (2003), S. 60f.; Popp (2009), S. 185 f.; Ballwieser (2011), S. 23 f.

me der Vergangenheitsanalyse in den Gutachten der Jahre 2005 bis 2009. Der betrachtete Zeitraum variiert zwischen zwei und fünf Jahren, wobei in einem Großteil der Fälle (70 Gutachten bzw. 89,7%) die Gutachter einen Zeitraum von drei Jahren für die Vergangenheitsanalyse für ausreichend erachteten. Im Zeitverlauf nimmt die Anzahl an Bewertungsfällen, in denen kurze Zeiträume verwendet werden, zu. Im Jahr 2005 betrug der Zeitraum der Vergangenheitsanalyse noch in drei Fällen (17,6%) vier Jahre und lediglich in einem Fall (5,9%) zwei Jahre, während im Jahr 2009 bereits in fünf Fällen (31,5%) ein Zeitraum von zwei Jahren betrachtet wurde.

In insgesamt zehn Gutachten (12,8%) wird ein Zeitraum von nur zwei Jahren als ausreichend erachtet, obwohl bei einem Zeitraum dieser Länge bereits Bedenken bestehen, ob damit die notwendige Erfassung positiver wie auch negativer Einflüsse auf die Ergebnisse des Unternehmens gewährleistet wird. Der Zeitraum könnte demzufolge nicht mehr den vollständigen Zyklus des zu bewertenden Unternehmens abbilden.[460] In einigen Gutachten finden sich deshalb auch weitere Informationen, weshalb ein derart kurzer Zeitraum gewählt wurde. So lagen in diesen Fällen Beteiligungsverkäufe, Umstrukturierungen oder ein Wechsel des verwendeten Rechnungslegungsstandards vor.

---

[460] Vgl. Born (2003), S. 60; IDW (2007), Band II A, Rn. 153; Ballwieser (2007), S. 22f; Peemöller/Kunowski (2009), S. 293.

Abbildung 6-5: Zeitraum Vergangenheitsanalyse in Jahren[461]

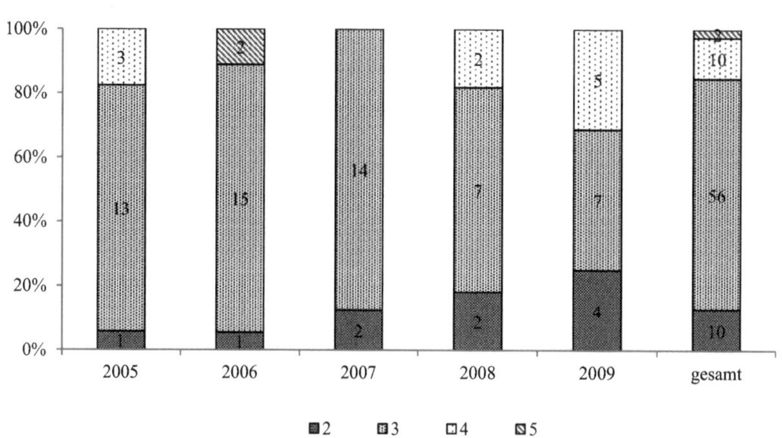

In einem Fall wird keine Erklärung für die Verwendung des kurzen Zeitraums aufgeführt. Ein weiterer Fall bezieht sich nur im Rahmen der Ertragslage auf einen dreijährigen Referenzzeitraum, nicht jedoch bei Analyse der Vermögens- und Finanzlage. Anmerkungen zu diesem Vorgehen finden sich in den Ausführungen nicht.

6.3.3 Prognose der Zahlungsüberschüsse

6.3.3.1 Vorgehensweise

Einen zentralen Punkt bei der Bewertung stellt die Prognose der zukünftig zu erwartenden Zahlungsüberschüsse der zu bewertenden Unternehmung dar. Hierbei bildet die Vergangenheitsanalyse die Ausgangsbasis für die Schätzung bzw. Plausibilisierung der Entwicklung des Unternehmens in der Zukunft.[462] Dazu werden aufbauend auf der Vergangenheitsanalyse unter Berücksichtigung von Markt und Umwelt die erwarteten

---

[461] Rundung auf volle Jahre.

[462] Vgl. IDW (2008), IDW S 1 i.d.F. 2008, Rn 72; Popp (2009), S. 177.

leistungs- und finanzwirtschaftlichen Entwicklungen des Unternehmens abgeleitet.[463] Ausgangspunkt für die Planung der zukünftigen Überschüsse bildet die Prognose der Aufwands- und Ertragskomponenten sowie geplante Investitionen.[464] Über einen begrenzten Zeithorizont ist die erwartete Entwicklung des Unternehmens detaillierter und mit einem geringeren Maß an Unsicherheit abzuschätzen. Somit ist es hilfreich, die finanzielle Entwicklung des Unternehmens differenziert in mehreren Phasen zu prognostizieren.[465]

6.3.3.2 Analyse der Gutachten

Die meisten Gutachter (70 bzw. 89,7%) lehnen sich an den Vorschlag des IDW zur Unterteilung der Planung und Prognose in zwei Phasen, d.h. eine nähere Phase (Detailplanungsphase) und eine fernere Phase (Fortführungsphase bzw. ewige Rente), an (Abbildung 6-6).[466] In einem Bewertungsfall wurde aufgrund der Geschäftsaufgabe des Unternehmens nur eine Phase verwendet. Die Verwendung von mehr als zwei Phasen[467] kommt im Rahmen der betrachteten Bewertungsfälle selten zum Einsatz. Nur in insgesamt sieben Fällen wurde mit einem Bewertungsmodell gearbeitet, in dem mehr als zwei Phasen implementiert wurden. Eine Tendenz im Zeitablauf ist durch die überwiegende Anwendung des Zwei-Phasen-Modells nicht festzustellen.

Die Detailplanungsphase empfiehlt das IDW in den meisten Fällen mit drei bis fünf Jahren anzusetzen.[468]

---

[463] Vgl. Born (2003), S. 86; IDW (2008), IDW S 1 i.d.F. 2008, Rn. 75; Peemöller/Kunowski (2009), S. 300.

[464] Vgl. Born (2003), S. 86-94; IDW (2008), IDW S 1 i.d.F. 2008, Rn. 104.

[465] Vgl. IDW (2007), Band II A, Rn. 159; Peemöller/Kunowski (2009), S. 299 f.

[466] Vgl. IDW (2007), Band II A, Rn. 158.

[467] Vgl. zum Vorschlag eines Modells mit drei Phasen Henselmann, FB (2000), S. 151.

[468] Vgl. IDW (2008), IDW S 1 i.d.F. 2008, Rn. 77.

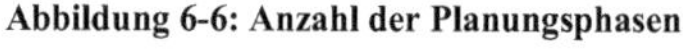

Abbildung 6-6: Anzahl der Planungsphasen

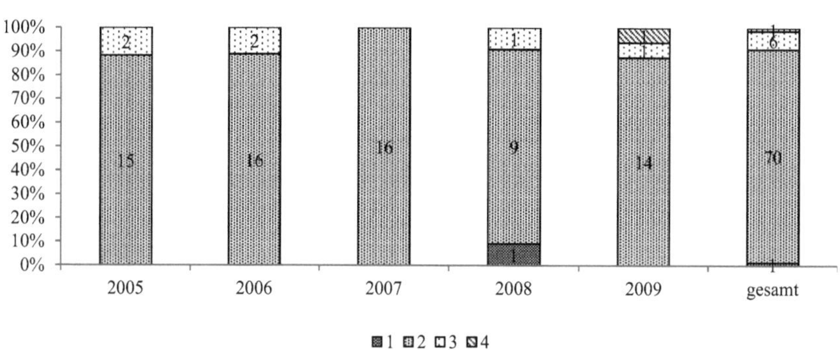

Theoretisch bemisst sich die Länge der Detailplanungsphase an dem Zeitraum, bis sich das Unternehmen in einem Gleichgewichtszustand befindet und somit eine gleichmäßige Fortschreibung der Planungsrechnung möglich ist.[469]

Abbildung 6-7: Zeitraum Detailplanungsphase in Jahren

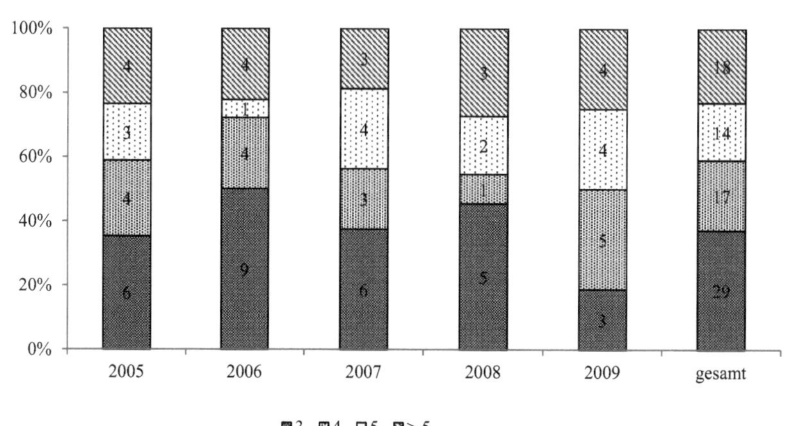

[469] Vgl. Koller/Goedhart/Wessels (2005), S. 278.

An dieser Stelle bewegen sich die in den Gutachten verwendeten Zeiträume nicht vollständig innerhalb des abgeschätzten drei- bis fünfjährigen Detailplanungszeitraums, wie in Abbildung 6-7 zu sehen ist. Die gewählten Zeiträume der Gutachter sind als heterogen einzustufen und orientieren sich, soweit verfügbar, an den vom Unternehmen zur Verfügung gestellten Planungsrechnungen. In mehr als der Hälfte der Bewertungsfälle (62,8%) beträgt der Zeitraum der Detailplanungsphase(n) mindestens vier Jahre, in 18 Fällen (23,1%) überschreitet der betrachtete Zeitraum fünf Jahre.

6.3.4 Thesaurierung und Ausschüttungsannahme

6.3.4.1 Abbildung im Bewertungskalkül

Mit Einführung des IDW S 1 i.d.F. 2005 erfolgt die Abkehr von der Vollausschüttungsannahme.[470] Durch die Einführung des Halbeinkünfteverfahrens wie auch unter der seit 1.1.2009 abzuführenden Abgeltungsteuer wirkt sich die Annahme einer Vollausschüttung für die Anteilseigner bei Bestimmung der ihnen zufließenden Zahlungen unter Berücksichtigung der persönlichen Ertragsteuerlast nachteilig aus.[471] Grundlage zur Bemessung der Ausschüttung ist deshalb im Rahmen eines Zwei-Phasen-Modells in der Detailplanungsphase das individuelle Unternehmenskonzept, bei dem die Planungsrechnungen des Unternehmens, bisherige Ausschüttungsquoten sowie Finanzierung und steuerliche Vorgaben für das Unternehmen zu beachten sind. Dabei kann die Prognosegenauigkeit der Planungsdaten mithilfe eines Ex-post-Vergleichs der Plandaten mit den eingetretenen Istwerten überprüft werden.[472] Bei der Überprüfung der Plandaten ist auch auf die Größe des Unternehmens, den Lebenszyklus sowie bran-

---

[470] Vgl. Wagner u.a., WPg (2006), S. 1007.

[471] Vgl. Wagner u.a., WPg (2004), S. 894; Wiese, WPg (2005), S. 622 f. Dies setzt voraus, dass Kursgewinne im Rahmen des Halbeinkünfteverfahrens (annahmegemäß) steuerfrei vereinnahmt werden und seit Einführung der Abgeltungsteuer ein Stundungseffekt bei nicht realisierten Veräußerungsgewinnen durch eine Haltedauer von über einem Jahr entsteht.

[472] Vgl. Wagner u.a., WPg (2004), S. 895.

chentypische Usancen zu achten.[473] In einer umfänglichen Planungsrechnung sollten somit thesaurierte Beträge und die dadurch finanzierten Investitionen abgebildet sein.[474] Falls keine Planungen oder eine nicht plausible Planung für die Verwendung thesaurierter Mittel vorliegen, muss der Gutachter eine den Umständen entsprechende Prämisse zur Verwendung der thesaurierten Beträge treffen. Dabei sind die Eigenkapitalausstattung, steuerliche Rahmenbedingungen sowie das vorhergehende Investitions- und Ausschüttungsverhalten zu berücksichtigen.[475]

Bei Erfassung der thesaurierten Beträge in der ewigen Rente sind grundsätzlich zwei Vorgehensweisen denkbar. Die Mittel können einerseits bei vorhandenen Investitionsmöglichkeiten im Unternehmen reinvestiert werden und so weiteres Wachstum des Unternehmens generieren. Eine weitere Möglichkeit besteht bei fehlenden Investitionsmöglichkeiten in der direkten Zurechnung der finanziellen Mittel an die Anteilseigner.[476] In der Fortführungsphase wird die Annahme getroffen, dass das Unternehmen analoge Ausschüttungen vornimmt wie die Alternativanlage, sofern nicht besondere Umstände des Unternehmens oder im Umfeld des Unternehmens eine andere Annahme erforderlich machen.[477] Thesaurierte Mittel werden annahmegemäß einer kapitalwertneutralen[478] Verwendung zum Kapitalisierungszinssatz vor Unternehmensteuern zugeführt, sofern deren Verwendung im Unternehmen nicht geplant ist.[479] Das Vorgehen der Orientierung am Ausschüttungsverhalten der Alternativanlage soll der objektiven Nachprüfbarkeit dienen.[480]

---

473 Vgl. Wagner u.a., WPg (2006), S. 1009.

474 Vgl. Wagner u.a., WPg (2006), S. 1008.

475 Vgl. IDW (2008), IDW S 1 i.d.F. 2008, Rn. 36.

476 Vgl. Wagner u.a., WPg (2006), S. 1011.

477 Vgl. IDW (2008), IDW S 1 i.d.F. 2008, Rn 36 f.

478 D.h., die Verzinsung der thesaurierten Mittel entspricht den Kapitalkosten; vgl. Laitenberger/Tschöpel, WPg (2003), S. 1362, Fn. 30.

479 Vgl. IDW (2007), Band II A, Rn. 95; IDW (2008), IDW S 1 i.d.F. 2008, Rn. 37.

480 Vgl. Wagner u.a., WPg (2006), S. 1009.

Wagner u.a. (2006) fordern deshalb, die Ausschüttungsquote für den Zeitabschnitt der ewigen Rente anhand vergleichbarer Marktdaten abzuleiten, die sie grundsätzlich zwischen 40% und 60% sehen. Eine gegebenenfalls untypische Kapitalstruktur wird im Rahmen der ewigen Rente angepasst.[481] Mehrere Statistiken zeigen, dass die Ausschüttungsquote für den DAX 30 Index in den letzten zwanzig Jahren bei etwa 30% bis 50% lag.[482]

6.3.4.2 Analyse der Gutachten

Grundsätzlich sind Bewertungsfälle zu unterscheiden, bei denen sowohl in der Detail- als auch Fortführungsphase mit einer pauschalen Annahme der Ausschüttungsquote gerechnet wird (Abbildung 6-8), und solche, bei denen nur für die Fortführungsphase eine pauschale Annahme getroffen wird. Für die Jahre 2005 bis 2008 zeigt sich, dass insgesamt in 30 Bewertungsfällen (38,5%) mit einer pauschalen Annahme über den gesamten Planungshorizont gearbeitet wurde.

In 73,3% bzw. 22 Bewertungsfällen, in denen über den gesamten Bewertungszeitraum eine pauschale Ausschüttungsquote unterstellt wurde, wurden Ausschüttungsquoten von 50% oder 100% angesetzt, wobei die zweite Annahme eine gebräuchliche Vorgehensweise für die Bewertung von Versicherungsgesellschaften darstellt (Abbildung 6-9).

---

[481] Vgl. Wagner u.a., WPg (2006), S. 1009. Liquide Mittel können beispielsweise durch Aktienrückkäufe den Anteilseignern einkommensteuerfrei zugeführt werden.

[482] Vgl. Statistiken der SdK zu den Ausschüttungsquoten im Dax 2004-2009; Prokot (2006), S. 12; Wagner u.a., WpG (2004), S. 894.

Abbildung 6-8: Pauschale Annahme der Ausschüttungsquote

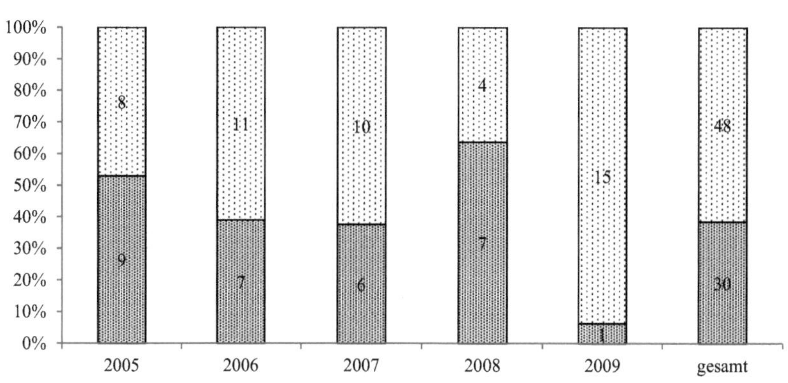

Abbildung 6-9: Höhe der Ausschüttungsquote bei pauschaler Annahme der Ausschüttungsquote über den gesamten Planungshorizont[483]

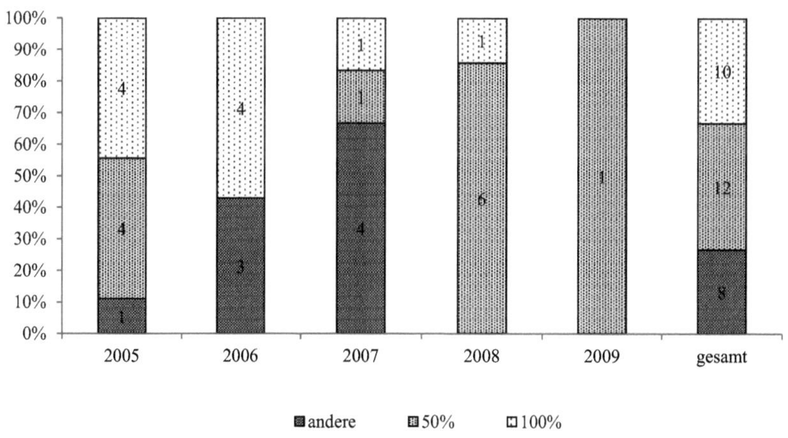

[483] Der nicht betrachtete Bewertungsfall betrifft ein Unternehmen in Abwicklung.

Betrachtet man die Wahl der Ausschüttungsquote unabhängig davon, ob pauschale (Punkt-)Werte nur für die Fortführungsphase oder für den Gesamthorizont verwendet wurden (Abbildung 6-10), so fällt auf, dass die Annahme einer Quote von 50 bzw. 100% in über der Hälfte der Bewertungsfälle (59,0%) zum Einsatz kommt. Die Annahme einer Ausschüttungsquote von 50% wird regelmäßig mit dem Verweis, dass dies einem historischen Durchschnittswert für den Gesamtmarkt entspräche, gerechtfertigt.

Abbildung 6-10: Ausschüttungsquoten; Verwendung von Punktwerten 50% und 100%

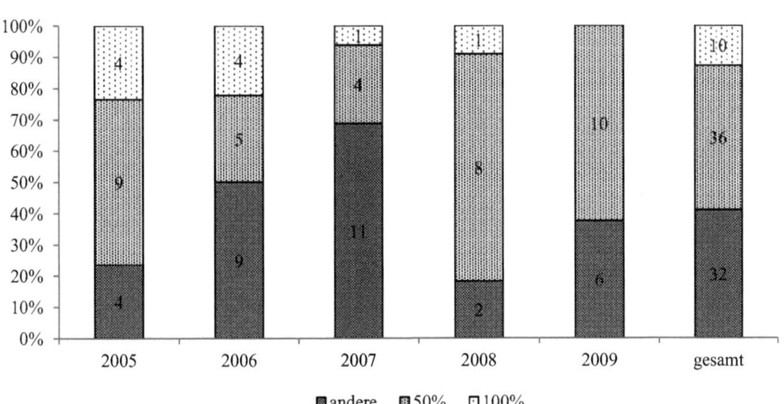

Unabhängig davon, ob vom Bewertungsgutachter eine pauschale Ausschüttungsquote für den Gesamtzeitraum oder nur für die Fortführungsphase angesetzt wird, die von den Punktwerten abweicht, liegt sie meist unter dem Punktwert von 50% (Abbildung 6-11). Im Durchschnitt liegen von den Punktwerten 50 und 100% abweichend unterstellte Ausschüttungsquoten bei 41,8%. Insgesamt lagen die Ausschüttungsquoten in der ewigen Rente zwischen 22,1% und 100%. Die Ausschüttungsquoten variieren im Jahresdurchschnitt zwischen 45,3% und 60,6% (Abbildung 6-12).

Abbildung 6-11: Pauschalisierte Ausschüttungsquoten: andere

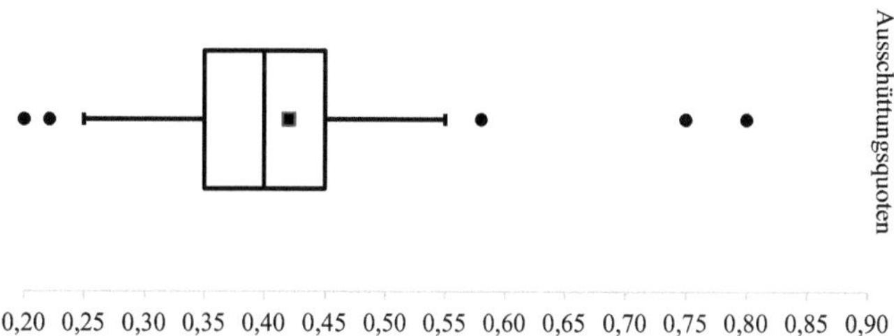

Abbildung 6-12: Ausschüttungsquoten ewige Rente[484]

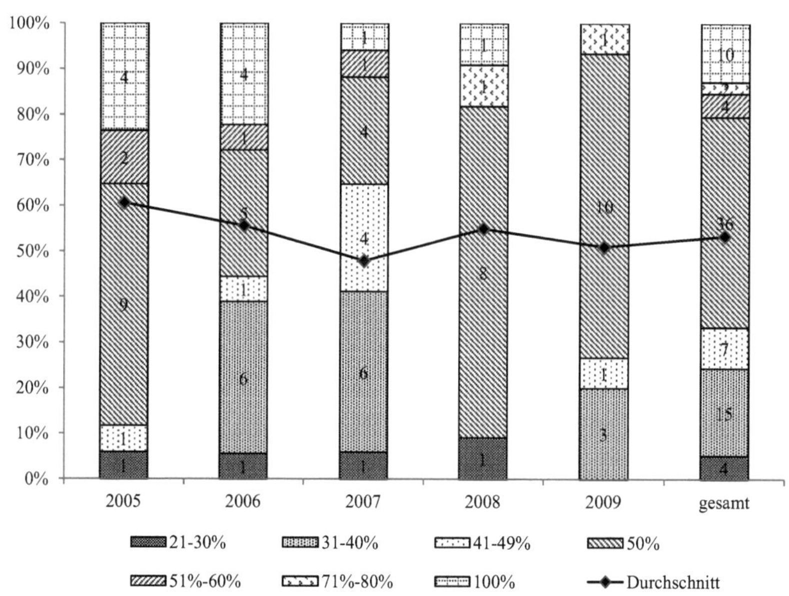

[484] Doppelnennung 2007.

6.4 Ertragswertbestimmung: Kapitalisierungszinssatz

Der Abschnitt widmet sich der Analyse der Ermittlung des Kapitalisierungszinssatzes. Dies umfasst vorab die Darstellung der Umsetzung der modelltheoretischen Rahmenbedingungen bei Ermittlung des Kapitalisierungszinssatzes im Bewertungskalkül. Die Analyse der einzelnen Parameter, aus denen sich der Kapitalisierungszinssatz zusammensetzt, folgt gegliedert in Basiszinssatz, Marktrisikoprämie, unternehmensspezifischem Risikozuschlag (Beta-Faktor) und Inflations-/Wachstumsabschlag. Hierbei liegt der Schwerpunkt der Analyse auf den Kriterien, die zur Ableitung der Parameter verwendet wurden. Zusätzlich wird jeweils vorab die Vorgehensweise bei der Ermittlung und im Anschluss die Analyse des jeweiligen Parameters erläutert.

6.4.1 Rahmenbedingungen bei Ermittlung des Kapitalisierungszinssatzes

Die bewertungsrelevanten Überschüsse des zu bewertenden Unternehmens werden mit dem Kapitalisierungszinssatz auf den Bewertungsstichtag[485] abgezinst, um sie mit alternativen Anlagemöglichkeiten des Investors vergleichen zu können.[486]

Um Äquivalenzgrundsätzen zu entsprechen, ist der Kapitalisierungszinssatz so zu bestimmen, dass er der Rendite einer Alternativanlage entspricht, die hinsichtlich Fristigkeit, Risiko und Besteuerung gleich ist. Vergleichsobjekt der Bestimmung der Renditen stellt eine Investition in Unternehmensanteile dar.[487]

Der Kapitalisierungszinssatz setzt sich grundsätzlich aus dem Basiszins und einem Risikozuschlag zusammen, der das den Anteilseignern entstehende Risiko durch die Un-

---

[485] Bewertungsstichtag ist der Tag, an dem die beschlussfassende Hauptversammlung stattfindet; vgl. IDW (2007), Band II A, Rn. 474.

[486] Vgl. IDW (2008), IDW S 1 i.d.F. 2008, Rn. 113.

[487] Vgl. Pfaff/Pfeiffer/Gathge, BFuP (2002), S 199; IDW (2008), IDW S 1 i.d.F. 2008, Rn. 114 f.; grundlegend Moxter (1983), S. 155-167.

ternehmensbeteiligung vergütet.[488] Im Risikozuschlag wird lediglich das systematische (Markt-)Risiko abgebildet, da das unsystematische Risiko im Modellrahmen durch Diversifikation theoretisch vollständig eliminiert werden kann.[489] Die Ermittlung des Kapitalisierungszinssatzes anhand der empirisch beobachtbaren Aktienrenditen am Kapitalmarkt empfiehlt das IDW mittels der Preisbildungsmodelle CAPM[490] bzw. Tax-CAPM[491] vorzunehmen.[492] Ein Vorteil der Modelle in der gutachterlichen Anwendung besteht laut Literatur darin, dass Schätzungen des unternehmensspezifischen Risikofaktors β und der Marktrisikoprämie mittels historischer Kapitalmarktdaten möglich sind, die in die Zukunft fortgeschrieben werden.[493] Der Risikozuschlag wird gem. IDW S 1 mithilfe von am Markt beobachtbaren Risikoprämien bestimmt, die entsprechend der jeweiligen Bewertungssituation zu modifizieren sind.[494] Die Marktrisikoprämie fließt, gewichtet mit dem unternehmensspezifischen Beta-Faktor, in den Kapitalisierungszinsfuß ein.[495]

Die ursprünglichen Modelle CAPM und Tax-CAPM stellen einen Modellrahmen für einperiodige Bewertungen.[496] Da bei tatsächlicher Anwendung der Ertragswert auf Basis der zukünftigen Erfolge des Unternehmens ermittelt wird, umfasst die Bewertung in den allermeisten Fällen mehrere Perioden. Dies führt zu Inkonsistenzen im Modell-

---

[488] Vgl. Fabozzi/Markowitz (2002), S. 66; IDW (2008), IDW S 1 i.d.F 2008, Rn. 115.

[489] Vgl. Sharpe, JoF (1964), S. 439 f.

[490] Vgl. grundlegend Sharpe, JoF (1964), S. 425-442; Lintner, REST (1965), S. 13-37; Mossin, Econometrica (1966), S. 768-783; Sharpe (1970), S. 86-91.

[491] Vgl. grundlegend Brennan, NTJ (1970), S. 417-427; im Kontext des deutschen Steuersystems Ollmann/Richter (1999), S. 159-178; Drukarczyk/Schüler, FB (2003), S. 337-342; Jonas/Löffler/Wiese, WPg (2004), S. 898-904; Wiese, Discussion Paper (2004); Kruschwitz/Löffler, WPg (2005), S. 73-79; Wiese (2006) S.97-143; Wiese, WPg (2007), S. 368-375.

[492] Vgl. IDW (2008), IDW S 1 i.d.F. 2008, Rn. 92, 118.

[493] Vgl. Dörschell/Franken/Schulte (2010), S. 22.

[494] Vgl. IDW (2008), IDW S 1 i.d.F. 2008, Rn. 91.

[495] Vgl. Fabozzi/Markowitz (2002), S. 67 f.

[496] Vgl. Jonas/Löffler/Wiese, WPg (2004), S. 904.

rahmen.[497] Mehrphasenmodelle auf Basis stochastischer Dividendenrenditen werden in der praktischen Anwendung aufgrund ihrer erhöhten Komplexität gemieden.[498] Stattdessen erfolgt die Bewertung auf Basis des einperiodigen Modells, das unter der Annahme deterministischer Dividendenrenditen bei mehrperiodigen Bewertungssituationen angewendet wird.[499]

Die geforderte Eigenkapitalrendite des Unternehmens r_{EK} ergibt sich somit anhand folgenden Zusammenhangs:[500]

$$r_{EK} = r_f + \beta \cdot (r_m - r_f) \qquad (6.3)$$

$$\text{und } \beta = \frac{Cov(r_{i,}r_m)}{\sigma^2{}_m} \qquad (6.4)$$

mit:

r_f= (quasi-)risikoloser Basiszinssatz

β= Beta-Faktor

r_m= Rendite des Marktportfolios

$Cov(r_{i,}r_m)$= Kovarianz zwischen Unternehmens- und Marktrendite

$\sigma^2{}_m$= Varianz der Marktrendite

---

[497] Vgl. Wiese, FB (2006), S. 248, der zeigt, dass insbesondere die unterschiedliche Besteuerung von Dividenden und Kursgewinnen eine konsistente Verwendung des Tax-CAPM verhindert.

[498] Vgl. Jonas/Löffler/Wiese, WPg (2004), S. 904; Wiese, WPg (2007), S. 371; grundlegend zum CAPM im Mehrperiodenkontext Fama, JFE (1977), S. 3-24; im Kontext des deutschen Steuersystems Mai, ZfB (2006), S. 1225-1253; Wiese, WPg (2007), S. 368-375.

[499] Vgl. Jonas/Löffler/Wiese, WPg (2004), S. 904.

[500] Vgl. etwa Obermaier (2004), S. 292; grundlegend: Sharpe, JoF (1964), S. 425-442; Sharpe (1970), S. 86-91.

Bei Bestimmung des Kapitalisierungszinssatzes bei unmittelbarer Typisierung persönlicher Ertragsteuern spricht sich das IDW für die Verwendung des Tax-CAPM auf Basis von Brennan (1970) aus.[501] Mittels Tax-CAPM wird die Nach-Steuer-Renditeforderung einer Investorengruppe, die gleichen steuerlichen Rahmenbedingungen unterliegt, unter vereinfachenden Annahmen abgeleitet.[502]

Zu unterscheiden sind im Rahmen dieser empirischen Untersuchung die verschiedenen steuerlichen Rahmenbedingungen vor und nach dem 31.12.2008.[503] Bis zum 31.12.2008 werden unter Beachtung des Halbeinkünfteverfahrens im Kalkül Dividenden mit dem hälftigen (typisierten) Einkommensteuersatz belastet und für Veräußerungsgewinne unter der Annahme einer Haltedauer über einem Jahr ein Einkommensteuersatz von 0% verwendet.[504] Ausgangpunkt bildet unter den Annahmen einer proportionalen Besteuerung von Zinsen, Kapitalgewinnen und Dividenden mit individuell unterschiedlichen Steuersätzen und deterministischen Dividendenrenditen zu Periodenbeginn folgende von Brennan (1970) formulierte Bewertungsgleichung auf Basis des von Sharpe, Lintner und Mossin entwickelten CAPM:[505]

$$E(\widetilde{R}_i) - \Phi \cdot \delta_i = r_f \cdot (1 - \Phi) + \beta_i\left[E(\widetilde{R}_m) - r_f \cdot (1 - \Phi) - \Phi \cdot \delta_m\right] \qquad (6.5)$$

mit:

$E(\widetilde{R}_i)$, $E(\widetilde{R}_m)$= erwartete Rendite vor Einkommensteuer des Wertpapiers *i* bzw. des Markts *m*

---

[501] Vgl. Brennan, NTJ (1970) S. 417-427; Wiese, FB (2006), S. 242-248; IDW (2007), Band II A, Rn. 200.

[502] Vgl. Jonas/Löffler/Wiese, WPg (2004), S. 901; Wiese, FB (2006), S. 246 f.

[503] Vgl. Abschnitt 6.2.2.

[504] Vgl. Wagner u.a., WPg (2006), S. 1011 und 1013 f.

[505] Vgl. zu den Annahmen Brennan, NTJ (1970), S. 420; zur Bewertungsgleichung Brennan, NTJ (1970), S. 423; Wiese, Discussion Paper (2004), S. 10; Wiese (2006), S. 103.

δ_i= Dividendenrendite des Wertpapiers *i*

δ_m= Dividendenrendite des Marktportfeuilles

Φ= Marktgleichgewichtsparameter, der aus den individuellen Steuersätzen für Dividenden, Zinsen und Kapitalgewinnen und den individuellen Risikoeinstellungen resultiert.

Wiese (2004) modifiziert die von Brennan (1970) formulierte Bewertungsgleichung für das bis zum 31.12.2008 bestehende Halbeinkünfteverfahren:[506]

$$E(\widetilde{R_i}) - \psi \cdot \delta_i = r_f \cdot (1 - \Phi) + \beta_i \left[E(\widetilde{R_m}) - r_f \cdot (1 - \Phi) - \psi \cdot \delta_m \right] \quad (6.6)$$

mit:

ψ= Marktgleichgewichtsparameter, der aus den individuellen Steuersätzen für Dividenden, Zinsen und Kapitalgewinnen und den individuellen Risikoeinstellungen resultiert.

Da die Parameter ψ und Φ empirisch nicht beobachtbar sind, wird zur praktischen Anwendbarkeit des von Wiese (2004) auf Basis von Brennan (1970) formulierten Zusammenhangs von Stehle (2004) angenommen, dass alle Anleger ihr Einkommen mit dem einheitlichen Steuersatz s^{est} versteuern, und Dividenden für alle Anleger dem hälftigen einheitlichen Steuersatz s^{est} unterliegen. Kapitalgewinne von Wertpapieren, die vor dem 1.1.2009 erworben wurden, können unter Einhaltung der Mindesthaltedauer von einem Jahr steuerfrei vereinnahmt werden. Somit folgt mit

$$\psi = \frac{1}{2} \cdot s^{est}; \phi = s^{est}$$

[506] Vgl. Wiese, Discussion Paper (2004), S. 10.

folgender Zusammenhang:

$$E(\widetilde{R}_i) - \frac{1}{2} s^{est} \cdot \delta_i = r \cdot (1 - s^{est}) + \beta_i \left[E(\widetilde{R}_m) - r \cdot (1 - s^{est}) - \frac{1}{2} s^{est} \cdot \delta_m \right] \quad (6.7)$$

Die linke Seite der Gleichung wird als Rendite des Unternehmens nach Steuern bezeichnet, der Term in eckigen Klammern als Marktrisikoprämie nach Steuern.[507]

Seit dem 1.1.2009 unterliegen alle Kapitalerträge der pauschalen Abgeltungsteuer.[508] Damit verändert sich auch die auf Brennan (1970) basierende Bewertungsgleichung:[509]

$$(1 - \Omega) \cdot E(\widetilde{k}_i) + (1 - \psi) \cdot \delta_i = r_f \cdot (1 - \Phi) + \beta_i \left[(1 - \Omega) \cdot E(\widetilde{k}_m) + (1 - \psi) \cdot \delta_m - r_f \cdot (1 - \Phi) \right] \quad (6.8)$$

mit:

$E(\widetilde{k}_i)$, $E(\widetilde{k}_m)$= erwartete Kursrendite des Wertpapiers *i* bzw. aller Titel des Marktportfolios *m*.

Ω= Marktgleichgewichtsparameter, der aus den individuellen Steuersätzen für Dividenden, Zinsen und Kapitalgewinnen und den individuellen Risikoeinstellungen resultiert.

Bei jährlicher Realisation der Kursgewinne gilt demnach:

$$\Omega; \psi; \Phi = (s^a)$$

mit:

---

[507] Vgl. Stehle, WPg (2004), S. 915; Jonas/Löffler/Wiese, WPg (2004), S. 903 f; IDW (2007), Band II A, Rn. 203.

[508] Vgl. Abschnitt 6.2.2.2.

[509] Vgl. Wiese, WPg (2007), S. 369.

s^a= Abgeltungsteuer, Abgeltungsteuersatz 25%

Dadurch vereinfacht sich Gleichung (6.8) zu:[510]

$$E(\widetilde{R}_i) \cdot (1 - s^a) = [r_f + \beta_i(E(\widetilde{R}_m) - r_f)] \cdot (1 - s^a) \tag{6.9}$$

Die Anteilseigner sind jedoch nicht verpflichtet, Kursgewinne jährlich zu realisieren. Somit sind auch mehrperiodige Haltedauern vorstellbar.[511] Obige Gleichung würde damit die tatsächliche Steuerlast überschätzen. Durch mehrperiodige Haltedauern entsteht folglich ein Stundungseffekt aufgrund des auf den Realisationszeitpunkt verschobenen Anfalls der Steuer auf Kursgewinne, der den effektiven Steuersatz, der auf Kursgewinne anfällt, mindert. Wiese (2007) schlägt vor, diesen Umstand über einen im Vergleich zum nominalen Kursgewinnsteuersatz niedrigeren effektiven Kursgewinnsteuersatz[512] abzubilden.[513] Dadurch entsteht bei mehrperiodiger Betrachtung eine Situation, in der zwar eine nominal identische Steuerlast auf Dividenden und Zinsen anfällt, jedoch eine davon abweichende effektive Steuerlast auf Kursgewinne vom Modell erfasst werden muss. Wiese modifiziert deshalb Bewertungsgleichung (6.8), um einen vom nominalen Kursgewinnsteuersatz abweichenden, niedrigeren effektiven Kursgewinnsteuersatz zu erfassen.

mit:

$$E(\widetilde{R}_i) \cdot (1 - \Phi) - \delta_i \cdot (\psi - \Phi) = (1 - \Omega) \cdot E(\widetilde{k}_i) + (1 - \psi) \cdot \delta_i$$

und Ψ; $\Phi = s^a$; $\Omega = s^{a,eff}$

---

[510] Vgl. Wiese, WPg (2007), S. 369 f.

[511] Vgl. Wiese, FB (2006), S. 247.

[512] Vgl. zur Ermittlung Abschnitt 6.2.2.3.

[513] Vgl. Wiese, WPg (2007), S. 370.

sowie $s^{a,eff}$ = effektive Kursgewinnsteuer bei Abgeltungsteuer

vereinfacht sich Gleichung (6.8) zu:[514]

$$(1 - s^{a,eff}) \cdot E(\widetilde{R_i}) - \delta_i \cdot (s^a - s^{a,eff}) =$$

$$r_f \cdot (1 - s^a) + \beta_i[(1 - s^{a,eff}) \cdot E(\widetilde{R}_m) - \delta_m \cdot (s^a - s^{a,eff}) - r_f \cdot (1 - s^a)] \tag{6.10}$$

Im Mehrperiodenfall wird die im einperiodigen Modell als deterministisch angenommene Dividendenrendite jedoch stochastisch.[515] Mai (2006) zeigt, wie die Bewertungsgleichung im Rahmen des Tax-CAPM bei unterschiedlicher Besteuerung von Dividenden und Kursgewinnen mit stochastischen Dividendenrenditen zu modifizieren ist.[516] Der von Mai (2006) formulierte Zusammenhang ist ähnlich aufgebaut wie die vorhergehende Gleichung. Jedoch weicht der Beta-Wert von der bisherigen Zusammensetzung, die (bis auf die zu berücksichtigende Besteuerung) der Grundform des CAPM entspricht, ab. Im Beta-Wert spiegeln sich nun die Steuersätze sowie der stochastische Zusammenhang von Kurs- und Dividendenrendite wider.[517] Dieser Umstand wird in der praktischen Umsetzung des Tax-CAPM aufgrund der damit einhergehenden Komplexität nicht berücksichtigt.[518] Auch Mai verweist in seinem Modell auf die Annahme der periodischen Realisierung von Kursgewinnen.[519]

---

[514] Vgl. Wiese, WPg (2007), S. 370.
[515] Vgl. Jonas/Löffler/Wiese, WPg (2004), S. 904; Wiese, WPg (2007), S. 371.
[516] Vgl. Mai, ZfB (2006), S. 1234-1241.
[517] Vgl. Mai, ZfB (2006), S. 1235.
[518] Vgl. Wiese, WPg (2007), S. 371.
[519] Vgl. Mai, ZfB (2006), S. 1237.

6.4.2 Basiszinssatz

6.4.2.1 Ermittlung des Basiszinssatzes

Mit dem risikolosen Basiszinssatz erfolgt die Abbildung der Rendite eines sicheren und zum Bewertungsobjekt laufzeitäquivalenten Wertpapiers.[520] Literatur und Praxis sehen hierfür Staatsanleihen bonitätsstarker Länder als Bemessungsgrundlage geeignet,[521] da Schuldner ohne Ausfallrisiko, wie Moxter bereits anmerkte, schlichtweg nicht existieren.[522]

Zum 29.6.2005 wurde seitens des IDW der Wechsel von der vergangenheitsorientierten Ermittlung des Basiszinssatzes auf den derzeit aktuellen marktorientierten Ermittlungsansatz vollzogen[523] und folgt somit der Literatur, die bereits zu früheren Zeitpunkten die marktorientierte Bestimmung des Basiszinssatzes gefordert hatte.[524]

Damit wird der Gedanke verfolgt, dass sich die Zinserwartungen für risikofreie Anlagen durch die Renditen der Staatsanleihen der jeweils entsprechenden Laufzeit abbilden lassen.[525] Mittels am Markt beobachtbarer Renditen werden rechnerisch für Null-Kupon-Anleihen (Zerobonds) Zinssätze (Spot Rates bzw. Zerobondraten) für verschiedene Laufzeiten abgeleitet, wodurch eine Zinsstrukturkurve für die am Markt beobachtbaren Laufzeiten abgeleitet werden kann.[526] Die Zinsstrukturkurve für Anleihen

---

[520] Vgl. Obermaier, FB (2006), S. 472; Durkarczyk/Schüler (2009), S. 209.

[521] Vgl. Gebhardt/Daske, WPg (2005), S.650; Ballwieser (2007), S. 83; IDW (2007), Band II A, Rn. 286; Obermaier, FB (2008), S. 493;

[522] Vgl. Moxter (1983), S. 146.

[523] Vgl. IDW, IDW-Fn. (2005), S. 555 f.

[524] Vgl. Schwetzler, DB (1996), S. 1961-1966; Schwetzler, ZfB (1996), S. 1081-1101; Ballwieser (2003), S. 21-35; Wenger (2003), S. 475-495; Knoll/Deininger, ZBB (2004), S. 371-381.

[525] Vgl. Obermaier, FB (2006), S. 472.

[526] Vgl. Jonas/ Wieland-Blöse/ Schiffarth, FB (2005), S. 648 f.

des Bundes wird regelmäßig von der deutschen Bundesbank zur Verfügung gestellt.[527] Die veröffentlichte Zinsstrukturkurve wird anhand der von Nelson/Siegel (1985) vorgestellten und von Svensson (1994) erweiterten Methode (NSS-Modell) ermittelt,[528] wobei dieser geschätzten Zinsstrukturkurve wie beschrieben hypothetische Zerobonds zugrunde liegen.[529] Gemäß Svensson (1994) ergibt sich auf Basis der von der deutschen Bundesbank verwendeten Schätzmethode die laufzeitspezifische Zerobond-Rendite anhand folgender Funktion mithilfe von sechs Parametern:[530]

$$z(T,\beta,\tau) = \beta_0 + \beta_1\left(\frac{1-e^{-\left(\frac{T}{\tau_1}\right)}}{\left(\frac{T}{\tau_1}\right)}\right) + \beta_2\left(\frac{1-e^{-\left(\frac{T}{\tau_1}\right)}}{\left(\frac{T}{\tau_1}\right)} - e^{-\left(\frac{T}{\tau_1}\right)}\right) + \beta_3\left(\frac{1-e^{-\left(\frac{T}{\tau_2}\right)}}{\left(\frac{T}{\tau_2}\right)} - e^{-\left(\frac{T}{\tau_2}\right)}\right) \tag{6.11}$$

mit:

$z(T,\beta,\tau)$= Zinssatz über die Laufzeit T der zu ermittelnden Parametervektoren

$\beta = (\beta_0, \beta_1, \beta_2, \beta_3)$ und $\tau = (\tau_1, \tau_2)$

Grundsätzlich wird auf Basis obiger Funktion eine Zinsstrukturkurve mittels zeitstetiger Zinssätze ermittelt, die zur konkreten Anwendung in der Unternehmensbewertung in diskrete Zinssätze umgerechnet werden müssen.[531] Die von der deutschen Bundesbank geschätzte Zinsstrukturkurve beruht jedoch auf diskreten Werten, sodass bei

---

[527] Vgl. Deutsche Bundesbank, Statistik-Zeitreihen, Stand: 17.03.2011, http://www.bundesbank.de /statistik/statitik_zeitreihen.php?lang=de&open=&func=list&tr=www_s300_it03c.

[528] Vgl. Nelson/Siegel, NBER Working Paper 1594 (1985); Svensson, NBER Working Paper 4871 (1994); Dahlquist/Svensson, SJoE (1996), S. 163-183.

[529] Vgl. Jonas/Wieland-Blöse/Schiffarth, FB (2005), S. 647.

[530] Vgl. Deutsche Bundesbank, Monatsbericht Okt. (1997), S. 61-66.

[531] Vgl. Sevensson, QRSR (1995), S. 15. Zur Umrechnung vgl. Jonas/Wieland-Blöse /Schiffarth, FB (2005), S. 648.

Anwendung des von Svensson (1994) formulierten Zusammenhangs eine Umrechnung der Zinssätze entfällt.[532]

Problematisch wird die Bewertung von Zahlungsströmen, deren zeitlicher Anfall die Restlaufzeit der Alternativanlage übersteigt.[533] Bei einer Unternehmensbewertung wird in der Regel unendliche Unternehmensfortführung[534] unterstellt, somit fehlen am langen Ende beobachtbare Werte der Alternativanlage. Die Anschlussverzinsung ist somit zu prognostizieren.[535] Das IDW schlägt vor, um der Laufzeitäquivalenz zu entsprechen, den Basiszins für ein Unternehmen mit unbegrenzter Lebensdauer durch Extrapolation der bestehenden Zinsstrukturkurve zu schätzen.[536] Für die Extrapolation der Zinsstrukturkurve wurde anfangs bei Umstellung auf den marktorientierten Ermittlungsansatz von einem Planungshorizont von 249 Perioden zur Extrapolation ausgegangen, für den die laufzeitabhängigen Zinssätze mittels NSS-Modell geschätzt werden.[537] Die Zinsstrukturkurve nähert sich somit am langen Ende dem Parameter β_0, da die anderen Terme in Gleichung (6.10) gegen null laufen.[538] Seit September 2008 wird die Verwendung der Renditen der am längsten laufenden deutschen Staatsanleihen von 30 Jahren als Schätzer für die Anschlussverzinsung empfohlen.[539]

Bei exakter Vorgehensweise wären bei der Bewertung die einzelnen Zahlungsströme der künftigen Perioden mit den laufzeitspezifischen Spot Rates zu kapitalisieren.[540] Das IDW empfiehlt aus Gründen der Komplexitätsreduktion einen einheitlichen Ba-

---

532 Vgl. Schich (1997), S. 4 Fn. 3, S. 20.

533 Vgl. Obermaier, FB (2008), S. 496.

534 Vgl. bspw. IDW S 1 (2008), Rn. 5.

535 Vgl. Obermaier, FB (2008), S. 493 f.

536 Vgl. IDW (2008), IDW S 1 i.d.F. 2008, Rn. 117; zur Vorgehensweise siehe dt. Bundesbank (1997), S. 61-66; Jonas/Wieland-Blöse/Schiffarth, FB (2005), S. 647 f.; IDW (2007), Band II A, Rn. 286-296;.

537 Vgl. IDW, IDW-Fn. (2005), S. 555 f.

538 Vgl. Obermaier, FB (2008), S. 496.

539 Vgl. IDW, IDW-Fn. (2008), S. 490 f.

540 Vgl. Jonas/Wieland-Blöse/ Schiffarth, FB (2005), S. 648; Wagner u.a., WPg (2006), S. 1015 f.

siszinssatz aus den jeweiligen Spot Rates abzuleiten.[541] Der einheitliche Basiszins berechnet sich anhand des folgenden Zusammenhangs:[542]

$$\sum_{t=1}^{T} \frac{(1+g)^t}{(1+i_{0,t})^t} = \sum_{t=1}^{\infty} \frac{(1+g)^t}{(1+i_e)^t} = \frac{1+g}{i_e - g} \qquad (6.12)$$

mit:

$g=$ Wachstumsrate der Zahlungsüberschüsse

$i_e=$ einheitlicher Basiszinssatz

$i_{0,t}=$ Spot Rate der Laufzeit 0,t

Somit ergibt sich für den einheitlichen Basiszinssatz:

$$i_e = \frac{1+g}{\sum_{t=1}^{T} \frac{(1+g)^t}{(1+i_{0,t})^t}} + g \qquad (6.13)$$

Das IDW empfiehlt weiter, die Ermittlung täglicher Zinsstrukturkurven auf Basis historischer Zinssätze über einen Zeitraum von drei Monaten der dem Bewertungsstichtag vorhergehenden Monate vorzunehmen. In einem zweiten Schritt werden zur Bestimmung der endgültigen Zinsstrukturkurve aus den historischen täglichen Zinsstruktur-

---

[541] Vgl. IDW, IDW-Fn. (2005), S. 555 f.; IDW Das Vorgehen mit einem einheitlichen Basiszinssatz setzt voraus, dass die Zahlungsströme nur geringfügig volatil sind; vgl. Jonas/Wieland-Blöse/Schiffarth, FB (2005), S. 648.

[542] Vgl. Obermaier, FB (2008), S. 498.

kurven Durchschnittswerte ermittelt, um dadurch kurzfristige Schwankungen zu eliminieren.[543]

6.4.2.2 Analyse der Gutachten

Die (vorerst) alternative, marktorientierte Ermittlungsmöglichkeit des Basiszinssatzes wurde nicht unmittelbar bei allen Bewertungsfällen nach Veröffentlichung der Empfehlung im Juli 2005 angewendet.[544] Auch in den Fällen im Jahr 2005 nach Veröffentlichung der Empfehlung und 2006, bei denen die Gutachter bei der Ermittlung nicht auf die Zinsstrukturkurve der deutschen Bundesbank verwiesen, wurde das durch das neuere, marktorientierte Verfahren entstehende Zinsniveau den Bewertungen zugrunde gelegt. Im Zuge des Wechsels der Ermittlungsmethode sank der Basiszinssatz, wie in folgender Abbildung für das Jahr 2005 zu sehen, unmittelbar um 0,75 Prozentpunkte ab (Abbildung 6-13).[545] In allen weiteren Bewertungsfällen der Jahre 2007 bis 2009 kam die Ermittlung des Basiszinssatzes anhand der aktuellen Zinsstrukturkurve der deutschen Bundesbank[546] zur Anwendung, womit sich der Basiszinssatz nach Veröffentlichung der Empfehlung im Juli 2005 zwischen 3,90% und 4,78% bis 2009 bewegte.

---

[543] Vgl. Wagner u.a., WPg (2006), S. 1015; IDW, IDW-Fn (2005), S. 555 f. mit weiteren Hinweisen zur praktischen Vorgehensweise.

[544] Vgl. IDW, IDW-Fn (2005) S. 555 f. mit den Ergebnissen der 86. Sitzung des Arbeitskreis Unternehmensbewertung (AKU) vom 29.6.2005. Zu Beginn des Jahres 2005 wurde vom IDW noch empfohlen, den Basiszinssatz bei Bewertungsfällen mit Bewertungsstichtag ab dem 31.12.2004 mit 5,0% anzusetzen; vgl. IDW, IDW-Fn (2005), S. 70.

[545] Zu einem ähnlichen Ergebnis kommen Bassemir/Gebhardt/Leyh, ZfbF (2012) auf Basis von 48 Bewertungsgutachten, bei denen ein objektivierter Unternehmenswert auf Basis des IDW S 1 im Zeitraum 2005-2009 ermittelt wurde; vgl. Bassemir/Gebhardt/Leyh, ZfbF (2012), S. 664.

[546] Vgl. dt. Bundesbank, Monatsbericht Oktober (1997), S. 61-66, sowie zu den statistischen Zeitreihen http://www.bundesbank.de/Navigation/DE/Statistiken/Zeitreihen_Datenbanken/Makrooekonomische_Zeitreihen/its_list_node.html?listId=www_s140_it03c.

Abbildung 6-13: Basiszins vor Steuern der Bewertungsfälle 2005-2009

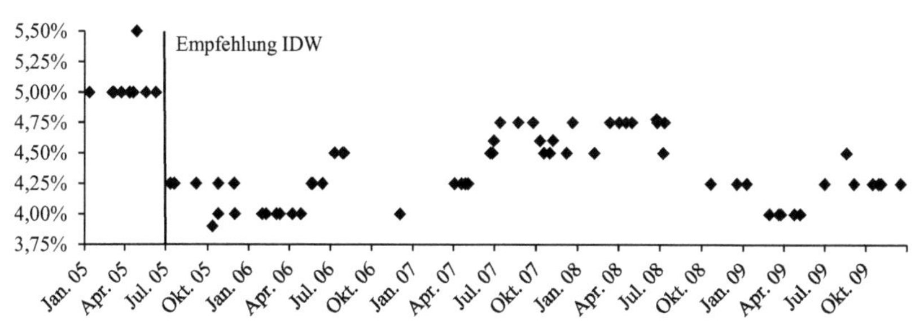

Wie bereits erläutert, empfiehlt das IDW, zur Ermittlung der Zinsstrukturkurve auf die Datenbasis der Deutschen Bundesbank abzustellen.[547] Um ein Währungsrisiko der Alternativanlage auszuschließen, sind bei der Ermittlung des Basiszinssatzes Anleihen heranzuziehen, die in derselben Währung notieren wie die Zahlungsströme des Bewertungsobjekts.[548] Alternativ könnten somit Anleihen des Euro-Raums zur Bestimmung des Basiszinssatzes Verwendung finden.[549] In keinem Fall lagen Informationen vor, die auf die Verwendung einer anderen Datenbasis bzw. einer Datenbasis, der Anleihen ausländischer Emittenten zugrunde liegen, zur Durchführung einer alternativen Schätzung des Basiszinssatzes schließen lassen.

Um eine Glättung vorübergehender Schwankungen auszugleichen, schlägt das IDW vor, eine Durchschnittsrendite unter Verwendung eines dreimonatigen Referenzzeitraums zu berechnen.[550] In 57,1% der relevanten Bewertungsfälle wurde der zur Durchschnittswertbildung verwendete Referenzzeitraum vollständig angegeben, wobei als Referenzzeitraum sowohl die drei vollen Monate vor dem Monat, in dem das Gutachten erstellt wurde, als auch in zwei Ausnahmefällen der unmittelbar der Erstellung des

---

[547] Vgl. IDW, IDW-Fn. (2005), S. 556.

[548] Vgl. Obermaier (2004), S. 173 ff.; Ballwieser (2011), S. 84 f.

[549] Vgl. Obermaier, FB (2008), S. 493.

[550] Vgl. Jonas/Wieland-Blöse/Schiffarth, FB (2005), S. 648; IDW (2007), Band II A, Rn. 290.

Gutachtens vorhergehende Zeitraum von drei Monaten zur Durchschnittswertbildung Verwendung finden. In keinem der Gutachten finden sich explizite Hinweise, dass ein anderer Referenzzeitraum angewendet wurde. Ist der Referenzzeitraum im Gutachten nicht explizit genannt, verweisen die Gutachter bei der Ermittlungsmethodik auf die entsprechende Empfehlung des IDW. Somit ist in diesen Fällen von einer Durchschnittsbildung über die drei Monate, die vor dem Monat, in dem das Gutachten erstellt wurde liegen, auszugehen.

Bei konstanten oder gleichmäßig wachsenden Zahlungsströmen kann ein einheitlicher Zinssatz aus der Bewertung zugrunde liegenden Zinsstrukturkurve abgeleitet werden.[551] In seiner Beispielrechnung verwendet das IDW „angesichts der marginalen Größenordnung des Ergebniseinflusses unterschiedlicher Wachstumsraten“[552] typisierend eine Wachstumsrate von einem Prozent zur Berechnung des einheitlichen Basiszinssatzes.[553] Lediglich in einem Gutachten wurde kein einheitlicher Basiszins verwendet und somit die unter genannten Bedingungen offenstehende Vereinfachungsmöglichkeit nicht genutzt. Stattdessen wurde in diesem Einzelfall zur Berechnung der Diskontierungsfaktoren auf die jeweils laufzeitspezifischen Zinssätze abgestellt.

Die durch abweichende Berechnung des einheitlichen Basiszinssatzes mit einer Wachstumsrate von einem Prozent hervorgerufene Verzerrung des Bewertungsergebnisses erhöht sich mit zunehmender Volatilität oder stark abweichenden Wachstumsraten der erwarteten Zahlungsüberschüsse. Wagner u.a. (2006) empfehlen, in solchen Fällen den einheitlichen Basiszinssatz mit den tatsächlich zugrunde liegenden Wachstumsraten zu ermitteln.[554] Somit ist abzuwägen, ob in solchen Fällen die Ermittlung eines einheitlichen Basiszinssatzes auf Basis einer Wachstumsrate von einem Prozent

---

[551] Vgl. Wagner u.a., WPg (2006), S. 1016.

[552] IDW (2007), Band II A, Rn. 291.

[553] Kritisch zur Rundung auf 0,25 Prozentpunkte vgl. Obermaier, FB (2006), S. 474 f.; Reese/Wiese, ZBB (2007), S. 44.

[554] Vgl. Wagner/Jonas/Ballwieser/Tschöpel, WPg (2006), S. 1016.

noch vertretbar ist. In einem Gutachten finden sich explizit Angaben, dass von der typisierten Wachstumsrate von einem Prozentpunkt bei Berechnung des einheitlichen Basiszinssatzes abgewichen wurde und diese stattdessen in Höhe des Wachstumsabschlags angesetzt wurde. Weiter wird eine Rundung des Basiszinssatzes auf 0,25 Prozentpunkte „zur Vermeidung einer Scheingenauigkeit“[555] empfohlen. Dieser Empfehlung wird nicht in allen Bewertungsfällen nachgekommen. In einem Fall wird von der empfohlenen Rundung gänzlich abgesehen und stattdessen der exakt ermittelte Wert verwendet, in vier Fällen erfolgt die Rundung auf 0,1 Prozentpunkte.

6.4.3 Marktrisikoprämie

6.4.3.1 Ermittlung der Marktrisikoprämie

Die Bestimmung der Marktrisikoprämie kann entweder anhand zukunftsorientierter oder anhand historischer Marktdaten erfolgen.[556] Bei Bewertungen, die auf dem IDW S 1 basieren, ist eine vom IDW für die Ermittlung objektivierter Unternehmenswerte empfohlene und anhand empirischer Kapitalmarktuntersuchungen, basierend auf historischen Kapitalmarktdaten, abgeschätzte Marktrisikoprämie anzusetzen.[557] Bei dieser Ermittlungsart wird über einen langfristigen historischen Zeitraum die Differenz der Rendite eines Marktportfolios und der Rendite der risikolosen Anlageform bestimmt. Aus den gewonnenen Daten wird ein historischer Durchschnittswert gebildet.[558]

---

[555] IDW (2007), Band II A, Rn. 291.

[556] Vgl. Daske/Gebhardt (2006), S. 530; zur Verwendung zukunftsorientierter Marktdaten kritisch Ballwieser (2005), S. 335; zur Schätzung impliziter Markrisikoprämien auf Basis zukunftsorientierter Marktdaten in Form von Konsensusprognosen vgl. auch Claus/Thomas, JoF (2001), S. 1629 ff.; Reese (2007), S. 127 f.

[557] Vgl. IDW (2007), Band II A, Rn. 297 f.

[558] Vgl. Ballwieser (2007), S. 95f; Reese (2007), S. 30; Wüstemann, BB (2007), S. 2226.

Das Marktportfolio beinhaltet im Modell alle riskanten Anlageformen, die in einer Volkswirtschaft dem Anleger zugänglich sind.[559] Aufgrund der mangelnden Abbildungsmöglichkeit aller zur Verfügung stehenden Anlagemöglichkeiten[560] wird in der Praxis lediglich eine annähernde Approximation des Marktportfolios über breite Indizes verfolgt.[561] Damodaran (2006) schlägt vor, auf das Anlagespektrum der Investoren der zu bewertenden Unternehmung abzustellen.[562] Die Wahl des Vergleichsindex hinge damit vom Anlagespektrum des vom IDW propagierten typisierten Investors ab.[563] Diesem Gedanken folgend wäre eine Lösung in Abhängigkeit des Anlagespektrums über einen breiten Landesindex wie den häufig verwendeten CDAX einerseits oder einen internationalen Index wie beispielsweise den MSCI World andererseits oder auch ein entsprechend dem Anlagespektrum gewichteter Index denkbar.[564]

In einer Vielzahl von Studien wurden bereits auf Basis verschiedener Indizes und Zeiträume die Marktrisikoprämien für den nationalen Kapitalmarkt und internationale Kapitalmärkte anhand historischer Kapitalmarktdaten geschätzt, die zu unterschiedlichen Ergebnissen führten.[565] Bei der Ermittlung eines historischen Durchschnittswerts sind – abgesehen von der Wahl des Referenzindex – der Referenzzeitraum, Start- und Endzeitpunkt, Renditeintervall sowie eine arithmetische oder geometrische Mittelwertbildung von ausschlaggebender Bedeutung.[566] Auffällig sind die hohen Unterschiede der in unterschiedlichen Studien gemessenen Marktrisikoprämien.

---

[559] Vgl. Baetge/Krause, BFuP (1994), S. 441.

[560] In strenger Form umfasst das Marktportfolio die gesamte Weltwirtschaft sowie außer Aktien auch Anlageformen wie bspw. in Gold und Immobilien, vgl. Obermaier (2004), S. 298; Baetge u.a. (2009), S. 377.

[561] Vgl. Baetge/Krause, BFuP (1994), S. 441.

[562] Vgl. Damodaran (2006), S. 49.

[563] Vgl. Dörschell/Franken/Schulte/Brütting, WPg (2008), S. 1157 f.; Spremann (2008), S. 246.

[564] Vgl. Dörschell/Franken/Schulte (2009), S. 144.

[565] Vgl. Baetge/Krause, BFuP (1994), S. 452; Ballwieser (2007), S. 97; Dörschell/Franken/Schulte (2009), S. 110 f.

[566] Vgl. Ballwieser (2007), S. 95f; Dörschell/Franken/Schulte (2009), S. 91.

Metz (2007) zeigt, welch gravierenden Einfluss selbst eine geringfügige Änderung des Start- oder Endzeitpunkts um ein bis vier Jahre bei gleichbleibendem Index und dadurch um einen lediglich um maximal vier Jahre variierenden Referenzzeitraum auf die Berechnung des historischen Durchschnittswerts hat.[567] So zeigt sich, dass die für Deutschland maximal ermittelte Marktrisikoprämie[568] bei 7,16% (arithmetisch) bzw. 4,69% (geometrisch) liegt (Referenzzeitraum 1955 bis 1999). Die minimal ermittelte Durchschnittsrendite liegt bei 3,21% (arithmetisch) bzw. 0,70% (geometrisch) für den Referenzzeitraum 1960 bis 2003.[569]

Differenzen bei der Ermittlung von historischen Durchschnittswerten entstehen auch durch arithmetische oder geometrische Mittelwertbildung.[570] Welches Verfahren den Mittelwert treffender schätzt, ist strittig, da der Umfang der durch die Mittelwertbildung entstehenden Verzerrung vom Einzelfall abhängig ist.

Wird das einperiodige CAPM zur Renditeberechnung verwendet, wiederholt für mehrere Perioden angewendet und werden gleichmäßig verteilte Renditen erwartet, spricht sich ein Teil der Literatur für die Verwendung des arithmetischen Mittels aus.[571] Auch Drukarczyk/Schüler (2009) zeigen, dass unter der Voraussetzung stochastisch unabhängig verteilter Renditen und wenn die historischen Renditen die tatsächliche Verteilung der Renditen abbilden, der arithmetische Mittelwert die erwartete zukünftige Rendite adäquat schätzt.[572] Sind die Renditen jedoch nicht identisch und unabhängig

---

[567] Ermittelt anhand der Daten von Stehle, WpG (2004), S. 922-927 und ergänzten Berechnungen, vgl. Metz (2007), S. 215.

[568] Metz (2007) verwendet die Differenz aller in Frankfurt a.M. notierten Aktien und festverzinslichen Bundeswertpapiere; vgl. Metz (2007), S. 216.

[569] Vgl. Metz (2007), S. 215.

[570] Vgl. Ballwieser (2011), S. 101.

[571] Vgl. Brealey/Myers/Allen (2008), S. 176; Koller/Goedhart/Wessels (2010), S. 239 f.

[572] Vgl. Drukarczyk/Schüler (2009), S. 221-223.

verteilt oder ist die Betrachtungsperiode lang, scheint das geometrische Mittel einen besseren Schätzwert zu liefern.[573]

Auch Cooper (1996) und Blume (1974) widmen sich dem Problemkomplex der Mittelwertschätzung.[574] Bei Vorliegen von stochastisch abhängigen Renditen schlägt Blume (1974) die Ermittlung eines arithmetischen Mittels aus geometrischen Mittelwerten vor.[575] Auch Siegel (1992) hält bei längeren Zeiträumen die geometrische Mittelwertbildung für sinnvoll.[576] Einzig Cooper hält in diesem Fall die Verwendung des arithmetischen Mittels für treffender.[577]

Stehle (2004) favorisiert die arithmetische Mittelwertbildung, für die er sich aufgrund der Ergebnisse von Cooper (1996), „wie fast alle neueren Studien“[578], ausspricht. Ballwieser (2011) entkräftet diese Argumentation und zeigt, dass stattdessen die Verzerrung durch die Mittelwertbildung von den Eigenschaften des Referenzzeitraums abhängt. Ballwieser weiter folgend scheint vor allem die Annahme stochastisch unabhängiger Renditen in der Argumentation von Stehle problematisch.[579]

Ein Teil der Literatur geht davon aus, dass sich die Marktrisikoprämie über die letzten Jahrzehnte zunehmend verringert haben könnte. Als Ursachen werden die zunehmende Dynamik der Wachstumsgeschwindigkeit und technologischen Entwicklung, verbesserte Strukturierung der unternehmerischen Prozesse und vermehrte Anlage- bzw. Diversifikationsmöglichkeiten der Investoren genannt.[580] Aufgrund dessen sieht Stehle

---

[573] Vgl. Ballwieser (2011), S. 101.

[574] Vgl. Blume, JASA (1974), S. 634-638; Cooper, EFM (1996), S. 157-167.

[575] Vgl. Blume, JASA (1974), S. 638.

[576] Vgl. Siegel (1992), FAJ (1992), S. 29.

[577] Vgl. Cooper, EFM (1996), S. 165.

[578] Stehle, WPg (2004), S. 910.

[579] Vgl. Ballwieser (2011), S. 102.

[580] Vgl. Dimson/Marsh/Staunton, JoACF (2003), S. 35 f; Siegel, JoPM (1999), S. 10-17; Stehle, WPg (2004), S. 921. Für den Zuspruch des IDW zu dieser Argumentation siehe bspw. Unterlagen zur 47. Arbeitstagung, Baden-Baden (2005). Allerdings begründen Wagner u.a. (2006) den Abschlag vom

(2004) einen Abschlag auf eine auf Basis historischer Durchschnittswerte ermittelten Marktrisikoprämie in Höhe von 1% bis 1,5% für möglich.[581] Ein gegenläufiger Trend zeichnet sich in der jüngsten Vergangenheit ab. So empfiehlt das IDW seit Beginn des Jahres 2012, die Marktrisikoprämie mit Verweis auf die erhöhte Unsicherheit an den Kapitalmärkten am oberen Ende der empfohlenen Bandbreite anzusetzen.[582]

6.4.3.2 Marktrisikoprämie im Halbeinkünfteverfahren

Folgt man den Empfehlungen des IDW, so erschien vor der Unternehmensteuerreform 2008 unter Verweis auf empirische Studien von Stehle (2004) eine Marktrisikoprämie vor persönlichen Ertragsteuern in Höhe von 4 bis 5% sachgerecht.[583] Unter Berücksichtigung der Besteuerung mittels Halbeinkünfteverfahren hielt das IDW eine Marktrisikoprämie von 5 bis 6% nach persönlichen Ertragsteuern für angemessen.[584] Der Untersuchung liegen als Referenzzeitraum die Jahre 1955 bis 2003 zugrunde. Unter Berücksichtigung aller in Frankfurt notierten deutschen Aktien bzw. des CDAX ab 1988 als Referenzindex ermittelt Stehle einen Mittelwert der jährlichen Renditen bei einem marginalen Steuersatz von 0% in Höhe von 9,5% bei geometrischer Mittelwertbildung bzw. 12,4% bei arithmetischer Mittelwertbildung.[585]

Die jährlichen Renditen der Bundeswertpapiere als (quasi-)risikofreie Anlage werden bis 1966 anhand vorhandener Umlaufrenditen von Staatsanleihen, für den Zeitraum nach 1966 auf Basis des REXP ermittelt.[586]. Bei einem marginalen Steuersatz von 0%

Mittelwert offensichtlich nunmehr mit der Notwendigkeit der Berücksichtigung der geometrischen Mittelwerte; vgl. Wagner u.a., WPg (2006), S. 1018 f.

[581] Vgl. Stehle, WpG (2004), S. 921.

[582] Vgl. IDW, IDW-Fn. (2009), S. 697; IDW, IDW-Fn. (2012), S. 122.

[583] Vgl. Berichte über die 46. Arbeitstagung 2004 des IDW, Thema Q; Stehle, WpG (2004) S. 906 ff; IDW, IDW-Fn (2005), S. 71.

[584] Vgl. IDW, IDW-Fn (2005), S. 71.

[585] Vgl. Stehle, WPg (2004), S. 921 und S. 924.

[586] Vgl. Stehle, WPg (2004) S. 920 f. Der REXP entspricht einem Portfolio deutscher Staatsanleihen unterschiedlicher Laufzeiten; vgl. Deutsche Börse, REX und REXP, S. 2 f.

ergibt sich folglich ein Mittelwert von 6,9% bei arithmetischer Mittelwertbildung und 6,8% bei geometrischer Mittelwertbildung.[587] Aus diesen Mittelwerten ergibt sich schließlich, wie in der zweiten Spalte in Tabelle 6-2 zusammengefasst, eine Risikoprämie in Höhe von 5,5% (12,4% bis 6,9%) bzw. 2,7% (9,5% bis 6,8%).[588]

Tabelle 6-2: Ansatz der Marktrisikoprämie bei Besteuerung mittels Halbeinkünfteverfahren gem. IDW auf Basis der empirischen Ergebnisse von Stehle (2004)

	Vor persönlichen Ertragsteuern	**Nach persönlichen Ertragsteuern (Halbeinkünfteverfahren)**
Mittelwert Aktienrendite geometrisch/arithmetisch	9,5% / 12,4%	8,2% / 11,2%
Mittelwert Renditen risikofreie Anlage geometrisch/arithmetisch	6,8% / 6,9%	4,4% / 4,5%
Mittelwert Marktrisikoprämie geometrisch/arithmetisch	2,7% / 5,5%	3,8% / 6,7%
Empfehlung Marktrisikoprämie [589]	4-5%	5-6%

In der Studie wird auch ein Schätzwert für die Risikoprämie nach persönlichen Ertragsteuern unter Zugrundelegung des zum Veröffentlichungszeitpunkt geltenden Halbeinkünfteverfahrens ermittelt.[590] Hierbei wird der gemäß dem IDW empfohlene typisierte marginale Steuersatz von 35% angesetzt,[591] wobei ab 2002 das Halbein-

[587] Vgl. Stehle, WPg (2004), S. 921 und S. 926.
[588] Vgl. Stehle, WPg (2004), S. 921.
[589] Vgl. IDW, IDW-Fn (2005), S. 71.
[590] Vgl. Stehle, WPg (2004) S. 919 f.
[591] Vgl. IDW (2005), IDW S 1 i.d.F. 2005, Rn. 54.

künfteverfahren berücksichtigt wird.[592] Unter diesen steuerlichen Rahmenbedingungen ermittelt Stehle eine Rendite von 11,2% bei arithmetischer Mittelwertbildung und 8,22% bei geometrischer Mittelwertbildung. Als Mittelwerte der Renditen der Bundeswertpapiere ergeben sich 4,5% (arithmetisch) bzw. 4,4% (geometrisch). Aus den Werten folgt eine Risikoprämie nach persönlichen Ertragsteuern von 6,7% (11,2% bis 4,5%) bei arithmetischer bzw. 3,8% (8,2% bis 4,4%) bei geometrischer Mittelwertbildung.[593] Den Argumenten für einen Abschlag in Höhe von 1 bis 1,5% folgend, sah das IDW den Ansatz der Marktrisikoprämie nach persönlichen Ertragsteuern für Bewertungsstichtage nach dem 31.12.2004 mit 5,0% bis 6,0% für sachgerecht an. Dabei wird auf die arithmetische Mittelwertbildung abgestellt.[594] Wagner u.a. (2006) begründen den Abschlag vom Mittelwert offensichtlich nunmehr mit der Notwendigkeit der Berücksichtigung der geometrischen Mittelwerte und sprechen sich unverändert für den Ansatz der Marktrisikoprämie nach persönlichen Ertragsteuern in Höhe von 5,0% bis 6,0% aus.[595]

6.4.3.3 Marktrisikoprämie bei Abgeltungsteuer

Aufbauend auf den Empfehlungen zum Ansatz der Marktrisikoprämie vor der Unternehmensteuerreform 2008 stellen mehrere Autoren modelltheoretische Überlegungen an, in welcher Form mit Verschiebungen der Marktrisikoprämie vor und nach persönlichen Ertragsteuern aufgrund der Unternehmensteuerreform 2008 zu rechnen sei.[596]

---

[592] Für den gesamten Referenzzeitraum wird ein gleichbleibender Grenzsteuersatz von 35% unterstellt. Zur näheren Vorgehensweise bei der Bereinigung der Originalwerte vgl. Stehle/Wullf/Richter, Working Paper (1999).

[593] Vgl. Stehle, WPg (2004), S. 921.

[594] Vgl. Stehle, WPg (2004), S.910, 919, 921.

[595] Vgl. Wagner u.a., WPg (2006), S. 1018 f.

[596] Vgl. Blum (2008), S. 76-78; Jonas, WPg (2008), S. 829; Wagner/Saur/Willershausen, WPg (2008), S. 739 ff; Zeidler/Schöniger/Tschöpel, FB (2008), S. 285.

Aus dem Blickwinkel des typisierten privaten Investors ergibt sich ein Anstieg der Steuerbelastung aufgrund der Unternehmensteuerreform 2008 gegenüber dem Halbeinkünfteverfahren. Wagner/Saur/Willershausen (2008) sehen die Auswirkung der Unternehmensteuerreform auf die Marktrisikoprämie wie folgt.[597]

Zu unterscheiden sind zunächst Bewertungsstichtage, die in den Zeitraum 7.7.2007 bis zum 31.12.2008 nach Verabschiedung des Bundesratsbeschlusses zur Unternehmensteuerreform fallen. Ab dem 1.1.2008 ändert sich die Besteuerung von Dividenden, auf die der Abgeltungsteuersatz in Höhe von 26,4% (25,0% zzgl. SolZ) fällig wird. Veräußerungsgewinne können jedoch auch bei Neuerwerb der Anteile bis zum 31.12.2008 weiterhin steuerfrei vereinnahmt werden. Die Steuerbelastung steigt somit bei einer Ausschüttungsquote von 50% auf effektiv 13,2% (50%·26,4%+50%·0%) im Vergleich zum Halbeinkünfteverfahren bei unmittelbarer Typisierung mit einer effektiven Belastung von 8,75% (50%·0%+50%·0,5·35%). Sie folgern, dass die Gruppe der Investoren, die diesen steuerlichen Rahmenbedingungen unterliegen, versuchen wird, eine höhere Rendite einzufordern, um ihren Zufluss nach Steuern konstant zu halten. Wagner/Saur/Willershausen (2008) gehen jedoch davon aus, dass die Durchsetzbarkeit dieser Forderung fraglich erscheint. Sie gehen trotzdem von einer leichten Erhöhung der Marktrisikoprämie vor Steuern aus und als Folge dessen von einem leichten Absinken der Marktrisikoprämie auf 5,5% vor und 5,0% nach Steuern im betroffenen Zeitraum 7.7.2007 bis 31.12.2008.[598]

Ab dem 1.1.2009 ist schließlich auch die auf Veräußerungsgewinne anfallende Abgeltungsteuer in Höhe von 26,4% (25,0% zzgl. SolZ) im Bewertungskalkül zu implementieren. Sie sehen die Annahme einer Haltedauer in der Größenordnung von 30 bis 40 Jahren und damit einer hälftigen effektiven Steuerbelastung auf Veräußerungsgewinne

---

[597] Vgl. Wagner/Saur/Willershausen, WPg (2008), S. 740.
[598] Vgl. Wagner/Saur/Willershausen, WPg (2008), S. 740.

(13,2%) als sachgerecht an.[599] Die effektive gesamte steuerliche Belastung der Anteilseigner steigt unter den gleichbleibenden Annahmen weiter auf 19,8% (50%·26,4%+50%·13,2%) an. Daher rechnen sie damit, dass die Gruppe der privaten Investoren versuchen wird, erneut eine höhere Renditeforderung durchzusetzen. Sie sind der Meinung, dass die privaten Investoren auch diese Forderung nur teilweise durchsetzen können und die Marktrisikoprämie nach Steuern (bei gleichbleibender Marktrisikoprämie vor Steuern) damit um weitere 0,5% leicht auf 4,5% absinkt.[600]

6.4.3.4 Analyse der Gutachten

Bei Analyse der Gutachten ist im betrachteten Zeitraum zu unterscheiden, welche steuerlichen Rahmenbedingungen existierten bzw. wann die zukünftige Änderung der steuerlichen Rahmenbedingungen beschlossen wurde und eingetreten ist.

Von den in den Abschnitten 6.4.3.2 und 6.4.3.3 erläuterten Empfehlungen wurde außerhalb des Zeitraums zwischen Beschluss der Unternehmensteuerreform 2008 und Inkrafttreten der Änderungen auf Anteilseignerebene, d.h. in den Jahren 2005, 2006 und 2009, in keinem Bewertungsfall abgewichen, wie folgende Abbildung zeigt. Für das Halbeinkünfteverfahren existierte seit dem 31.12.2004 die Empfehlung zum Ansatz der Marktrisikoprämie nach Steuern in Höhe von 5 bis 6%.[601]

[599] Siehe auch Abschnitt 6.2.2.3.

[600] Vgl. Wagner/Saur/Willershausen, WPg (2008), S. 741.

[601] Vgl. IDW (2005), IDW-Fn. (2005), S. 71.

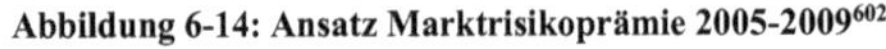

Abbildung 6-14: Ansatz Marktrisikoprämie 2005-2009[602]

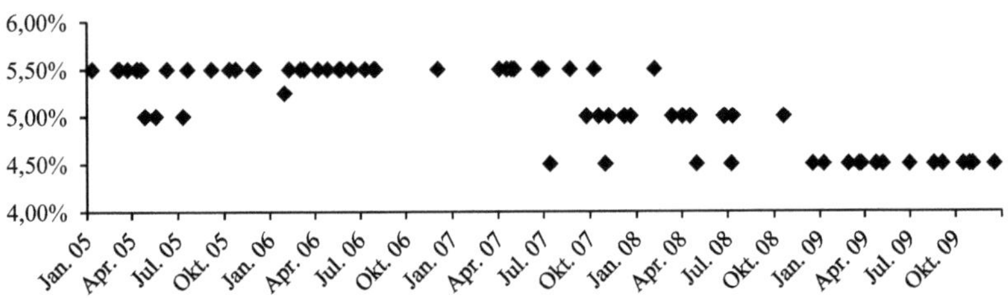

Diese Empfehlung wurde in keinem der Gutachten im Jahr 2005 und 2006 über- oder unterschritten. Im Großteil der Gutachten der Jahre 2005 und 2006 erfolgte der Ansatz der Marktrisikoprämie nach Steuern mit 5,5% (Abbildung 6-14). Hierbei wurde auf den Zeitpunkt der Erstellung des Gutachtens (ersatzweise des Übertragungsberichts) abgestellt.

Abbildung 6-15: Marktrisikoprämie im Übergang der Steuersysteme[605]

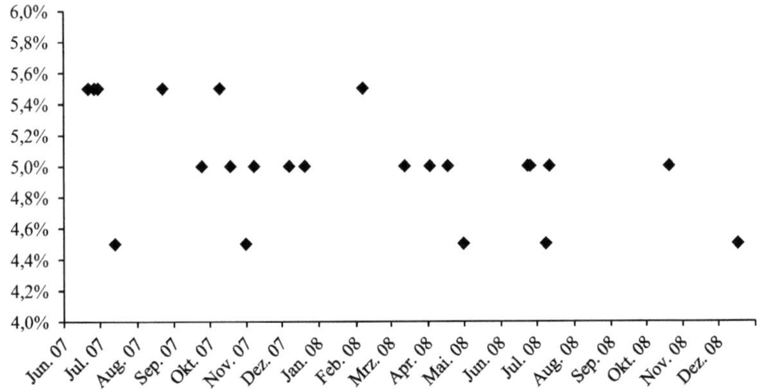

602 In zwei Fällen, im Juli 2007 und Dezember 2008, wurde eine variable Marktrisikoprämie von 4,5% bis 5,0% über den Bewertungshorizont verwendet.

Im Jahr 2007 und 2008 musste im Übergang der Steuersysteme ab 7.7.2007[603] die Wirkung der Änderung der steuerlichen Rahmenbedingungen auf die Marktrisikoprämie durch die Gutachter, solange keine Empfehlung bestand, abgeschätzt werden. Es zeigt sich, dass die Gutachter mehrheitlich davon ausgingen, dass sich die Steuerreform mindernd auf die Marktrisikoprämie nach Steuern auswirkt. Der Umfang der Abnahme wurde jedoch unterschiedlich beurteilt (Abbildung 6-15) und bewegt sich zwischen null und einem Prozent. Für Gutachten, die im Jahr 2009 erstellt wurden, ist die Marktrisikoprämie nach Steuern wieder einheitlich mit 4,5% angesetzt worden, wobei auf Wagner/Saur/Willershausen (2008)[604] verwiesen wird, sofern ein expliziter Verweis erfolgt.

6.4.4 Unternehmensspezifischer Risikozuschlag (Beta-Faktor)

6.4.4.1 Ermittlung des Beta-Faktors

Die Risikoprämie als Bestandteil des Kapitalisierungszinssatzes wird im CAPM und Tax-CAPM anhand des Beta-Faktors an die unternehmensspezifische Risikosituation angepasst.[605] Der Beta-Faktor gibt als Risikofaktor an, in welchem Verhältnis die Schwankungsbreite (Volatilität) der Rendite des Unternehmens und die der Alternativanlage (d.h. die Rendite der Unternehmensanteile eines risikoäquivalenten Aktienportfolios) stehen, und ist wie bereits in Abschnitt 6.4.1 aufgezeigt definiert:[606]

$$\beta = \frac{\rho_{i,m} \cdot \sigma_i}{\sigma_m} = \frac{Cov(r_i, r_m)}{\sigma^2_m} \qquad (6.14)$$

---

603 Verabschiedung der Unternehmensteuerreform 2008 am 6.7.2007; vgl. Deutscher Bundesrat (2007), Drucksache 384/07 (2007).

604 Vgl. Wagner/Saur/Willershausen, WPg (2008), S. 741.

605 Vgl. IDW, IDW-Fn (2008), Rn. 120; Obermaier (2004), S. 291-294.

606 Vgl. etwa Obermaier (2004), S. 292; grundlegend: Sharpe, JoF (1964), S. 425-442; Sharpe (1970), S. 86-91.

mit:

β= Beta-Faktor

$\rho_{i,m}$= Korrelation zwischen Unternehmens- und Marktrendite

σ_i= Standardabweichung Unternehmensrendite

σ_m= Standardabweichung Marktrendite

r_m= Rendite des Marktportfolios

$Cov(r_i, r_m)$= Kovarianz zwischen Unternehmens- und Marktrendite

$\sigma^2{}_m$= Varianz der Marktrendite

Die Risikoprämie bildet im Modellrahmen des CAPM nur das unternehmensspezifische (systematische) Risiko ab, da in der Modellwelt des CAPM eine vollständige Diversifikation und somit Eliminierung des unsystematischen Risikos unterstellt wird. [607] Ist der über die Kovarianz abgebildete Zusammenhang von Markt- und Unternehmensrendite positiv und entspricht dieser der Volatilität der Marktrendite, so ergibt sich ein Beta-Wert in Höhe von eins, der Risikozuschlag entspricht damit der Marktrisikoprämie. Bei größeren (kleineren) Werten einer positiven Kovarianz ergibt sich ein Risikozuschlag, der höher (geringer) als die Marktrisikoprämie ist. [608]

Die Approximation des Marktportfolios erfolgt bei praktischer Anwendung anhand eines Aktienindex.[609] Die Ermittlung des Beta-Faktors erfolgt ausgehend von histori-

---

[607] Vgl. Obermaier (2004), S. 294. Kritisch zur Umsetzung dieser Annahme: Born (2003), S. 113; Uzik/Weiser, FB (2003), S. 706; Obermaier (2004), S. 298 f.

[608] Vgl. Obermaier (2004), S. 292 f.

[609] Vgl. IDW (2008), IDW S 1 i.d.F.2008, Rn. 121.

schen Marktdaten. Ein vergangenheitsorientierter Beta-Faktor kann durch eine Regression der Aktienrenditen der Zielgesellschaft oder einer Vergleichsgruppe börsennotierter Unternehmen auf den Referenzindex ermittelt werden.[610] Handelt es sich folglich beim Bewertungsobjekt um ein börsennotiertes Unternehmen, so kann der Beta-Faktor grundsätzlich auf Basis der historischen Kursentwicklung des Unternehmens im Vergleich zu einem Referenzindex abgeleitet werden.[611] Zur Durchführung eines gesellschaftsrechtlichen Squeeze-out gem. §§ 327a-f AktG muss der Hauptaktionär mindestens 95% der Anteile halten, was im unmittelbar vorhergehenden Zeitraum zu geringerem Handel und somit fehlender statistischer Signifikanz des originären Beta-Werts führen kann.[612]

Zur Ermittlung des originären Beta-Werts ist somit der Referenzzeitraum, das Renditeintervall und der Referenzindex festzulegen,[613] der gewonnene Beta-Wert hängt damit maßgeblich von den getroffenen Annahmen ab und kann dadurch auch nicht eindeutig bestimmt werden.[614] Bei Ermittlung des Beta-Werts über eine Vergleichsgruppe sind zusätzlich die Vergleichsunternehmen festzulegen, deren Auswahl das Ergebnis beeinflusst.[615] Gegebenenfalls ist der ermittelte Schätzwert im Hinblick auf dessen zukunftsorientierte Verwendbarkeit in einem zweiten Schritt anzupassen.[616]

Bei der Anpassung des Risikozuschlags anhand des Beta-Faktors wird empfohlen, zusätzlich zum unternehmensspezifischen (operativen) Risiko auch das durch die Ver-

---

610 Vgl. Lüdenbach, INF (2001), S. 600; IDW (2007), Band II A, Rn. 301f; Dörschell u.a., WPg (2008), S. 446 f.; Knoll, WPg (2010), S. 1106 f; kritisch u.a. Richter, ZBB (1997), S. 237; Böcking/Nowak, DB (1998) S. 688 f.; Kußmaul, StB (1999), S. 339; Maier, FB (2001), S. 299 f.

611 Dörschell u.a., WPg (2008), S. 446 f.

612 IDW (2007), Band II A, Rn. 506.

613 Vgl. Baetge/Krause, BFuP (1994), S. 441; Maier, FB (2001), S. 299.

614 Vgl. Zimmermann (1997), S. 373 f; Kußmaul, StB (1999), S. 339; Maier, FB (2001), S. 299 f.; IDW (2007), Band II A, Rn. 195.

615 Vgl. Arbeitskreis „Finanzierung“ der Schmalenbach-Gesellschaft, ZfbF (1996), S. 554; Dörschell u.a., WPg (2008), S. 447.

616 Vgl. IDW (2007), Band II A, Rn. 301 f.

schuldung des Unternehmens entstehende finanzielle Risiko zu berücksichtigen.[617] Wird der Kapitalisierungszinssatz kapitalmarktorientiert abgeleitet, empfiehlt das IDW, auch die Kapitalstruktur anhand eines Marktmodells anzupassen, und nennt das Modigliani/Miller Theorem.[618] Entsprechend Modigliani/Miller (1958/63) ergibt sich als Grundlage der Anpassung des Beta-Werts bei einem einfachen Gewinnsteuersystem unter den gegebenen restriktiven Annahmen[619] folgender Zusammenhang zwischen den Eigenkapitalkosten eines verschuldeten und eines unverschuldeten Unternehmens:[620]

$$r_{EK}^{v} = r_{EK}^{u} + (r_{EK}^{u} - r_{FK})(1 - s) \cdot \frac{FK}{EK} \qquad (6.15)$$

mit:

r_{EK}^{u}= Rendite des Eigenkapitals des unverschuldeten Unternehmens

r_{EK}^{v}= Rendite des Eigenkapitals des verschuldeten Unternehmens

r_{FK}= Fremdkapitalzinssatz

s= Gewinnsteuersatz des Unternehmens

FK= Marktwert des Fremdkapitals

EK= Marktwert des Eigenkapitals

---

[617] Vgl. IDW (2008), IDW S 1 i.d.F. 2008, Rn. 100; Wagner u.a., WPg (2006), S. 1019; Dörschell u.a., WPg (2008), S. 447.

[618] Vgl. IDW (2008), IDW S 1 i.d.F. (2008), Rn. 100.

[619] Vgl. Modigliani/Miller, AER (1958), S. 268; Modigliani/Miller, AER (1963), S. 436; auch Perridon/Steiner/Rathgeber (2009), S. 500 f.

[620] Vgl. Drukarzcyk/Schüler (2009), S. 118-122; Modiglian/Miller, AER (1963), S. 439.

Die geforderte Rendite eines verschuldeten Unternehmens besteht somit aus der Kompensation des operativen Risikos (r_{EK}^{u}) und einem Risikozuschlag in Höhe des zweiten Summanden der obigen Gleichung, der von der Finanzierungsstruktur des Unternehmens abhängig ist.[621] Die Renditeforderung für ein unverschuldetes Unternehmen wird im Rahmen des Modigliani/Miller-Theorems bei autonomer Finanzierungspolitik[622] über folgenden resultierenden Zusammenhang an die tatsächliche Finanzierungsstruktur des Unternehmens im CAPM angepasst: [623]

$$r_f + \beta_j^v[\mu(r_m) - i)] = r_f + \beta_j^u[\mu(r_m) - r_f] + \left[r_f + \beta_j^u(\mu(r_m) - i) - i\right](1 - s) \cdot \frac{FK}{EK} \qquad (6.16)$$

mit:

r_f= (quasi-)risikoloser Basiszinssatz

r_m= Rendite des Marktportfolios

μ= Erwartungswert

β_j^v= Beta-Faktor des verschuldeten Unternehmens

β_j^u= Beta-Faktor des (fiktiv) unverschuldeten Unternehmens

---

[621] Vgl. Kuhner/Maltry (2006), S. 189.

[622] D.h., der zukünftige Fremdkapitalbestand im Bewertungsmodell ist deterministisch und somit sicher; vgl. Drukarczyk/Schüler (2009), S. 180 f. Zur Anpassung des Beta-Faktors an den Verschuldungsgrad des Bewertungsobjekts bei marktwertorientierter Finanzierung vgl. Kruschwitz/Löffler/ Lorenz, WPg (2011), S. 673 und 677 f.

[623] Vgl. im Folgenden IDW (2007), Band II A, Rn. 305 f.; Drukarczyk/Schüler (2009), S. 267; auch Hamada, JoF (1969), S. 16-20. Das IDW geht davon aus, dass in der Praxis die Finanzierungspolitik über eine Mischform aus autonomer und wertorientierter Finanzierungspolitik abgebildet wird; vgl. IDW (2007), Band II A, Rn. 340 f.

Somit ergibt sich für das sog. Unlevering, d.h. für das Beta eines fiktiv unverschuldeten Unternehmens:

$$\beta_j^u = \beta_j^v / [1 + (1 - s) \cdot \frac{FK}{EK}] \qquad (6.17)$$

bzw. für das sog. Relevering, d.h. das Anpassen des Betas an den Verschuldungsgrad des Bewertungsobjekts:

$$\beta_j^v = \beta_j^u (1 - s) \cdot \frac{FK}{EK} \qquad (6.18)$$

Dadurch wird die Anpassung an eine abweichende Kapitalstruktur des Bewertungsobjekts gegenüber der historischen Lage des Unternehmens oder unterschiedlicher Kapitalstrukturen von Vergleichsunternehmen bei Ermittlung des Beta-Faktors anhand einer Vergleichsgruppe ermöglicht.[624]

6.4.4.2 Analyse der Gutachten

Tabelle 6-3 zeigt, dass nur in insgesamt 16 Bewertungsfällen (20,5%) ein originärer Beta-Wert des Unternehmens oder der Konzernmutter zur Bestimmung des Risikozuschlags verwendet wurde. In allen anderen Fällen wurde von der Verwendung des originären Beta-Werts abgesehen, da diesem aufgrund geringen Handels oder von nicht aussagekräftigen Kursverläufen im Vorfeld der Ankündigung des Squeeze-out keine Signifikanz bzw. Relevanz zugesprochen wird. Eine bestimmte Tendenz im Zeitablauf ist jedoch nicht festzustellen.

---

[624] Vgl. IDW (2007), Band II A, Rn. 304.

Tabelle 6-3: Relevanz originärer Beta-Werte

Originärer Beta-Wert:	2005	2006	2007	2008	2009	gesamt
relevant	5	2	1	4	4	16
nicht relevant	12	16	15	6	12	61
k.A.				1		1

Meistens handelt es sich bei den Aktiengesellschaften, bei denen auf einen historisch ermittelten originären Beta-Faktor abgestellt wurde, gemessen am Ertragswert um vergleichsweise große Unternehmen, wie folgende Tabelle 6-4 zeigt:

Tabelle 6-4: Unternehmenswerte der Bewertungsfälle, bei denen der originäre Beta-Wert verwendet wurde

Unternehmens-wert (Mio. €)	0-50	50-100	100-500	500-1.000	1.000-5.000	über 5.000
Anzahl Unternehmen	3	2	1	3	5	2

In zehn der sechzehn Bewertungsfälle (62,5%), bei denen auf den originären Beta-Wert abgestellt wurde, folgte ein Unternehmenswert, der mindestens 500 Mio. € betrug, wohingegen insgesamt nur in 29 Gutachten (36,7%) Unternehmenswerte von mindestens 500 Mio. € ermittelt wurden.

Zur Bestimmung des originären Beta-Werts wird auf unterschiedliche Referenzzeiträume abgestellt, die sich in der betrachteten Erhebung zwischen 250 Tagen und fünf Jahren bewegen (Tabelle 6-5). In zwei Fällen wird die Berechnung anhand verschiedener Referenzzeiträume offengelegt. In einem Fall wurde der verwendete Referenzzeitraum nicht spezifiziert.

In den vorliegenden Bewertungsfällen wurde entweder ein monatliches oder wöchentliches Renditeintervall verwendet, in sechs Fällen wurden hierzu keine Angaben gemacht (Tabelle 6-6). Beim Referenzindex wurde, soweit angegeben, jeweils auf einen

Landesindex und in einem Fall auf einen internationalen Index abgestellt (Tabelle 6-7).

Tabelle 6-5: Verwendete Referenzzeiträume bei Ermittlung der originären Beta-Werte

Referenzzeitraum:	2005	2006	2007	2008	2009	gesamt
5Jahre	2	1	0	2	2	7
3 Jahre	1	1	1	0	0	3
andere	250 Tage	0	0	1,2,5; variabel	1,5 Jahre; 2 u. 5 Jahre	5
k.A.	1	0	0	0	0	1

Tabelle 6-6: Verwendete Renditeintervalle bei Ermittlung der originären Beta-Werte

Renditeintervall:	2005	2006	2007	2008	2009	gesamt
monatlich	1	1	0	2	2	6
wöchentlich	1	0	0	1	1	3
andere	0	0	0	0	wöchentlich und monatlich	1
k.A.	3	1	1	1	0	6

Tabelle 6-7: Verwendete Renferenzindizes bei Ermittlung der originären Beta-Werte

Referenzindex:	2005	2006	2007	2008	2009	gesamt
DAX	3	0	0	0	1	4
SDAX	1	0	0	0	0	1
CDAX	0	0	1	3	3	7
MSCI World	0	0	0	1	0	1
k.A.	1	2	0	0	0	3

Anstelle oder zusätzlich zur Ermittlung eines historischen originären Beta-Werts wird bei nahezu allen Bewertungsfällen der für das Unternehmen ermittelte historische Beta-Wert anhand einer Gruppe von Vergleichsunternehmen ermittelt.

In sieben von 78 Bewertungsfällen (9,0%) bei denen ein Ertragswert ermittelt wird, wird auf die Ermittlung des Beta-Werts auf Basis einer Vergleichsgruppe von Unternehmen verzichtet. Bei zwei dieser sieben Fälle wurde der Beta-Faktor pauschal festgesetzt, in fünf Bewertungsfällen wurde auf die Plausibilisierung zusätzlich zum bereits zur Ermittlung der Risikoprämie relevanten historischen originären Beta-Wert verzichtet.

In neun Fällen (12,7%) wurden keine Informationen zu den Vergleichsunternehmen veröffentlicht, wobei in den Jahren 2008 und 2009 in insgesamt nur einem Fall keine Information zur Vergleichsgruppe vorliegt (Tabelle 6-8).

Tabelle 6-8: Anteil der Bewertungsfälle, bei denen Informationen zu Vergleichsunternehmen vorliegen

	2005	2006	2007	2008	2009	gesamt
Anzahl	10	17	13	8	14	62
in (%)	71,4%	94,4%	81,3%	88,9%	100,0%	87,3%

Die Größe der Vergleichsgruppe variiert sehr stark, sodass im Extremfall (246 Vergleichsunternehmen) ein breiter Branchen-Beta-Wert berechnet wird bzw. der Beta-Wert von nur einem Vergleichsunternehmen herangezogen wurde (Abbildung 6-16). Bei 45 (72,6%) der betrachteten Bewertungsfälle, bei denen Informationen zu Vergleichsunternehmen vorliegen, bestand die Vergleichsgruppe aus maximal zehn Unternehmen, in 18 Fällen (29,0%) wurden ein bis fünf Vergleichsunternehmen herangezogen und in 17 Fällen (27,4%) mehr als zehn. In neun Gutachten (12,7%) fehlen explizite Angaben.

Die Vergleichsgruppen setzen sich meist aus Vergleichsunternehmen aus dem In- und Ausland (55 bzw. 87,3% der Bewertungsfälle, bei denen Informationen vorlagen) zusammen (Abbildung 6-17). Dies wird in der Regel mit der mangelnden Verfügbarkeit an inländischen börsennotierten Vergleichsunternehmen begründet. Dabei werden auch dann ausländische Vergleichsunternehmen herangezogen, wenn diese nicht im selben Raum wie das zu bewertende Unternehmen tätig sind. In insgesamt acht Bewertungsfällen (12,7%) werden nur nationale Vergleichsunternehmen herangezogen, in acht Bewertungsfällen (11,3%) wurden keine expliziten Informationen veröffentlicht.

Abbildung 6-16: Größe der Vergleichsgruppe

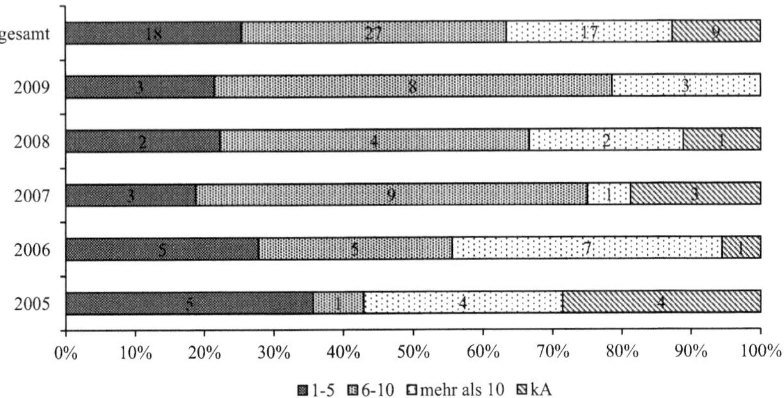

Abbildung 6-17: Zusammensetzung der Vergleichsgruppe

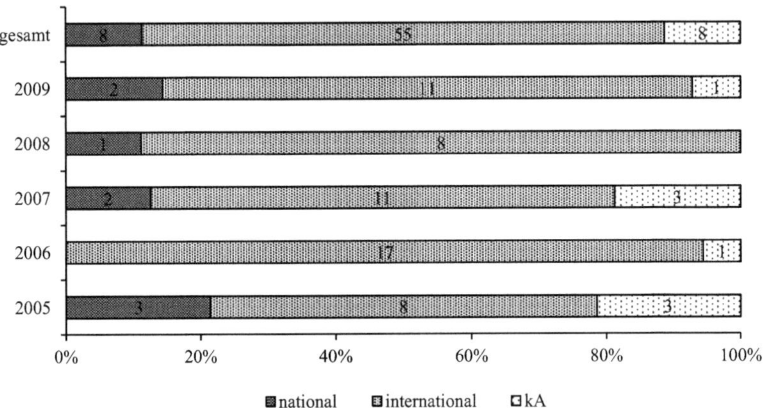

Angaben zum verwendeten Referenzindex werden nicht in allen Fällen veröffentlicht (Abbildung 6-18). So zeigt sich, dass in insgesamt mehr als der Hälfte der Bewertungsfälle (40 bzw. 56,3%) kein Hinweis im Gutachten zu finden ist. In 20 Gutachten

(28,2%) werden die jeweiligen Referenzindizes explizit genannt, in elf Fällen (15,5%) wird lediglich pauschal auf den jeweiligen Landesindex verwiesen.

Abbildung 6-18: Informationen zum Referenzindex

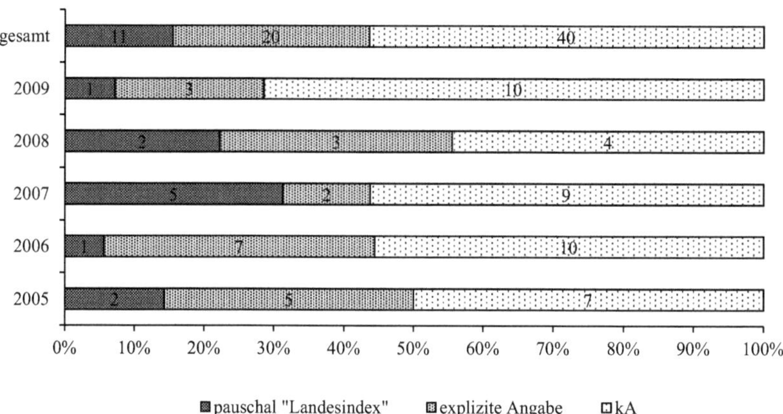

Die Internationalität spiegelt sich auch bei der Betrachtung der verwendeten Referenzindizes wider. Mehrheitlich wird bei den 55 Bewertungsfällen, bei denen die internationale Zusammensetzung der Vergleichsgruppe bekannt ist, zur Berechnung der jeweiligen Beta-Werte der Vergleichsunternehmen auf breite Landesindizes abgestellt. In 21 Bewertungsfällen wurde nur oder zusätzlich zu landesübergreifenden Indizes auf breite Landesindizes zurückgegriffen. Es zeigt sich, dass jedoch gerade bei Vergleichsunternehmen aus dem europäischen Raum auch oftmals zusätzlich oder nur auf einen europäischen Index (9 Bewertungsfälle) bzw. in zwei Fällen auf einen weltweiten Index zur Bestimmung der jeweiligen Beta-Werte abgestellt wurde (Abbildung 6-19). In 29 dieser 55 Gutachten (46,8%) wurden keine Angaben zum verwendeten Referenzindex gemacht.

Abbildung 6-19: Verwendete Referenzindizes bei internationaler Vergleichsgruppe[625]

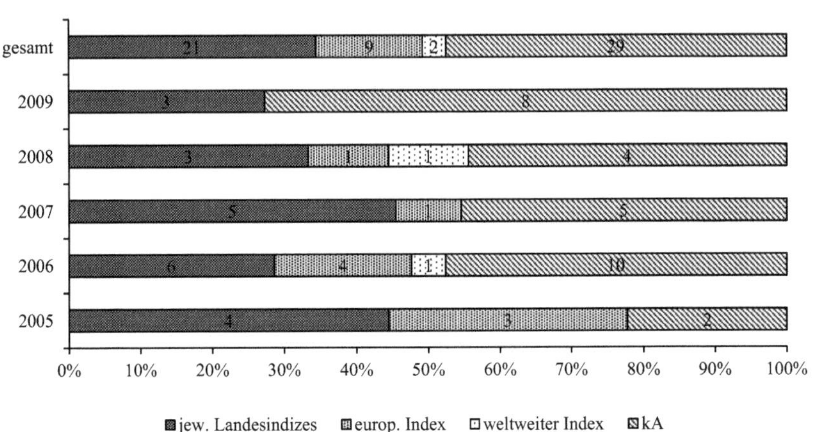

Der verwendete Referenzzeitraum zur Bestimmung der historischen Betawerte der Vergleichsunternehmen bewegt sich zwischen einem und fünf Jahren (Abbildung 6-20). Bei insgesamt 24 Bewertungsfällen (33,8%) wurden keine Informationen zum verwendeten Referenzzeitraum offengelegt.

---

[625] Mehrfachnennungen 2005, 2007 (4) und 2008 inbegriffen.

Abbildung 6-20: Verwendeter Referenzzeitraum zur Bestimmung des Beta-Werts[626]

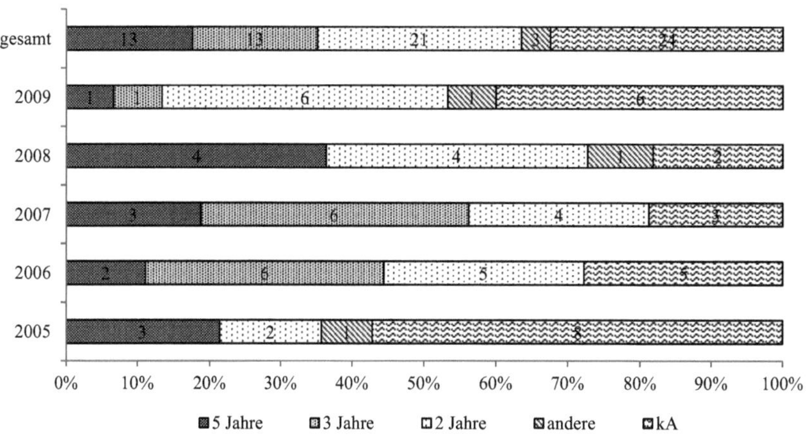

Abbildung 6-21: Renditeintervall bei Bestimmung der Beta-Werte der Vergleichsunternehmen[627]

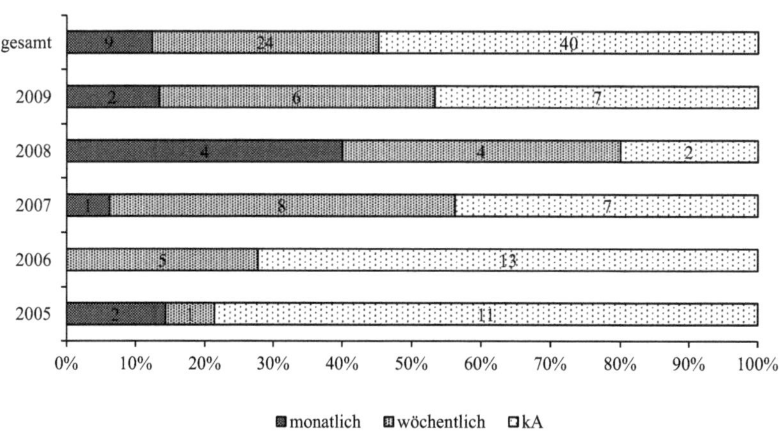

---

[626] Mehrfachnennung 2008 (2) und 2009 inbegriffen.

[627] Mehrfachnennung 2008, 2009.

Informationen zum verwendeten Renditeintervall fehlen in knapp der Hälfte aller Bewertungsfälle (40 bzw. 56,3%) wie in Abbildung 6-21 dargestellt. Sofern Informationen zum Renditeintervall vorliegen, wurden meist wöchentliche Renditeintervalle verwendet (24 bzw. 72,7%), in neun Bewertungsfällen (27,3%) wurde ein längeres monatliches Renditeintervall in Kombination mit einem fünfjährigem Referenzzeitraum herangezogen.

Die Anpassung der Beta-Faktoren der Vergleichsunternehmen an den Verschuldungsgrad des Bewertungsobjekts im Rahmen des Unlevering und des anschließenden Relevern wird, sofern es sich nicht um einen Finanz- bzw.- Versicherungsdienstleister oder eine Beteiligungsgesellschaft handelt, in den allermeisten Fällen (45 bzw. 88,2%) vorgenommen (Tabelle 6-9). Lediglich in vier Bewertungsfällen (7,8%) wurde auf eine Berücksichtigung des Verschuldungsgrads der Unternehmen bei Bestimmung des Beta-Faktors verzichtet, in einem Fall fehlt eine Erläuterung.

Tabelle 6-9: Anpassung an Verschuldung, sonstige

Anpassung:	2005	2006	2007	2008	2009	gesamt
ja	9	10	10	7	9	45
nein	2	1	0	0	2	5
k.A.	0	0	1	0	0	1

Die Anpassung an die Verschuldung bei Finanz-, Versicherungsdienstleistern und Beteiligungsgesellschaften erfolgte nur eingeschränkt und unterblieb in 16 Gutachten (80,0%). Bei Finanz- bzw. Versicherungsdienstleistern wurde der Verzicht der Anpassung an den Verschuldungsgrad mit den sehr ähnlichen Eigenkapitalquoten begründet.

Tabelle 6-10: Anpassung an Verschuldung; Finanz-, Versicherungsdienstleister und Beteiligungsgesellschaften

Anpassung:	2005	2006	2007	2008	2009	gesamt
ja	0	1	3	0	0	4
nein	3	6	2	2	3	16
k.A.	0	0	0	0	0	0

Im Rahmen der Mittelwertbildung der Parameter der Vergleichsunternehmen findet sowohl das arithmetische Mittel als auch der Median Verwendung. Die Verwendung oder der Vergleich der Raw Betas mit adjustierten Faktoren erfolgt in den wenigsten Fällen.

6.4.5 Inflations-/Wachstumsabschlag

6.4.5.1 Ermittlung des Wachstumsabschlags

Bei Bewertungen auf Basis der Ertragswertmethode gemäß IDW S 1 bzw. der DCF-Methoden wird regelmäßig unbegrenzte Lebensdauer des Bewertungsobjekts unterstellt.[628] Da die Prognose der zukünftigen Entwicklung des Unternehmens mit zunehmendem Planungshorizont tendenziell nur eingeschränkt möglich ist,[629] wird der Planungszeitraum regelmäßig in zwei oder mehrere Zeiträume aufgeteilt.[630] In entfernteren Zeiträumen müssen mangels detaillierter Prognosemöglichkeit verdichtete Annahmen über die Entwicklung des Bewertungsobjekts getroffen werden.[631] So werden für den entferntesten (Fortführungs-)Zeitraum (ferne Phase, ewige Rente) regelmäßig pauschalierte Annahmen des Unternehmenswachstums getroffen.[632] Dabei sind der den Annahmen zugrunde liegende Wachstumstrend und Investitionserfordernisse eingehend zu analysieren.[633] Grundlage bilden die Planungen des vorhergehenden Zeitraums, die hinsichtlich Tendenzen des künftigen Markt- und Wettbewerbsumfelds des Unternehmens zu analysieren und plausibilisieren sind.[634] Ein gleichmäßiges Wachstum wird im entferntesten Fortführungszeitraum als verdichtete Annahme der Ent-

---

[628] Vgl. Stellbrink (2005), S. 42; IDW (2007), Band II A, Rn. 156; IDW (2008), IDW S 1 i.d.F. 2008, Rn. 28.

[629] Vgl. Peemöller, DStR (2001), S. 1405.

[630] Vgl. Henselmann, FB (2000), S. 151; IDW (2007), Band II A, Rn. 157; Meitner (2009), S. 493.

[631] Vgl. Bretzke (1975), S. 87-90; IDW (2008), IDW S 1 i.d.F. 2008, Rn. 76.

[632] Vgl. Henselmann, FB (2000), S. 151; IDW (2007), Band II A, Rn. 156; IDW (2008), IDW S 1 i.d.F. 2008, Rn. 78 und 97; Meitner (2009), S. 493 f.

[633] Vgl. IDW (2008), IDW S 1 i.d.F. 2008, Rn. 97.

[634] Vgl. IDW (2008), IDW S 1 i.d.F. 2008, Rn. 79.

wicklung des Bewertungsobjekts unterstellt und der Wertbeitrag dieser Phase dadurch methodisch zu einem Rentenwert zusammengefasst.[635] Dies erfolgt durch die Kürzung des Kapitalisierungszinssatzes um den Wachstumsabschlag, um das langfristige Wachstum der finanziellen Überschüsse abzubilden. Der Rentenwert wird sodann im Rahmen der Bewertung um T Perioden auf den Bewertungsstichtag diskontiert.[636] Die Fortführungsphase folgt somit erst, wenn sich das Unternehmen in einem Gleichgewichts- bzw. Beharrungszustand befindet, in dem die Veränderung der Zahlungsüberschüsse des Unternehmens durch eine konstante Rate zutreffend abgebildet werden kann.[637]

Zur Abbildung im Bewertungskalkül hält das IDW fest:

„Wachsen die finanziellen Überschüsse unendlich lange mit konstanter Rate, ist zur Barwertermittlung der erste finanzielle Überschuss dieser Reihe mit einem um die Wachstumsrate verminderten Kapitalisierungszinssatz zu diskontieren."[638] Der Wachstumsabschlag wird in einem zwei- bzw. mehrphasigen Modell unter Berücksichtigung von Steuern somit wie folgt integriert:[639]

$$UW = \sum_{t=1}^{T} \frac{CF_t^{nSt}}{(1+r^{nSt})^t} + \frac{(1+w) \cdot CF_T^{nSt}}{r^{nSt} - g} \cdot \frac{1}{(1+r^{nSt})^T} \qquad (6.19)$$

mit:

UW= Unternehmenswert

---

635 Kritisch: Henselmann/Weiler, die vorschlagen einen Konvergenzprozess im Fortführungszeitraum zu implementieren, vgl. Henselmann/Weiler, FB (2007), S. 354 und S. 362.

636 Vgl. Henselmann (1999), S. 123; IDW (2008), IDW S 1 i.d.F. 2008, Rn. 98.

637 Vgl. Stellbrink (2005), S. 55; IDW (2008), IDW S 1 i.d.F. 2008, Rn. 78.

638 IDW (2008), IDW S 1 i.d.F. 2008, Rn. 98.

639 Vgl. Baetge u. a. (2009), S. 434 ;IDW (2007), Band II A, Rn. 218; Steiner/Wallmeier, FB (1999), S. 2.

CF_t^{nSt}=	Cashflow an die Eigner des (unverschuldeten) Unternehmens der Periode t des Detailplanungszeitraums nach persönlichen Ertragsteuern
CF_T^{nSt}	Cashflow an die Eigner des (unverschuldeten) Unternehmens der letzt-en detailliert geplanten Periode nach persönlichen Ertragsteuern und nach der ein pauschales Wachstum der Cashflow unterstellt wird
r^{nSt}=	geforderte Rendite des (unverschuldeten) Unternehmens nach Steuern[640]
g=	Wachstumsrate Wachstumsabschlag
T=	Anzahl der Jahre des detailliert geplanten Zeitraums

Das Wachstum der finanziellen Überschüsse kann aus realem (mengenbedingtem) Wachstum leistungswirtschaftlicher Erfolgsfaktoren resultieren oder inflationsbedingt sein, d.h. rein nominale Ursachen besitzen.[641] Preissteigerungen können im Bewertungskalkül mittels Nominal- oder Realrechnung abgebildet werden.[642] Bei Bewertungen auf Basis des IDW S 1 wird von einer Nominalrechnung ausgegangen, da somit die Einbeziehung von Steuern sowie die Verwendung des Basiszinses ohne Modifikation möglich ist.[643] Im Rahmen der Nominalrechnung ist bei Bestimmung des Wachstumsabschlags eine mengen- und inflationsbedingte Komponente zu berücksichtigen.[644] Der Rentenwert bildet regelmäßig einen Großteil des Unternehmenswerts bei der in der Praxis beobachtbaren Länge des Detailplanungszeitraums und der verwendeten Wachstumsabschläge.[645]

[640] Vgl. hierzu Abschnitt 6.4.1.

[641] Vgl. Beatge u.a. (2009), S. 432.

[642] Vgl. Mandl/Rabel (1997), S. 192.

[643] Vgl. IDW (2007), Band II A, Rn. 209; IDW (2008), IDW S 1 i.d.F. 2008, Rn. 98.

[644] Vgl. Beatge u.a.(2009), S. 437 f.

[645] Vgl. zum Wertbeitrag des Fortführungswerts Koller/Goedhart/Wessels (2005), S. 271 f.; Baetge u. a. (2009), S. 434 und Abschnitt 7.2.

Die Abbildung des inflationsbedingten Wachstums im Rahmen einer Nominalrechnung bestimmt die Höhe des Wachstumsabschlags weitestgehend.[646] Insofern ist die Abschätzung, ob eine Unternehmung in der Lage ist, langfristig inflationsbedingte Preissteigerungen auf der Beschaffungsseite beim Absatz auf die Kunden überzuwälzen, mit besonderer Umsicht zu treffen.[647] Problematisch ist hierbei freilich, dass, um die Möglichkeit zur Überwälzung der Preissteigerungen auf Unternehmensebene beurteilen zu können, differenzierte Analysen für die verschiedenen Produktgruppen und deren Inputfaktoren des Unternehmens getroffen werden müssen.[648]

Aufgrund der umfassenden Wirkung auf den Unternehmenswert kann zumindest eine Analyse auf Basis der Hauptproduktgruppen des Unternehmens die Schätzung der inflationsbedingten und realen Komponente des Wachstumsabschlags erleichtern. Eine Möglichkeit besteht, auf Basis der Hauptproduktgruppen zu analysieren, ob inflationsproportionales Wachstum, reales Wachstum oder eine Kaufkraftabnahme der Hauptproduktgruppen zu erwarten ist.[649] Zur Beurteilung gibt die Abschätzung der Wettbewerbssituation in den jeweiligen Märkten und der Technologieführerschaft einen ersten Anhaltspunkt. Auch Einsparungspotenziale auf der Beschaffungsseite sowie Expansionsmöglichkeiten und gegebene Kapazitätsbeschränkungen auf der Absatzseite sind von entscheidender Bedeutung.[650] Als Ausgangspunkt für die Abschätzung des Wachstumsabschlags wird als Obergrenze das nominale Wachstum der Volkswirtschaft gesehen, in der das Bewertungsobjekt tätig ist.[651]

---

646 Vgl. Beatge u.a. (2009), S. 437.

647 Zu den Auswirkungen vgl. Schüler/Lampenius, BFuP (2007) S. 246 f.

648 Vgl. Mandl/Rabel (1997), S. 191; IDW (2008), IDW S 1 i.d.F. 2008, Rn. 96.

649 Vgl. Mandl/Rabel (1997), S. 191.

650 Vgl. Baetge u. a. (2009), S. 438.

651 Vgl. Stellbrink (2005), S. 128; Seppelfricke (2007) S. 88.

6.4.5.2 Analyse der Gutachten

Trotz des hohen Anteils der Fortführungsphase am Gesamtwert des Unternehmens sind die in den Gutachten zur Verfügung stehenden Informationen kurz. Eine Aufspaltung des Wachstumsabschlags in dessen Komponenten wird nicht vorgenommen. In der Mehrzahl der Bewertungsfälle fehlen auch grundlegende Aussagen zur Einschätzung und Überwälzbarkeit der Inflationsrate auf die Kunden. Auffällig sind die von 2005-2009 im Jahresdurchschnitt stetig angestiegenen Wachstumsabschläge (Tabelle 6-11). So betrug im Jahr 2005 der Durchschnitt aller bei Ertragswertermittlung angesetzten Wachstumsabschläge nur 0,81%, bis zum Jahr 2009 erhöhte sich der Durchschnittswert auf 1,36%.

Tabelle 6-11: Durchschnitt Wachstumsabschläge 2005-2009

	2005	2006	2007	2008	2009	gesamt
arithm. Mittelwert (%)	0,81	0,96	1,04	1,24	1,36	1,09

Betrachtet man die Höhe der angesetzten Wachstumsabschläge jedes Jahres (Abbildung 6-22), so zeigt sich, dass das Intervall, in dem die Wachstumsabschläge liegen, am unteren Ende im Zeitverlauf leicht um 0,5 Prozentpunkte anstieg und am oberen Ende gleich blieb.

Während im Jahr 2005 jedoch in acht von 17 Gutachten (47%) ein Wachstumsabschlag kleiner einem Prozent und nur in drei Fällen (18%) ein Wachstumsabschlag größer als einem Prozent gewählt wurde, dreht sich dieses Verhältnis bis zum Jahr 2009 um. 2009 wurde nur in einem von 15 Fällen (6%) ein Wachstumsabschlag kleiner einem Prozent angesetzt und in sieben Fällen (47%) ein Wachstumsabschlag größer einem Prozent.

Abbildung 6-22: Wachstumsabschläge in der Fortführungsphase 2005-2009

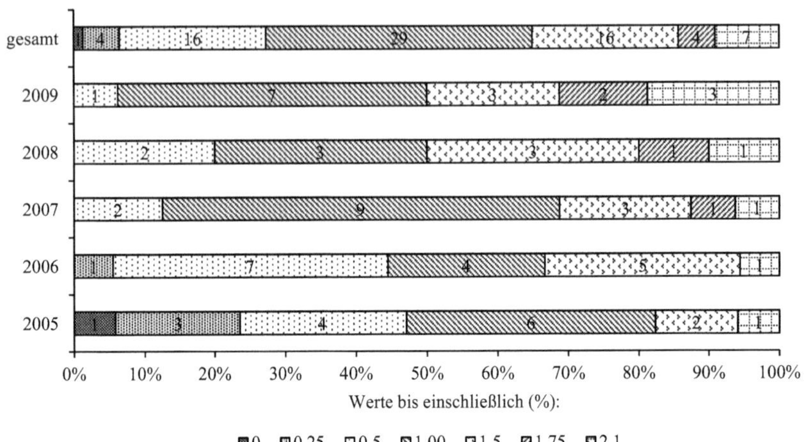

6.5 Ergebnis – Forschungsfrage 3

Im Mittelpunkt der qualitativen empirischen Analyse stand die Forschungsfrage, welche Ermessensspielräume bei der Erhebung und Bemessung der für den Bewertungskalkül notwendigen Parameter für den Bewertungsgutachter bestehen. Die Zusammenfassung der Ergebnisse der qualitativen Untersuchung erfolgt gegliedert anhand der Unterabschnitte im Hinblick auf die zu Beginn differenzierten Fragestellungen, die aus der Forschungsfrage drei hervorgehen. Da die Ergebnisse hinsichtlich der Fragestellungen unterteilt sind, liegen nicht bei jeder Forschungsfrage zu jedem Unterabschnitt Ergebnisse vor.

6.5.1 Fragestellung 3.1

3.1 Folgen die Bewertungsgutachter den Empfehlungen des IDW zur Bemessung einzelner Parameter bzw. übernehmen sie Empfehlungen der Fachliteratur bei ihren Bewertungen?

Derzeit wird von IDW und Literatur empfohlen, einen typisierten effektiven Veräußerungsgewinnsteuersatz im Rahmen der fiktiven direkten Zurechnung der thesaurierten Beträge in Höhe der Hälfte des nominalen Steuersatzes auf Veräußerungsgewinne anzusetzen. In 18 Gutachten der Jahre 2007 und 2009 wird die pauschale Abgeltungsteuer auf thesaurierte Gewinne im Bewertungskalkül erfasst. In allen Bewertungen kommt hierbei die Möglichkeit der (fiktiven) direkten Zurechnung der thesaurierten Gewinne an die Anteilseigner zum Einsatz. Der angesetzte effektive Steuersatz entspricht bis auf einen Fall dem hälftigen nominalen Steuersatz.Der von IDW und der Literatur vorgeschlagene Zeitraum für die Vergangenheitsanalyse von drei bis fünf Jahren wird bei 10 Ertragswertermittlungen (12,8%) unterschritten (Abbildung 6-5).[652] Hier sahen die Bewertungsgutachter einen Zeitraum von zwei Jahren als ausreichend an. In den anderen Fällen orientieren sich die Gutachter an der vorgeschlagenen Zeitspanne.

In 70 Bewertungsfällen bzw. 89,7% der Ertragswertermittlungen wird, wie vom IDW für den Regelfall vorgesehen,[653] ein Zwei-Phasen-Modell verwendet, in dem zwischen einer näheren Detailplanungsphase und der entfernteren Fortführungsphase unterschieden wird. In Einzelfällen erfolgt die Prognose in einem Modell mit mehr als zwei Phasen. Ein-Phasen-Modelle werden nur bei Unternehmen, die nicht dauerhaft fortgeführt werden, angewendet.

Im Rahmen der Detailplanungsphase empfiehlt das IDW, im Regelfall drei bis fünf Jahre zu prognostizieren.[654] Die Gutachter orientieren sich beim Zeitraum der Detailplanungsphase(n) an den vorhandenen Planungsrechnungen des Unternehmens. In 18 Fällen (23,1%) liegt der Planungszeitraum über fünf Jahren. In allen anderen Bewer-

---

[652] Vgl. IDW (2007), Band II A, Rn. 153.
[653] Vgl. IDW (2008), IDW S 1 i.d.F 2008, Rn. 77.
[654] Vgl. IDW (2007), Band II A, Rn. 159.

tungsfällen bewegt sich der Planungszeitraum der Detailplanungsphase(n) in dem vom IDW empfohlenen Intervall.

Der Bewertungsgutachter hat Annahmen zur Ausschüttungsquote zu treffen und bei Prognose der zukünftigen finanziellen Überschüsse zu berücksichtigen.[655] Im Detailplanungszeitraum ist das individuelle Unternehmenskonzept zu berücksichtigen, während in der Fortführungsphase ein zur Alternativanlage äquivalentes Ausschüttungsverhalten unterstellt wird.[656] In 30 Bewertungsfällen (38,5%) wurde eine pauschale Annahme der Ausschüttungsquote über den gesamten Planungshorizont unterstellt. In 73,3% bzw. 22 Gutachten, in denen über den gesamten Bewertungszeitraum eine pauschale Ausschüttungsquote angenommen wurde, wurden Ausschüttungsquoten von 50% oder 100% angesetzt, wobei die zweite Annahme eine gebräuchliche Vorgehensweise für die Bewertung von Versicherungsgesellschaften darstellt. Die Annahme eines Punktwerts von 50% bzw. 100% kommt unabhängig davon, ob eine pauschale Annahme für den gesamten Bewertungszeitraum oder nur für die Fortführungsphase getroffen wurde, in über der Hälfte der Bewertungsfälle (46 Gutachten bzw. 59,0%) zum Einsatz. Im Durchschnitt liegen die von den Punktwerten 50% und 100% abweichend unterstellten Ausschüttungsquoten bei 41,8%.

Das IDW empfiehlt, die Ausschüttungsquote der ewigen Rente regelmäßig mit 40% bis 60% oder anhand einer Vergleichsgruppe zu bemessen. Die Ausschüttungsquoten in der Fortführungsphase liegen in den analysierten Gutachten zwischen 22,1% und 100%. Die Ausschüttungsquoten in der Fortführungsphase variieren im Jahresdurchschnitt zwischen 45,3% und 60,6%, der Durchschnitt liegt insgesamt bei 52,7% (Abbildung 6-12).

---

[655] Vgl. IDW (2007), Band II A, Rn. 87.
[656] Vgl. IDW (2007), Band II A, Rn. 96.

Zur marktorientierten Ermittlung des Basiszinssatzes empfiehlt das IDW seit Juni 2005, auf deutsche Staatsanleihen abzustellen und die Methodik der deutschen Bundesbank (sog. Svensson-Methode) anzuwenden.[657] In keinem Fall lagen Informationen vor, die auf die Verwendung einer anderen Datenbasis zur Durchführung einer alternativen marktorientierten Schätzung des Basiszinssatzes schließen lassen.

Zur Glättung der täglichen Zinsstrukturkurven ist ein historischer Durchschnittswert über drei Monate zu bilden.[658] Auch an dieser Stelle finden sich keine Hinweise in den Gutachten, dass ein von drei Monaten bzw. 90 Tagen abweichender Referenzzeitraum zur historischen Durchschnittsbildung bei Ermittlung des Basiszinssatzes angewendet wurde. Schlussendlich empfiehlt das IDW, einen einheitlichen Basiszinssatz abzuleiten.[659] Die Ermittlung des einheitlichen Basiszinssatzes erfolgte bis auf einen Fall (1,3%) unter der Annahme einer typisierten Wachstumsrate von einem Prozentpunkt, die Rundung des einheitlichen Basiszinssatzes auf 0,25 Prozentpunkte unterblieb in fünf Fällen (6,4%) unter Verwendung eines genaueren Werts. In einem Gutachten wurden die laufzeitspezifischen Zinssätze zur Diskontierung verwendet.

Von den Empfehlungen zum Ansatz der Marktrisikoprämie wurde, außerhalb des Zeitraums zwischen Beschluss der Unternehmensteuerreform 2008 und Inkrafttreten der Änderungen auf Anteilseignerebene, d.h. in den Jahren 2005, 2006 und 2009, in keinem Bewertungsfall abgewichen (Abbildung 6-14). In den Jahren 2007 und 2008 musste im Übergang der Steuersysteme ab 7.7.2007 die Wirkung der Änderung der steuerlichen Rahmenbedingungen auf die Marktrisikoprämie durch die Gutachter abgeschätzt werden, wodurch der Ansatz heterogen zwischen 4,5% und 5,5% (nach Steuern) erfolgte.

---

[657] Vgl. IDW (2007), Band II A, Rn. 288.
[658] Vgl. IDW (2007), Band II A, Rn. 290.
[659] Vgl. IDW (2007), Band II A, Rn. 291.

Unabhängig davon, ob für ein Unternehmen ein originärer Beta-Wert bestimmt werden kann, empfiehlt das IDW den Vergleich mit dem über eine Vergleichsgruppe ermittelten Beta-Wert.[660] In 16 Bewertungsfällen (20,5%) wird ein originärer Beta-Wert des Unternehmens oder der Konzernmutter zur Bestimmung des Risikozuschlags verwendet, in 71 Fällen (91,0%) wird nur oder zusätzlich auf die Ermittlung des Beta-Werts über eine Vergleichsgruppe abgestellt. Zur Bestimmung des originären Beta-Werts oder der Bestimmung über eine Vergleichsgruppe verwenden die Gutachter unterschiedliche Referenzzeiträume, die sich von unter einem bis zu fünf Jahren erstrecken. In den Fällen, in denen Informationen zur Vergleichsgruppe vorliegen (62 Bewertungsfälle bzw. 87,4%), variiert die Anzahl der zum Vergleich herangezogenen Unternehmen zwischen einem und 249 Unternehmen. Die Vergleichsgruppe setzt sich meist international zusammen (55 Bewertungsfälle bzw. 77,5%). Als Referenzindex wird in den Fällen, in denen die internationale Zusammensetzung der Vergleichsgruppe bekannt ist (26 Bewertungsfällen) und bei denen zusätzlich zur Vergleichsgruppe Informationen zum Referenzindex vorlagen, mehrheitlich auf einen breiten Landesindex (21 Gutachten) oder/und einen landesübergreifenden Index abgestellt. In insgesamt 40 der 71 Gutachten (56,3%), in denen auf die Ermittlung des Beta-Werts über eine Vergleichsgruppe abgestellt wird, finden sich keine Informationen zu Referenzindizes.

Der zur Ermittlung des Beta-Faktors über eine Vergleichsgruppe verwendete Referenzzeitraum bewegt sich regelmäßig, sofern Informationen vorhanden sind (47 Gutachten bzw. 66,2%), zwischen zwei und fünf Jahren und dementsprechend wird ein wöchentliches oder monatliches Renditeintervall verwendet. Die Anpassung der Beta-Faktoren der Vergleichsunternehmen an den Verschuldungsgrad des Bewertungsobjekts wird, sofern es sich nicht um einen Finanz- bzw.- Versicherungsdienstleister oder eine Beteiligungsgesellschaft handelt, in den allermeisten Fällen vorgenommen (45

---

[660] Vgl. IDW (2007), Band II A, Rn. 301.

Bewertungsfälle bzw. 88,2%). Bei Finanz- bzw. Versicherungsdienstleistern wurde in 16 Gutachten bzw. 80,0% keine Anpassung an den Verschuldungsgrad vorgenommen.

6.5.2 Fragestellung 3.2

3.2 Welche Veränderungen einzelner Bewertungsparameter und Vorgehensweisen im Bewertungsprozess sind im Zeitablauf zu beobachten?

Bei der Vergangenheitsanalyse werden vom Bewertungsgutachter regelmäßig (d.h. in 89,7% der Gutachten) zwei bis drei Jahre analysiert. Die Anzahl an Bewertungsfällen, in denen lediglich ein zweijähriger Zeitraum analysiert wurde, nahm von 5,8% im Jahr 2005 auf bis zu 31,3% im Jahr 2009 zu (Abbildung 6-5).

Mit dem Wechsel vom 29.6.2005 von der vergangenheitsorientierten Ermittlung des Basiszinssatzes auf die Möglichkeit zur derzeit aktuellen marktorientierten Ermittlung auf Basis historischer Durchschnittswerte der von der deutschen Bundesbank veröffentlichten Zinsstrukturkurven sank das Zinsniveau unmittelbar um 0,75 Prozentpunkte ab (Abbildung 6-13). Im weiteren Verlauf orientiert sich die Bemessung des Basiszinses an den jeweils aktuellen Zinsstrukturkurven der deutschen Bundesbank.

Aufgrund der Unternehmensteuerreform 2008 war deren Auswirkung auf die in den Gutachten anzusetzende Marktrisikoprämie nach Steuern ab dem 7. Juli 2007 vom Bewertungsgutachter abzuschätzen. Dieser Umstand wurde von den Gutachtern unterschiedlich interpretiert, sodass das Intervall der in den Gutachten verwendeten Marktrisikoprämien im Zeitraum bis zum 31. Dezember 2008 zwischen 4,5% und 5,5% lag. In Gutachten, die im Jahr 2009 erstellt wurden, ist die Marktrisikoprämie nach persönlichen Ertragsteuern wieder einheitlich mit 4,5% angesetzt worden, wobei auf Wagner/Saur/Willershausen (2008)[661] verwiesen wird, sofern ein expliziter Verweis erfolgt.

Die von 2005 bis 2009 im Jahresdurchschnitt angesetzten Wachstumsabschläge sind stetig angestiegen (Tabelle 6-11). So betrug im Jahr 2005 der Durchschnitt aller bei Ertragswertermittlung angesetzten Wachstumsabschläge nur 0,81%, bis zum Jahr 2009 erhöhte sich der Durchschnittswert auf 1,36%. Die Bandbreite, in der sich die Wachstumsabschläge bewegen, erhöhte sich am unteren Ende um 0,5 Prozentpunkte, jedoch tendieren die Gutachter zunehmend zum Ansatz von Wachstumsabschlägen, die am oberen Ende dieser Bandbreite liegen (Abbildung 6-22). Insgesamt liegen die verwendeten Wachstumsabschläge zwischen null und 2,1 Prozentpunkten.

6.5.3 Fragestellung 3.3

3.3 Welche Ermessensspielräume bestehen im Rahmen der Empfehlungen für den Gutachter?

Der Vergleich der Abfindungsbeträge in Abschnitt 6.1.3, der auf Basis der Ertragswertermittlung und des Börsenkurses zustande kam, deutet darauf hin, dass Ermessensspielräume bei der Ertragswertermittlung bestehen und unterschiedlich ausgefüllt werden können.

Um Ermessensspielräume qualitativ einzuschätzen, werden die einzelnen Komponenten im Bewertungsprozess anhand der Kriterien „Möglichkeit zur intersubjektiven Plausibilisierung“ (ja/teilweise/nein) durch außenstehende Aktionäre und „Vorgehensweise der Gutachter“ (homogen/heterogen) beurteilt. Hierbei wird davon ausgegangen, dass sich mit abnehmender Möglichkeit zur Plausibilisierung und zunehmender Heterogenität bei der Vorgehensweise der für den Hauptaktionär bzw. Gutachter

---

[661] Vgl. Wagner/Saur/Willershausen, WPg (2008), S. 741.

bestehende Ermessensspielraum erhöht. Bestehende Ermessensspielräume werden anschließend unter Berücksichtigung ihrer Auswirkung auf den Unternehmenswert in die drei Gruppen „gering“ „moderat“ und „hoch“ differenziert.

Prognose der Zahlungsüberschüsse:

Die Prognose der Zahlungsüberschüsse erfolgt unter Beachtung der Vergangenheitsanalyse auf Basis der Planungsrechnungen des Unternehmens. Planungsrechnungen des Unternehmens können von Außenstehenden nicht eingesehen werden, eine Plausibilisierung ist somit nur eingeschränkt über Veröffentlichungen des Unternehmens oder den Vergleich mit vergangenen Perioden möglich. Die Möglichkeit zur intersubjektiven Plausibilisierung der Planungsrechnungen ist somit nur teilweise gegeben. Da die Vorgehensweise der Gutachter bei Bemessung des Zeitraums der Detailplanungsphase vom jeweiligen Bewertungsfall abhängt,[662] ist die Vorgehensweise als heterogen einzustufen. Der resultierende Ermessensspielraum wird dadurch als hoch eingestuft.

Ausschüttungsannahme:

Die vom Bewertungsgutachter getroffenen Annahmen zur Ausschüttungsquote sind dann für Außenstehende plausibilisierbar, wenn sie den Ausschüttungsquoten der Vergangenheit gleichen oder als äquivalent zu Alternativanlagen eingestuft werden. Weichen die Ausschüttungsannahmen in der Planung von der Vergangenheit oder von Alternativanlagen ab, so ist eine Plausibilisierung für Außenstehende nicht möglich. Die Möglichkeit zur intersubjektiven Plausibilisierung ist somit teilweise gegeben. Die Vorgehensweise der Bemessung der Ausschüttungsquote erfolgt im Detailplanungszeitraum heterogen, in der ewigen Rente aufgrund der Äquivalenz der Ausschüttungsannahme zur Alternativanlage weitgehend homogen (Abbildung 6-8 und Abbildung 6-10). Unterschiedliche Ausschüttungsquoten wirken sich nicht unmittelbar auf den

---

[662] Vgl. Abschnitt 6.3.3.

Unternehmenswert aus, sondern nur über die unterschiedliche Bemessung der effektiven Steuersätze auf thesaurierte und ausgeschüttete Gewinnbestanteile im Bewertungskalkül. Insgesamt wird davon ausgegangen, dass somit für den Bewertungsgutachter ein moderater Ermessensspielraum besteht.

Persönliche Ertragsteuern:

Der Ansatz persönlicher Ertragsteuern erfolgt homogen und ist lediglich von den jeweils geltenden steuerlichen Rahmenbedingungen abhängig. Die verrechneten Steuersätze sind durch die unmittelbare Typisierung festgelegt, damit können diese von Außenstehenden nachvollzogen werden.[663] Ein Ermessensspielraum besteht für den Bewertungsgutachter somit nicht.

Basiszins:

Die Ermittlung des Basiszinssatzes erfolgt seit der Möglichkeit zur marktorientierten Ermittlung homogen auf Basis der historischen durchschnittlichen Zinsstrukturkurven der deutschen Bundesbank. Da Referenzzeiträume für die Durchschnittsbildung entweder im Gutachten offengelegt werden oder analog zur Berechnungsmethodik des IDW angesetzt werden, ist eine Plausibilisierung für Außenstehende möglich. Unterschiedliche Vorgehensweisen bestehen lediglich hinsichtlich der Rundungsmöglichkeit des einheitlichen Basiszinses auf 0,25% Prozentpunkte, der alternativen Verwendung der laufzeitspezifischen Zinssätze und der Berechnung des einheitlichen Basiszinssatzes anhand einer von einem Prozentpunkt abweichenden Wachstumsrate.[664] Der entstehende Ermessensspielraum wird dadurch als gering beurteilt.

---

[663] Vgl. Abschnitt 6.2.2.

[664] Vgl. Abschnitt 6.4.2.2.

Marktrisikoprämie:

Empfehlungen zum Ansatz der Marktrisikoprämie werden regelmäßig vom IDW veröffentlicht, welche die Gutachter homogen bei Ermittlung des Kapitalisierungszinssatzes befolgen. Lediglich im Übergang der Steuersysteme im Zeitraum Juli 2007 bis Ende 2008 war die Auswirkung der Unternehmensteuerreform auf die Marktrisikoprämie vom Gutachter abzuschätzen, was zu einer heterogenen Bemessung der Marktrisikoprämie innerhalb eines Intervalls von einem Prozentpunkt führte.[665] Die Möglichkeit zur intersubjektiven Plausibilisierung ist damit (bis auf den Zeitraum Juli 2007 bis Ende 2008) gegeben. Der entstehende Ermessensspielraum wird daher als gering eingestuft.

Unternehmensspezifischer Risikozuschlag (Beta-Faktor):

Die Vorgehensweise bei Ermittlung des Risikozuschlags ist sowohl bei Bestimmung des Beta-Werts über eine Vergleichsgruppe als auch des originären Beta-Werts heterogen. Verwendeter Referenzzeitraum, Renditeintervall sowie bei Bestimmung des Beta-Werts über eine Vergleichsgruppe, die zusätzlich zu bestimmende Größe der Vergleichsgruppe und Referenzindizes werden unterschiedlich gewählt. Alternative Werte, die sich durch alternative Wege ergeben, werden nicht oder nur eingeschränkt offengelegt und diskutiert.[666] Die intersubjektive Plausibilisierung ist also nur teilweise möglich. Der resultierende Ermessensspielraum wird daher als hoch eingestuft.

Inflations-/Wachstumsabschlag:

Die Bemessung des Wachstumsabschlags erfolgt in den Gutachten heterogen.[667] Die Möglichkeit zur Plausibilisierung für Außenstehende ist nur teilweise über extern ver-

---

[665] Vgl. Abschnitt 6.4.3.4.

[666] Vgl. Abschnitt 6.4.4.2.

[667] Vgl. Abschnitt 6.4.5.2.

fügbare Informationen, wie z.B. gesamtwirtschaftliche Prognosen, gegeben. Aufgrund der Auswirkung auf den Unternehmenswert, der heterogenen Vorgehensweise und der eingeschränkten Möglichkeit zur intersubjektiven Plausibilisierung wird der Ermessensspielraum als hoch eingeschätzt.

Um insbesondere bestehende Ermessensspielräume, die qualitativ als hoch eingeschätzt wurden, näher quantifizieren zu können, folgen im siebten Kapitel mit der quantitativen Analyse der Unternehmenswertermittlung Sensitivitätsanalysen der Komponenten des Kapitalisierungszinssatzes Risikozuschlag und Inflations-/Wachstumsabschlag, sowie die Wertbeitragsanalyse zur Quantifizierung des Wertbeitrags der Detail- und Fortführungsphase.

7 Quantitative empirische Analyse

Die quantitative Analyse dient der Prüfung der Plausibilisierbarkeit der Gutachten und der Identifikation der Sensitivitäten sowie Wertbeiträge einzelner Parameter in Bezug auf den Unternehmenswert. Dadurch soll der tatsächliche Einfluss einzelner Bewertungsparameter auf den Unternehmenswert offengelegt und für den Gutachter (notwendigerweise) vorhandene Ermessensspielräume quantifiziert werden. Die quantitative Analyse ist aufgeteilt in eine Wertbeitragsanalyse und Sensitivitätsanalysen. Zum Ende werden die Ergebnisse der quantitativen Analyse zusammengefasst.

Zur Beantwortung der Forschungsfrage der quantitativen Analyse erfolgt auf Basis der in den Gutachten gegebenen Daten im ersten Schritt eine Nachbildung jedes einzelnen Bewertungsfalls. Dazu wurden die in den Gutachten publizierten Berechnungen analog zum jeweiligen Gutachten nachgebildet und die Unternehmenswerte neu berechnet. Die replizierbaren Gutachten werden folgend für die Wertbeitragsanalyse der Wertkomponenten Detail- und Fortführungsphase und die Sensitivitätsanalysen verwendet. Sensitivitätsanalysen werden zur Berücksichtigung der persönlichen Ertragsteuern, Risikozuschlag und Wachstumsabschlag vorgenommen.

7.1 Replikation der Ertragswerte

Zur Replikation der Ertragswertermittlung wurde analog zu den Gutachten im ersten Schritt die Planung der bewertungsrelevanten Überschüsse übernommen. Hierzu wurden, aufbauend auf einer indirekten Ermittlung, die erwarteten Nettoausschüttungen sowie erwartete, zu thesaurierende Beträge ausgehend vom Jahresüberschuss abgeleitet. Die Planung der erwarteten Nettoausschüttungen konnte in allen Gutachten rekonstruiert werden.

In einem zweiten Schritt erfolgte, basierend auf dem Detaillierungsgrad der in den Gutachten gegebenen Informationen, die Ermittlung der periodenspezifischen Kapitalisierungszinssätze anhand der Werte für Basiszinssatz, Marktrisikoprämie und Beta-Faktor für Detailplanungs- und Fortführungsphase. Beta-Werte sind in den meisten Fällen mit einer oder zwei Dezimalstellen offengelegt. Dadurch entstanden im Rahmen der Replizierung teilweise Abweichungen von der im Gutachten ausgewiesenen Saldogröße der periodenspezifischen Kapitalisierungszinssätze. Die in den Gutachten ausgewiesenen periodenspezifischen Kapitalisierungszinssätze konnten – unter Berücksichtigung der aufgrund des Detaillierungsgrads des angegebenen Beta-Faktors entstehenden Abweichungen – nachgebildet werden.

Die folgende Berechnung des Ertragswerts setzt sich aus zwei Komponenten, dem Barwert der künftigen Nettoausschüttungen und dem Wertbeitrag aus der fiktiven Zurechnung der thesaurierten Gewinne, zusammen. Für die periodisch anfallenden Nettoausschüttungen und Wertbeiträge werden anhand der bereits berechneten periodenspezifischen Zinssätze die periodenspezifischen Diskontierungszinssätze bestimmt, um den jeweiligen Wert auf den Jahresbeginn des Jahrs, in dem der Bewertungsstichtag liegt, abzuzinsen. Der Ertragswert zu Jahresbeginn wird schließlich taggenau[668] auf den Bewertungsstichtag aufgezinst. Alternativ erfolgt analog zu der Berechnung in den Gutachten die Bestimmung der Diskontierungsfaktoren, die sich ergeben, wenn eine Diskontierung der anfallenden Zahlungsüberschüsse unmittelbar auf den Bewertungsstichtag erfolgt. Selbiges Vorgehen wird zur Diskontierung der thesaurierten Gewinne verwendet, die den Anteilseignern fiktiv zugerechnet werden. Der Betrag der thesaurierten Gewinne, der den Anteilseignern fiktiv zurechnet wird, unterscheidet sich vom Gesamtbetrag des thesaurierten Gewinns, sofern ein Teil des einbehaltenen Gewinns im Rahmen der Finanzbedarfsplanung oder Unternehmensplanung bereits Verwen-

---

[668] Angaben zu der Zinsberechnungsmethode sind in den Gutachten nicht gemacht und können auf Basis der gegebenen Daten auch nicht rekonstruiert werden. Die Aufzinsung erfolgt deshalb taggenau entsprechend den anfallenden Kalendertagen.

dung findet.[669] Die fiktive Zurechnung thesaurierter Gewinne erfolgt somit nur für jene einbehaltenen Mittel, für die keine konkrete Verwendung vorgesehen ist.

Auf Basis dieses Vorgehens konnten 75 von 78 Ertragswertermittlungen mit einer maximalen Abweichung von 0,5% repliziert werden.[670] In einem Fall gelang dies nur unter Berücksichtigung der im Gutachten vorgenommenen inkonsistenten Ermittlung der periodenspezifischen Diskontierungsfaktoren.

In drei Fällen konnten die periodenspezifischen Diskontierungsfaktoren nicht vollständig repliziert werden, es muss davon ausgegangen werden, dass deren Ermittlung entweder inkonsistent oder anhand der im Gutachten gegebenen Informationen nicht nachvollziehbar ist.

Weiter zeigt sich, dass Unterschiede hinsichtlich des Zurechnungszeitpunkts von Dividendenzahlungen bestehen. Hierzu scheinen implizit zwei Annahmen als zulässig erachtet zu werden: Es wird entweder angenommen, dass Dividendenzahlungen den Eignern am Geschäftsjahresende zufließen. Die am Geschäftsjahresende zufließenden Dividendenzahlungen werden schließlich auf den Bewertungsstichtag diskontiert. Eine zweite Vorgehensweise besteht darin, anzunehmen, dass die Dividenden den Eignern erst zu einem späteren Zeitpunkt zufließen, konkret sechs Monate nach Ende des Geschäftsjahres. Dies wirkt sich bei der Barwertbestimmung mindernd aus, da für die Zeitspanne, um die die Dividendenauszahlung verschoben wird, zusätzlich zu diskontieren ist. Dieses Vorgehen bedeutet jedoch ökonomisch, dass die hierfür verwendeten

---

669 Vgl. IDW (2007), Band II A, Rn. 92.

670 Überschritt das Ergebnis der replizierten Berechnung des Ertragswerts zum Jahresbeginn des Jahres, in dem der Bewertungsstichtag liegt bzw. zum Bewertungsstichtag eine Abweichung um 0,5% zum im Gutachten ausgewiesenen Ertragswert zum jeweiligen Zeitpunkt, so erfolgte eine Anpassung der anhand Basiszinssatz, Marktrisikoprämie und Beta-Faktor ermittelten periodenspezifischen Kapitalisierungszinssätze, sofern eine Abweichung zur im Gutachten ausgewiesenen Saldogröße der periodenspezifischen Kapitalisierungszinssätze bestand.

Mittel vom Geschäftsjahresende bis zum tatsächlichen Auszahlungszeitpunkt keinerlei Rendite erwirtschaften.

Unterschiedliche Vorgehensweisen können auch bei der fiktiven Zurechnung thesaurierter Gewinne aufgezeigt werden: So wird in einem Großteil der Gutachten unterstellt, dass der Wertzuwachs, der aus den thesaurierten Gewinnen entsteht, zum Geschäftsjahresende anfällt. Die Diskontierung im Rahmen der fiktiven Zurechnung thesaurierter Gewinne erfolgt somit vom jeweiligen Stichtag des Geschäftsjahresendes auf den Bewertungsstichtag. Alternativ wird angenommen, dass der Wertzuwachs kontinuierlich über das jeweilige Geschäftsjahr anfällt. Konkret erfolgt die Diskontierung der fiktiv zugerechneten thesaurierten Gewinne damit (vereinfachend) von der Jahresmitte des jeweiligen Geschäftsjahrs auf den Bewertungsstichtag.

7.2 Wertbeitragsanalyse

Bei der Ertragswertermittlung erfolgt regelmäßig eine Trennung in eine nähere Detailplanungs- und fernere Fortführungsphase.[671] Aufgrund des hohen Wertanteils der Fortführungsphase ist der zugrunde zu legende Wachstumsabschlag von ausschlaggebender Bedeutung für das Ergebnis und ihm ist somit – trotz der mit wachsendem Zeithorizont zunehmend mangelnden Prognosefähigkeit – besondere Aufmerksamkeit zu schenken. Um den Einfluss unterschiedlicher Werte des Wachstumsabschlags auf das Bewertungsergebnis zu verdeutlichen, zeigen die nachfolgenden Abbildung 7-1 und 7-2 die Verteilung des Unternehmenswerts für häufig verwendete Zeiträume der Detailplanungsphase von drei und fünf Jahren bei einem jährlichen Wachstum in der Detailplanungsphase von 10%, einem Kapitalisierungszinssatz i von 10% bzw. 7,5% und variablem Wachstumsabschlag zwischen 0,5 und 2,0%.

[671] Siehe Abschnitt 7.3.3.

Abbildung 7-1: Wertanteil Detailplanungsphase/Fortführungsphase i=10%

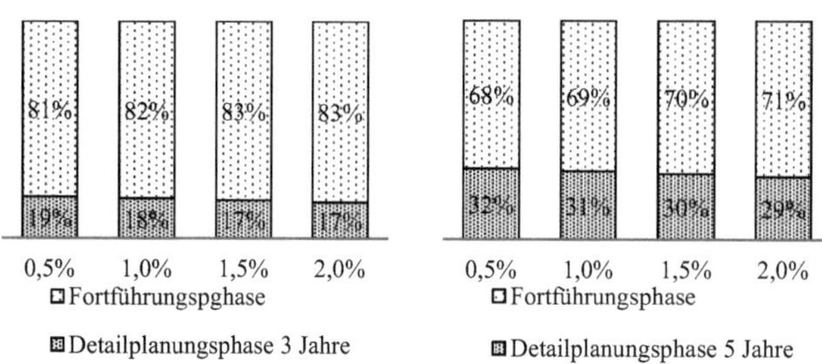

So zeigt sich, dass für die dargestellten Parameterbandbreiten der Wertanteil der Fortführungsphase in einem Bereich von 68% bei einer Detailplanungsphase von 5 Jahren und einem Kapitalisierungszinssatz von 10% (Abbildung 7-1) bis zu 88% bei einer Detailplanungsphase von drei Jahren und einem Kapitalisierungszinssatz von 7,5% variiert (Abbildung 7-2).

Abbildung 7-2: Wertanteil Detailplanungsphase/Fortführungsphase i=7,5%

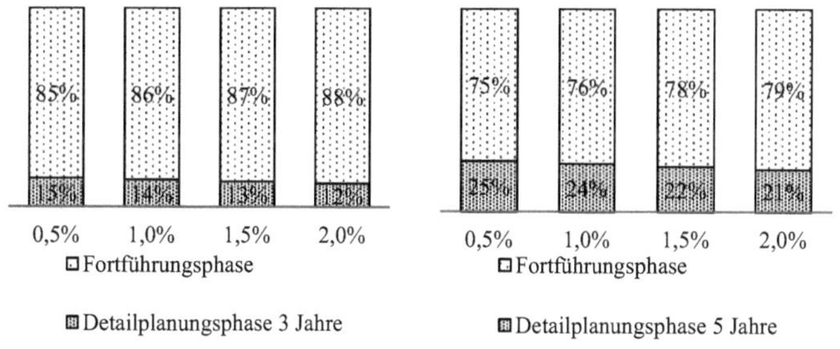

Um diesen Sachverhalt anhand realer Bewertungsfälle genauer spezifizieren zu können, wird eine Wertbeitragsanalyse der Fortführungsphase anhand der bestehenden Datenbasis durchgeführt. Einbezogen wurden 74 Bewertungsfälle, bei denen die Ertragswertermittlung vollständig repliziert werden konnte.

Bei der Analyse der vorliegenden Gutachten zeigt sich ein ähnliches Bild. So ist der Wertanteil der Fortführungsphase nur in 17 Fällen (23%) kleiner als 75%, in nur sieben Fällen (9%) liegt der Wertanteil der Fortführungsphase unter 50%. Hierbei handelt es sich um Unternehmen mit ausgedehnter Detailplanungsphase, oder Unternehmen deren Wertgenerierung für die Anteilseigner in der Detailplanungsphase aufgrund Sondereffekten entsteht.

Der im Jahrgangsdurchschnitt ansteigende Wachstumsabschlag schlägt sich nicht in einer Änderung der Wertanteile der Detail- und Fortführungsphase im Zeitablauf 2005 bis 2009 nieder (Abbildung 7-3). Es zeigt sich sogar ein gegenläufiger Trend: Der Wertanteil der Detailplanungsphase am gesamten Ertragswert stieg im Durchschnitt von 2005 bis 2009 von 15% auf 32% an.

Abbildung 7-3: Wertanteil Detailplanungs- und Fortführungsphase nach Jahrgang

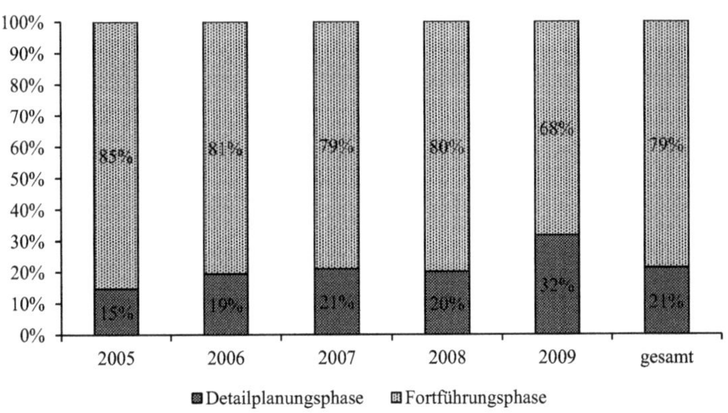

Zur Analyse des Wertanteils der Fortführungsphase verschiedener Branchen erfolgt eine Differenzierung in Dienstleistungen, Finanz-, Versicherungsdienstleister und Immobiliengesellschaften, verarbeitende Industrie sowie aufgrund der geringen Anzahl an Unternehmen weiterer Branchen deren Zusammenfassung (sonstige). Auch bei einer Differenzierung nach Branchen bewegt sich der Wertanteil der Fortführungsphase in einer ähnlichen Bandbreite wie bei der Differenzierung nach Jahrgang. Für die Branche Dienstleistungen ergibt sich der geringste Wertanteil der Fortführungsphase (70%). Für die anderen Branchen bzw. sonstige ergibt sich ein durchschnittlicher Wertanteil zwischen 78% und 84% (Abbildung 7-4).

Abbildung 7-4: Wertanteil Detailplanungs- und Fortführungsphase nach Branchen

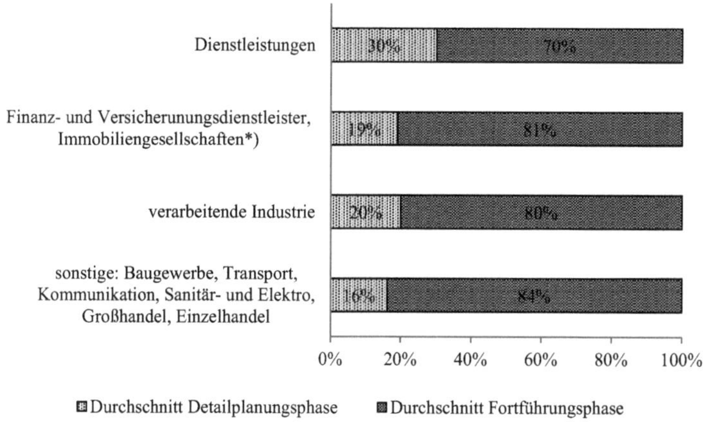

Dienstleistungen 30% 70%
Finanz- und Versicherunungsdienstleister, Immobiliengesellschaften*) 19% 81%
verarbeitende Industrie 20% 80%
sonstige: Baugewerbe, Transport, Kommunikation, Sanitär- und Elektro, Großhandel, Einzelhandel 16% 84%
0% 20% 40% 60% 80% 100%
Durchschnitt Detailplanungsphase
Durchschnitt Fortführungsphase

*) einschl. Holdings und Beteiligungsgesellschaften

7.3 Sensitivitätsanalysen

7.3.1 Persönliche Ertragsteuern

Bei Bewertungsfällen des Jahres 2009 sind vollumfänglich die durch Einführung der Abgeltungsteuer resultierenden steuerlichen Rahmenbedingungen zu beachten. Im Rahmen der Bestimmung des Wertbeitrags fiktiv zugerechneter thesaurierter Gewinne wird empfohlen, einen effektiven Steuersatz in Höhe des hälftigen nominalen Abgeltungsteuersatzes anzusetzen.[672]

Problematisch ist der Umstand, dass der zur Ermittlung des effektiven Steuersatzes verwendete Zusammenhang unter der Prämisse sicher prognostizierbarer künftiger Zahlungsüberschüsse modelliert ist.[673] Empirische Hinweise zur Haltedauer am nationalen Kapitalmarkt stützen die Möglichkeit zur vereinfachenden Annahme einer kürzeren Haltedauer.[674] Wird dadurch auch für Kursgewinne eine jährliche Vereinnahmung unterstellt, so kann auf ein konsistentes Bewertungsmodell zurückgegriffen werden, das auch im Einklang mit dem einperiodigen CAPM steht. Im Folgenden wird deshalb analytisch und anschließend empirisch auf Basis von Bewertungsgutachten des Jahrgangs 2009 untersucht, welche Veränderungen durch die Annahme einer einperiodigen Haltedauer auf den Unternehmenswert zu erwarten sind.

Im ersten Schritt ist zwischen den Auswirkungen auf die bewertungsrelevanten Zahlungsüberschüsse (Zählergröße) und auf den Kapitalisierungszinssatz (Nennergröße) zu differenzieren. Eine Veränderung der Zählergröße entsteht durch den nun abweichenden Ansatz des effektiven Steuersatzes in Höhe des nominalen Abgeltungsteuersatzes bei der fiktiven Zurechnung thesaurierter Gewinne. Diese Modifikation schmälert somit den Unternehmenswert.

---

[672] Vgl. Abschnitt 6.2.2.3.

[673] Vgl. Auerbach, JEL (1982), S. 906, 919.

[674] Vgl. Anhang 2 mit Abbildungen zur durchschnittlichen Haltedauer und dem Anteil der privaten Investoren am nationalen Aktienmarkt. Die durchschnittliche Halterdauer, berechnet als Quotient aus Aktienbestand/Umsatz liegt am deutschen Kapitalmarkt für den Gesamtmarkt über die letzten Jahre konstant bei etwa einem Jahr (Abbildung A2-1). Der Anteil der privaten Investoren am Gesamtmarkt lag im Jahr 2009 jedoch nur bei etwa 9% (Abbildung A2-2). Kritisch hierzu Mohr, FAZ v. 1.3.2013. Auch wenn eine durchschnittliche Haltedauer der privaten Investoren unterstellt wird, die eine einperiodige Haltedauer um mehrere Jahre übersteigt, könnte vereinfachend eine jährliche Vereinnahmung der Kursgewinne zugunsten eines konsistenten Bewertungskalküls unterstellt werden, da nur sehr lange durchschnittliche Haltedauern wesentliche Auswirkung auf den anzusetzenden effektiven Steuersatz haben, vgl. Abbildung 6-4.

Werden thesaurierte Gewinne im Rahmen der fiktiven Zurechnung mit dem vollen Abgeltungsteuersatz belastet, wirkt sich dies auch auf die Alternativanlage und dadurch über die Marktrisikoprämie auf die Höhe des Kapitalisierungszinses aus. Den Annahmen einer Ausschüttungsquote von 50% und einer nur teilweisen Durchsetzbarkeit der veränderten Renditeforderung der privaten Investoren[675] aufgrund der Steuermehrbelastung am Kapitalmarkt folgend, verringert sich die anzusetzende Marktrisikoprämie nach Steuern von 4,5%[676] auf 3,68%.[677] Diese Modifikation resultiert somit in einem niedrigeren Kapitalisierungszinssatz nach Steuern und wirkt sich damit erhöhend auf den Unternehmenswert aus.

Die Sensitivität dieser Auswirkungen wird folgend anhand von 14 im Jahr 2009 erstellten Gutachten untersucht. Bei einer Verrechnung des nominalen Steuersatzes auf fiktiv zurechenbare thesaurierte Gewinne einerseits und der Verwendung einer Marktrisikoprämie nach persönlichen Ertragsteuern von 3,68% andererseits kommt es bis auf einen Fall zu einer Überkompensation des wertmindernden Effekts der Zählergröße durch den werterhöhenden Effekt der niedrigeren Marktrisikoprämie nach persönlichen Ertragsteuern im Nenner. Abbildung 7-5 zeigt, dass im Durchschnitt ein Wertzuwachs von 5,4% (Median 5,5%) resultiert:

---

[675] D.h., private Investoren können ihre Renditeforderung (nach persönlichen Ertragsteuern), die dem Niveau vor Änderung der steuerlichen Rahmenbedingungen entspricht, nur marginal durchsetzen, müssen also eine Minderung der realisierbaren Rendite nach Steuern hinnehmen. Konkret wird mit einer Erhöhung der Renditeforderung vor persönlichen Steuern um 0,5% gerechnet; vgl. Wagner/Saur/Willershausen, WPg (2008), S. 741.

[676] Dies entspricht einem Renditeabstand von 17,9% – im Gegensatz zum rechnerisch ermittelten Renditeabstand i.H.v. 19,8% (50%·26,4%+50%·13,2%) – zwischen der ursprünglichen Marktrisikoprämie vor Einführung der Abgeltungsteuer, vor persönlichen Ertragsteuern i.H.v. 4,5%, einem Basiszinssatz vor Steuern von 4,75% und zzgl. der Erhöhung der Renditeforderung vor persönlichen Ertragsteuern um 0,5% und der Rendite nach persönlichen Ertragsteuern i.H.v. 8,0%, die sich aus der Marktrisikoprämie nach Steuern von 4,5% und einem Basiszinssatz nach persönlichen Ertragssteuern i.H.v. 3,5% zusammensetzt; vgl. Wagner/Saur/Willershausen, WPg (2008), S. 741.

[677] Dies entspricht einer Kürzung der ursprünglichen Marktrisikoprämie vor Einführung der Abgeltungsteuer und vor persönlichen Ertragsteuern i.H.v. 4,5% zzgl. der Erhöhung der Renditeforderung vor pers. Ertragsteuern um 0,5 % um den nominalen persönlichen Ertragsteuersatz i.H.v. von 26,4%.

Abbildung 7-5: Wertänderung bei Modifikation des effektiven Steuersatzes und einer Marktrisikoprämie nach persönlichen Ertragsteuern i.H.v. 3,68%[678]

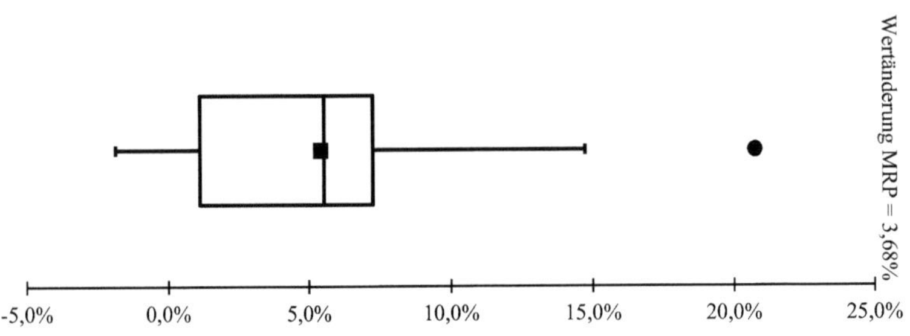

Geht man davon aus, dass private Investoren Ihre veränderte Renditeforderung aufgrund der Steuermehrbelastung am Kapitalmarkt nicht durchsetzen können, verringert sich die anzusetzende Marktrisikoprämie nach Steuern von 4,5% auf 3,31%.[679] In diesem Fall stellt sich ein durchschnittlicher Wertzuwachs von 13,2% (Median 12,4%) ein (Abbildung 7-6).

Abbildung 7-6: Wertänderung bei Modifikation des effektiven Steuersatzes und einer Marktrisikoprämie i.H.v. 3,31%

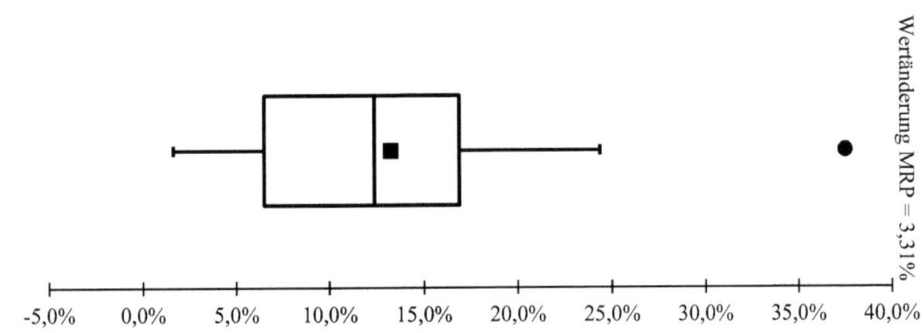

---

[678] Zum Aufbau des Box-Plot vgl. Fn. 412.

[679] Dies entspricht einer Kürzung der ursprünglichen Marktrisikoprämie vor Einführung der Abgeltungsteuer und vor persönlichen Ertragsteuern i.H.v. 4,5% um den nominalen persönlichen Ertragsteuersatz i.H.v. von 26,4%.

7.3.2 Risikozuschlag

Auf Basis der 74 replizierbaren Gutachten wird im Folgenden analysiert, wie die in den Gutachten ermittelten Ertragswerte auf Veränderungen des Kapitalisierungszinssatzes durch eine Variation des Risikozuschlags, bestehend aus dem Produkt der Marktrisikoprämie (nach Steuern) und dem Maß für das systematische Risiko β_j, reagieren. Zur Beurteilung erfolgt eine Sensitivitätsanalyse, bei der die in den Gutachten im Rahmen des Tax-CAPM verwendeten Risikozuschläge um +/-5%, +/-10%, +/-25% und +/- 50% variiert werden.

Abbildung 7-7: Sensitivität des Ertragswerts bei negativer Variation der Risikozuschläge[680]

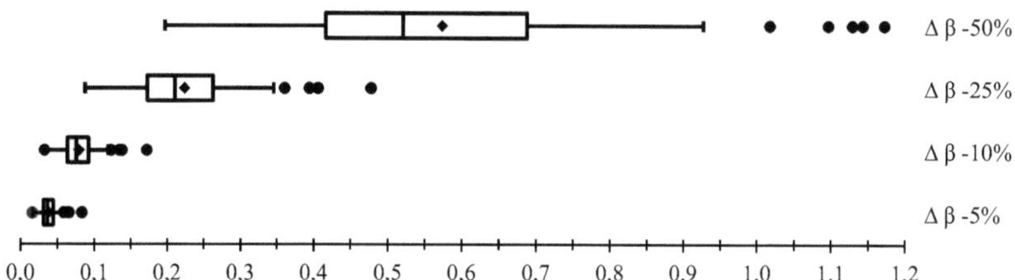

Abbildung 7-8: Sensitivität des Ertragswerts bei positiver Variation der Risikozuschläge

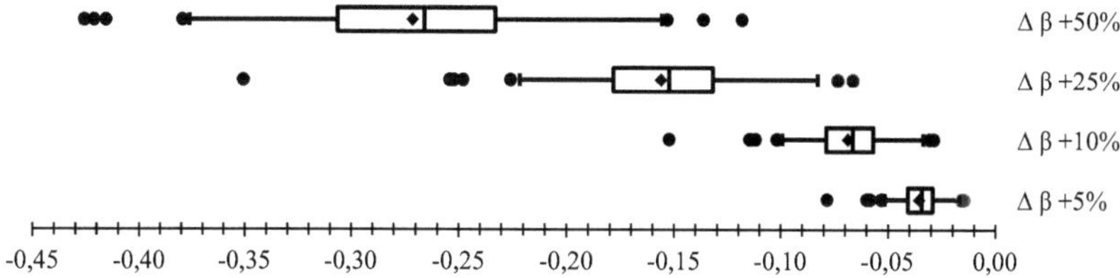

[680] Zum Aufbau des Box-Plot vgl. Fn. 412.

Tabelle 7-1: Sensitivität des Ertragswerts bei Variation der Risikozuschläge (%)

Δ β	50%	25%	10%	5%	-5%	-10%	-25%	-50%
Min	-62,0	-35,1	-15,2	-7,8	1,6	3,2	8,8	19,6
Standardabweichung	6,7	4,2	2,0	1,0	1,2	2,5	7,6	22,8
Arithm. Mittelwert	-27,2	-15,6	-6,9	-3,6	3,8	7,9	22,4	57,4
Median	-26,6	-15,2	-6,6	-3,4	3,7	7,6	21,0	52,0
Max	-11,8	-6,6	-2,9	-1,5	8,3	17,2	47,8	117,2

Mit der Sensitivitätsanalyse zeigt sich, dass bei negativer Variation des Risikozuschlags eine überproportionale Wertveränderung der Ertragswerte resultiert (Abbildung 7-7). Dies wird auch anhand des arithmetischen Mittels bzw. des Medians in Tabelle 7-1 ersichtlich. Die durchschnittliche Wertveränderung liegt bei 3,8% bei einer Variation des Risikozuschlags um -5% und erhöht sich im Mittel auf 7,9%/22,4%/57,4% bei einer Variation um -10%/-25%/-50%. Auch das Intervall der resultierenden Wertänderungen vergrößert sich mit negativer Variation des Risikozuschlags überproportional. Somit beträgt die Standardabweichung bei einer Variation um -5% 1,2% und erhöht sich bei einer Variation um -10%/-25%/-50% auf 2,5%/7,6%/22,8%. Das Maximum bzw. Minimum der Wertänderungen der Ertragswerte bei entsprechender Variation des Risikozuschlags wächst überproportional an.

In geringerem Umfang nehmen die Intervalle der resultierenden Wertänderungen bei positiver Variation der Risikozuschläge zu (Abbildung 7-8). Die Standardabweichung beträgt bei einer Variation um 5% 1,0% und erhöht sich bei einer Variation um bis 50% auf 6,7%. Die durchschnittliche Wertveränderung erhöht sich von -3,6% bei einer Variation des Risikozuschlags um 5% auf -6,9%/-15,6%/-27,2% bei einer Variation um 10%/25%/50%. Die maximale Wertänderung bei positiver Variation des Risikozuschlags beträgt -62,0% bei einer Variation um +50% (Tabelle 7-1).

7.3.3 Inflations-/Wachstumsabschlag

Wie bereits im vorangehenden Kapitel 7.2 aufgezeigt wurde, bildet der Wachstumsabschlag in der Fortführungsphase einen kritischen Parameter, der entscheidenden Einfluss auf den Unternehmenswert hat. Der Wertanteil der Fortführungsphase beträgt in 77% der 74 betrachteten Bewertungsfälle über 75%. Eine sorgsame Analyse und Bestimmung des langfristigen Wachstums ist daher unerlässlich. Bis auf zehn der 74 Bewertungsfälle erfolgt eine Verwendung von Wachstumsabschlägen in einer Schrittweite von 0,5 Prozentpunkten in einem Intervall zwischen 0% und 2,1%. Folgend wird deshalb analysiert wie sich eine Modifikation des Wachstumsabschlags auf die in den Gutachten ermittelten Ertragswerte auswirkt, wenn der in den Gutachten angesetzte Wachstumsabschlag um +/- 0,5, 1,0, 1,5 und bei positiver Variation um 2,0 Prozentpunkte variiert wird.

Bei negativer Variation werden jeweils nur diejenigen Gutachten berücksichtigt, in denen die Höhe des Wachstumsabschlags mindestens der Höhe der Variation entspricht, um negative Werte, die andernfalls entstehen würden, bei der Sensitivitätsanalyse auszuschließen. Eine ausreichende Datenbasis ist deshalb nur bei einer negativen Variation bis 1,5 Prozentpunkte gegeben,[681] da sich mit zunehmender negativer Variation des Wachstumsabschlags die Anzahl der einbezogenen Gutachten verringert.

---

[681] Auf die Darstellung der Sensitivität bei einer Variation um -2,0% Prozentpunkte wurde an dieser Stelle verzichtet, da das Ergebnis aufgrund der geringen Datenbasis von nur sieben Bewertungsfällen nicht repräsentativ ist. Einen Überblick über die Ergebnisse der Sensitivitätsanalysen des Inflations-/Wachstumsabschlags findet sich in Anahng 3.

Tabelle 7-2: Sensitivität des Ertragswerts bei positiver Variation des Wachstumsabschlags, N=74

Δg	**0,5%**	**1%**	**1,5%**	**2%**
Min	0,7%	1,6%	2,8%	4,4%
Standardabweichung	2,7%	6,5%	11,8%	20,0%
Arithm. Mittelwert	6,9%	15,3%	25,8%	39,3%
Median	6,5%	14,0%	23,0%	33,4%
Max	13,2%	31,4%	57,9%	100,4%

Tabelle 7-2 zeigt, wie sensitiv der Ertragswert auf positive Änderungen des Wachstumsabschlags reagiert. Mit zunehmender positiver Variation zeigt sich wie auch bei der Variation des Risikozuschlags eine überproportionale Zunahme der Intervallbandbreite. Die durchschnittliche Wertänderung steigt von 6,9% bei einer Variation um 0,5 Prozentpunkte auf bis zu 39,3% bei Modifikation um zwei Prozentpunkte. Das Maximum (Minimum) liegt bei einer Variation um 0,5 Prozentpunkte bei 13,2% (0,7%) und erhöht sich auf bis zu 100,4% (4,4%) bei einer Variation um 2,0 Prozentpunkte.

In Tabelle 7-3 und Tabelle 7-4 sind Durchschnittswerte und Median der Wertanteile der Detailplanungsphase, Fortführungsphase, Veränderung des Ertragswerts und Veränderung des Wertanteils der Fortführungsphase am gesamten Ertragswert zusammengefasst. Mit einer Zunahme des Wachstumsabschlags steigt der Wertanteil der Fortführungsphase im Mittel bis auf 83,2% und im Median auf 89,1% bei einer Variation des Wachstumsabschlags um bis 2% an. Die letzte Spalte der Tabelle 7-3 und Tabelle 7-4 zeigt die relative Änderung des Wertanteils der Fortführungsphase im Vergleich zur Ausgangssituation, die bei einer Modifikation um 2% im Mittel auf 8,2% (Median 5,5%) ansteigt.

Tabelle 7-3: Sensitivität des Ertragswerts bei positiver Variation des Wachstumsabschlags, arithmetische Mittelwerte der Wertanteile

Arithmetischer Mittelwert				
Δg	Wertanteil Detaiplanungsphase	Wertanteil Fortführungsphase	Veränderung Ertragswert	ΔWertanteil Fortführungsphase
0,5%	20,2%	79,8%	6,9%	1,8%
1,0%	19,1%	80,9%	15,3%	3,7%
1,5%	18,0%	82,0%	25,8%	5,8%
2,0%	16,8%	83,2%	39,3%	8,2%

Tabelle 7-4: Sensitivität des Ertragswerts bei positiver Variation des Wachstumsabschlags, Median der Wertanteile

Median				
Δg	Wertanteil Detaiplanungsphase	Wertanteil Fortführungsphase	Veränderung Ertragswert	ΔWertanteil Fortführungsphase
0,5%	14,2%	85,8%	6,5%	1,3%
1,0%	13,0%	87,0%	14,0%	2,7%
1,5%	12,1%	87,9%	23,0%	4,1%
2,0%	10,9%	89,1%	33,4%	5,5%

Abbildung 7-9 zeigt die Auswirkungen der bereits beschriebenen positiven Modifikation des Wachstumsabschlags anhand eines Box-Plot.[682]

[682] Zum Aufbau des Box-Plot vgl. Fn. 412.

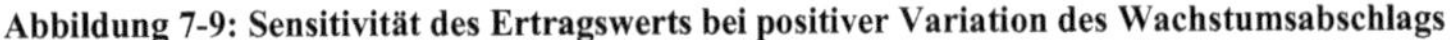

Abbildung 7-9: Sensitivität des Ertragswerts bei positiver Variation des Wachstumsabschlags

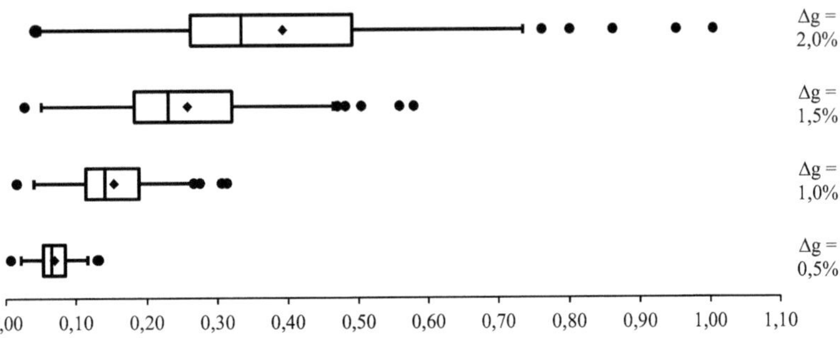

Ein ähnliches Bild ergibt sich bei negativer Variation des Wachstumsabschlags, bei der die Datenbasis mit zunehmender negativer Variation von 70 Bewertungsfällen bei -0,5 Prozentpunkte auf 55 und schließlich 24 Gutachten bei einer Variation um -1,0 bzw. -1,5 Prozentpunkte abnimmt. In Tabelle 7-5 sind die Veränderungen des Ertragswerts bei negativer Variation des Wachstumsabschlags dargestellt. Mit zunehmender negativer Variation zeigt sich eine etwa gleichmäßige Zunahme der Intervallbandbreite. Die durchschnittliche Wertänderung steigt von -5,8% bei einer Variation um -0,5 Prozentpunkte auf bis zu -16,2% bei einer Modifikation um 1,5 Prozentpunkte. Das Maximum (Minimum) liegt bei einer Variation um -0,5 Prozentpunkte bei -0,6% (-10,0%) und erhöht sich auf bis zu -1,4% (-24,3%) bei einer Variation um -2,0 Prozentpunkte.

Tabelle 7-5: Sensitivität des Ertragswerts bei negativer Variation des Wachstumsabschlags

Δg	**-0,5%**	**-1%**	**-1,5%**
N	70	55	24
Min	-10,0%	-17,9%	-24,3%
Standardabweichung	2,1%	3,9%	4,9%
Arithm. Mittelwert	-5,8%	-11,3%	-16,2%
Median	-5,5%	-11,2%	-16,5%
Max	-0,6%	-1,0%	-1,4%

In Tabelle 7-6 und Tabelle 7-7 sind wiederum die arithmetischen Mittelwerte und Median der Wertanteile der Detailplanungsphase, Fortführungsphase, Veränderung des Ertragswerts und Veränderung des Wertanteils der Fortführungsphase am gesamten Ertragswert bei negativer Variation des Wachstumsabschlags zusammengefasst. Mit zunehmender negativer Variation des Wachstumsabschlags sinkt der Wertanteil der Fortführungsphase im Mittel auf 76,1% und der Median auf 79,1% bei einer Variation des Wachstumsabschlags um bis -1,5%. Die relative Änderung des Wertanteils der Fortführungsphase (Spalte 4) im Vergleich zur Ausgangssituation sinkt bei einer Modifikation um -1,5% im Mittel auf -5,1% (Median -4,5%).

Tabelle 7-6: Sensitivität des Ertragswerts bei negativer Variation des Wachstumsabschlags, arithmetische Mittelwerte der Wertanteile

	arithmetischer Mittelwert			
Δg	**Wertanteil Detailplanungsphase**	**Wertanteil Fortführungsphase**	**Veränderung Ertragswert**	**ΔWertanteil Fortführungsphase**
-0,50%	23,0%	77,0%	-5,8%	-1,7%
-1,00%	23,1%	76,9%	-11,3%	-3,3%
-1,50%	23,9%	76,1%	-16,2%	-5,1%

Tabelle 7-7: Sensitivität des Ertragswerts bei negativer Variation des Wachstumsabschlags, Median der Wertanteile

	Median			
Δg	**Wertanteil Detailplanungsphase**	**Wertanteil Fortführungsphase**	**Veränderung Ertragswert**	**ΔWertanteil Fortführungsphase**
-0,50%	16,5%	83,5%	-5,5%	-1,3%
-1,00%	17,9%	82,1%	-11,2%	-2,6%
-1,50%	20,9%	79,1%	-16,5%	-4,5%

In Abbildung 7-10 sind die Auswirkungen der negativen Variation des Wachstumsabschlags auf Basis eines Box-Plot zusammengefasst.

Abbildung 7-10: Sensitivität des Ertragswerts bei negativer Variation des Wachstumsabschlags

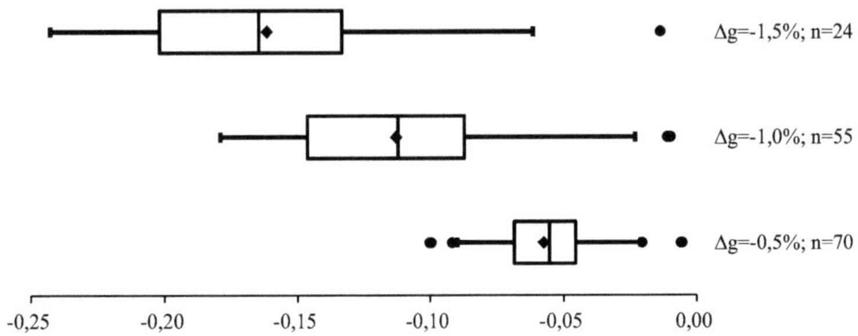

7.4 Ergebnis – Forschungsfrage 4

Die Darstellung der Ergebnisse der quantitativen, empirischen Analyse erfolgt analog zur qualitativen Analyse differenziert anhand der Fragestellungen, die zu Beginn der empirischen Analyse aus folgender Fragestellung abgeleitet wurden:

Welchen Anteil am Unternehmenswert haben Detailplanungs- und Fortführungsphase, wie sensitiv reagiert der Unternehmenswert auf einzelne Parametervariationen?

7.4.1 Fragestellung 4.1

4.1 Können die in den Gutachten berechneten Unternehmenswerte repliziert werden?

Insgesamt konnten 75 von 78 Ertragswertermittlungen der Jahre 2005 bis 2009 mit einer maximalen Abweichung von 0,5% repliziert werden. In einem Fall gelang dies nur unter Berücksichtigung der im Gutachten vorgenommenen inkonsistenten Ermittlung der periodenspezifischen Diskontierungsfaktoren. In drei Fällen konnten die periodenspezifischen Diskontierungsfaktoren nicht vollständig repliziert werden, es muss davon ausgegangen werden, dass deren Ermittlung entweder inkonsistent oder anhand der im Gutachten gegebenen Informationen nicht nachvollziehbar ist.

7.4.2 Fragestellung 4.2

4.2 Wie verteilt sich der ermittelte Unternehmenswert auf die Detailplanungsphase(n) und welchen Wertbeitrag liefert die Fortführungsphase (ewige Rente) bei den einzelnen Bewertungsfällen?

Der durchschnittliche Wertanteil der Fortführungsphase der Jahre 2005 bis 2009 bewegt sich zwischen 68% und 85%. Insgesamt beträgt der Wertanteil der Fortführungsphase der 74 replizierbaren Bewertungsfälle, bei denen ein Wachstumsabschlag angesetzt wird, durchschnittlich 79%. In nur 18 Fällen (24%) ist er kleiner als 75%, in nur acht Fällen (9%) liegt der Wertanteil der Fortführungsphase unter 50% (Abbildung 7-3). Hierbei handelt es sich um Unternehmen mit ausgedehnter Detailplanungsphase oder Unternehmen, deren Wertgenerierung für die Anteilseigner in der Detailplanungsphase aufgrund Sondereffekten entsteht.

7.4.3 Fragestellung 4.3

4.3 Wie wirken sich Abweichungen von den Empfehlungen, die bei Bewertungen auf Basis der unmittelbaren Typisierung im Rahmen des IDW S 1 bei Bemessung der persönlichen Ertragsteuern bestehen, auf den Ertragswert aus?

Bei einer Verrechnung des nominalen Steuersatzes auf fiktiv zurechenbare thesaurierte Gewinne einerseits und der Verwendung einer Nach-Steuer-Marktrisikoprämie von 3,68% andererseits kommt es bis auf einen Fall zu einer Überkompensation des wertmindernden Effekts der Zählergröße durch den werterhöhenden Effekt der niedrigeren Nach-Steuer-Marktrisikoprämie im Nenner. Im Durchschnitt ergibt sich ein Wertzuwachs von 5,4% (Median 5,5%) (Abbildung 7-5). Geht man davon aus, dass sich die anzusetzende Marktrisikoprämie nach Steuern von 4,5% auf 3,31% verringert, stellt sich ein durchschnittlicher Wertzuwachs von 13,2% (Median 12,4%) ein (Abbildung 7-6).

7.4.4 Fragestellung 4.4

> 4.4 Welche relativen Wertänderungen entstehen bei der Bestimmung des Ertragswerts im Rahmen der Vorschriften des IDW S 1 durch Variation einzelner Parameter (Risikozuschlag, Wachstumsabschlag) des Kapitalisierungszinssatzes?

Bei negativer Variation des Risikozuschlags resultiert eine überproportionale Wertveränderung der Ertragswerte (Abbildung 7-7). Die durchschnittliche Wertveränderung liegt bei 3,8% bei einer Variation des Risikozuschlags um -5% und erhöht sich auf durchschnittlich 7,9%/22,4%/57,4% bei einer Variation um -10%/-25%/-50%. In geringerem Umfang nehmen die Intervalle der resultierenden Wertänderungen bei positiver Variation des Risikozuschlags zu. Die durchschnittliche Wertveränderung erhöht sich von -3,6% bei einer Variation des Risikozuschlags um 5% auf -6,9%/-15,6%/ -27,2% bei einer Variation um 10%/25%/50%.

Mit zunehmender positiver Variation des Wachstumsabschlags in einer Schrittweite von 0,5 Prozentpunkten zeigt sich, wie auch bei der Variation des Risikozuschlags, eine überproportionale Zunahme der Intervallbandbreite. Die durchschnittliche Wertänderung steigt von 6,9% bei einer positiven Variation um 0,5 Prozentpunkte auf bis zu 39,3% bei Modifikation um zwei Prozentpunkte (Abbildung 7-9).

Ein ähnliches Bild ergibt sich bei negativer Variation des Wachstumsabschlags, bei der die Datenbasis mit zunehmender negativer Variation von 70 Bewertungsfällen bei -0,5 Prozentpunkte auf 55 und schließlich 24 Bewertungsfälle bei einer Variation um -1,0 bzw. -1,5 Prozentpunkte abnimmt, um negative Werte des Wachstumsabschlags, die andernfalls entstehen würden, bei der Sensitivitätsanalyse auszuschließen. Mit zunehmender negativer Variation zeigt sich eine etwa gleichmäßige Zunahme der Intervallbandbreite der Wertänderungen (Abbildung 7-10). Die durchschnittliche Wertänderung steigt von -5,8% bei einer Variation um -0,5 Prozentpunkte auf bis zu -16,2% bei Modifikation um 1,5 Prozentpunkte.

8 Fazit

8.1 Kritische Würdigung

Die vorliegende Arbeit widmet sich der theoretischen und empirischen Analyse der Unternehmensbewertung bei Squeeze-out vor dem Hintergrund des Spannungsfelds aus Anforderungen von betriebswirtschaftlichen Erkenntnissen, IDW S 1 und Rechtsprechung. Im Mittelpunkt steht die Schließung von Forschungslücken zur (erwarteten) Ausgestaltung, Identifikation und Quantifizierung von Ermessensspielräumen im Rahmen des Bewertungsprozesses, um zu einer Erhöhung der Transparenz für die am Squeeze-out beteiligten Parteien beizutragen.

Dadurch werden zwei Themenkomplexe analysiert, die theoretische Analyse des beschriebenen Spannungsfelds, in dem sich die beteiligten Parteien bewegen, und die empirische Analyse der Unternehmensbewertung bei Squeeze-out. Im Rahmen der theoretischen Analyse erfolgt als Erstes eine ökonomische Analyse (Kapitel 3), um eine Aussage über die erwartete Anwendung der Bewertungsmodelle zur Ermittlung des Abfindungsbetrags bei Squeeze-out zu schaffen. Dazu wird die Anreizsituation der beteiligten Parteien am Verfahren, Hauptaktionär und Minderheitsaktionäre, analysiert, um festzustellen, ob eine dominante Strategie für das Verhalten der Parteien existiert.

Hierbei ergibt sich, dass der Hauptaktionär über private Information verfügt, Minderheitsaktionäre können dadurch nicht zwischen einer tendenziell hohen und einer tendenziell niedrigen Barabfindung unterscheiden. Für den Hauptaktionär besteht ein Anreiz, eine tendenziell niedrige Barabfindung anzubieten, um die Kosten für den Squeeze-out zu minimieren. Croci/Erhardt/Nowak (2012) zeigen, dass bei Spruchverfahren die Höhe der Abfindung im Durchschnitt um 48% erhöht wird, und stützen damit empirisch das Ergebnis der ökonomischen Analyse dieser Arbeit hinsichtlich der Anreizsituation des Hauptaktionärs, eine tendenziell niedrige Barabfindung anzubieten. Gewährt der Hauptaktionär keine Prämie, besteht die dominante Strategie für die Minderheitsaktionäre immer in der Einleitung des Spruchverfahrens. Croci/Erhardt/Nowak (2012) zeigen weiter, dass bei fast allen Squeeze-outs ein Spruchverfahren eingeleitet wird, und stützen damit auch das Ergebnis der ökonomischen Analyse dieser Arbeit hinsichtlich der Anreizsituation der Minderheitsaktionäre.[683]

Im zweiten Schritt der theoretischen Analyse erfolgt ein Vergleich der Wertkonzeptionen der Betriebswirtschaftslehre (Kapitel 4), IDW S 1 und Rechtsprechung zur Ermittlung der angemessenen Barabfindung, um Divergenzen, die zu einem Spannungsverhältnis der beteiligten Parteien vor dem Hintergrund ihrer vorab analysierten Anreizsituation im Verfahren führen könnten, zu identifizieren. Hierzu wird untersucht, für welche Wertbestandteile des Unternehmenswerts die Minderheitsaktionäre durch die angemessene Barabfindung bei Squeeze-out entsprechend den jeweiligen Wertkonzeptionen zu entschädigen sind.

Als Ergebnis zeigt sich, dass keine abweichenden Wertkonzeptionen zwischen Rechtsprechung und IDW S 1 bei der Ertragswertermittlung bestehen, da die Ertragswertermittlung auf Basis des IDW S 1 rechtlich nicht zu beanstanden ist.[684] Entscheidend ist hierbei, dass keine entscheidungslogische Ermittlung des Ertragswerts im Rahmen des IDW S 1 über die Grenzpreise von Hauptaktionär und Minderheitsaktionären im Gegensatz zur betriebswirtschaftlichen Ermittlung im Rahmen der funktionalen Bewertungslehre erfolgt.[685] Die zukünftigen Möglichkeiten und Planungen des Käufers werden in der objektivierten Wertkonzeption des IDW S 1[686] sowie nach herrschender Meinung der Rechtsprechung bei Bemessung des Abfindungsbetrags nicht berücksich-

---

[683] Vgl. Croci/Erhard/Nowak (2012), S. 27.

[684] Vgl. insbes. BVerfG v. 27.04.1999 1 BvR 1613/94, BVerfGE 100, S. 307; BGH v. 21.07.2003 II ZB 17/01, NJW (2003), S. 3273; OLG Stuttgart v. 26.10.2006 20 W 14/05, NZG (2007), S. 112; OLG Frankfurt v. 24.11.2011 21 W 7/11, AG (2012), S. 514.

[685] Vgl. Schildbach, BFuP (1993), S. 29 f.; Hommel/Braun/Schmotz, DB (2001), S. 341 f.

[686] Vgl. Hering/Brösel, WPg (2004), S. 939; Matschke, BFuP (2013), S. 45.

tigt,[687] zumindest immer, solange der ermittelte Ertragswert die Untergrenze der anzubietenden Barabfindung bildet und damit über einem eventuell zu berücksichtigenden Börsenkurs liegt.[688] Die bestehende Kritik (u.a. Schildbach 1993, Matschke 2013),[689] dass sich die bei einer Ertragswertermittlung auf Basis des IDW S 1 bemessene Abfindung methodisch an der Preisuntergrenze (Grenzpreis) des Verkäufers orientiere, zeigt diesen Sachverhalt bereits für Unternehmensbewertungen auf Basis des IDW S 1. Der in dieser Arbeit durchgeführte Vergleich mit der Wertkonzeption der Rechtsprechung zeigt, dass die von Teilen der Literatur geäußerte Kritik auch auf die Wertkonzeption der Rechtsprechung übertragbar ist.

Die Abfindungsbemessung auf Basis des IDW S 1 steht somit dem in der ökonomischen Analyse identifizierten Anreiz des Hauptaktionärs, eine tendenziell niedrige Barabfindung anzubieten, nicht entgegen, wobei ein gegebenenfalls zu berücksichtigender historischer Börsenkurs den Anreiz einer tendenziell niedrigen Abfindungsbemessung durch den Hauptaktionär beschränkt.

Im zweiten Themenkomplex steht die Unternehmensbewertung bei Squeeze-out im Mittelpunkt. An dieser Stelle erfolgt eine qualitative (Kapitel 6) und eine quantitative (Kapitel 7) empirische Analyse. Ziel der qualitativen empirischen Analyse ist die Auswertung der Gutachten, um einen Überblick über den Ansatz der einzelnen Modellparameter im Bewertungskalkül zu geben und letztlich vorhandene Ermessensspielräume im Bewertungsprozess qualitativ zu identifizieren. Anhand der Ergebnisse erfolgt einerseits die Validierung bestehender Studien und andererseits über bestehen-

---

[687] Vgl. BGH v. 4.3.1998 II ZB 5/97, NJW (1998), S. 1867; OLG München v. 19.10.2006 31 Wx 92/05, AG (2007), S. 288; OLG München v. 17.7.2007 31 Wx 60/06, AG (2008), S. 29; Krieger (2007), § 70 AktG, Rn. 127; Deilmann (2010), § 305 AktG, Rn. 33f.; Paulsen (2010), § 305 AktG, Rn. 72; Veil (2010), § 305 AktG, Rn. 46.

[688] Vgl. Emmerich (2010), § 305 AktG, Rn. 38f.

[689] Vgl. Schildbach, BFuP (1993), S. 30-33. Feldhoff, DB (2000), S. 1239 f.; Hayn, DB (2000), S. 1353; Hommel/Braun/Schmotz, DB (2001), S. 347; Hering/Brösel, WPg (2004), S. 942; Matschke, BFuP (2013), S. 43 f.

de Studien hinaus die (qualitative) Identifikation vorhandener Ermessensspielräume im Bewertungsprozess. Der zu Beginn durchgeführte Vergleich der Abfindungsbeträge bei Squeeze-out (Abschnitt 6.1.3) deutet darauf hin, dass offensichtlich Ermessensspielräume bei der Ertragswertermittlung bestehen und unterschiedlich ausgefüllt werden können. Die Ergebnisse der qualitativen Analyse hinsichtlich der Bemessung der einzelnen Parameter des Bewertungskalküls zeigen weiter, dass Ermessensspielräume verschiedener Parameter bei der Abfindungsermittlung bestehen, die sich offensichtlich in unterschiedlichem Umfang auf den Unternehmenswert auswirken.

Die Identifikation von Ermessensspielräumen erfolgt auf Basis der Kriterien „intersubjektive Plausibilisierbarkeit“ und „homogene/heterogene Vorgehensweise“ des Bewertungsgutachters. Mittels qualitativer Kategorisierung wird den Komponenten des Bewertungskalküls, Prognose der Zahlungsüberschüsse, Risikozuschlag (Beta-Faktor) und Wachstumsabschlag ein tendenziell hoher Ermessensspielraum beigemessen, der Ausschüttungsannahme ein tendenziell moderater, dem Basiszins und der Marktrisikoprämie ein niedriger Ermessensspielraum. Die identifizierten Ermessensspielräume und die Ergebnisse der Abweichungsanalyse von Börsenkurs und Ertragswert der anzubietenden Barabfindung der qualitativen Analyse bestätigen die Ergebnisse der theoretischen Analyse des Spannungsfelds, Ermessensspielräume im Sinne der Anreizsituation des Hauptaktionärs auszugestalten, um die Abfindungsbemessung am Grenzpreis der Minderheitsaktionäre zu orientieren.

Hinsichtlich der Validierung bestehender Studien bestätigt die durchgeführte qualitative empirische Analyse die Ergebnisse der Studie Hachmeister/Kühnle/Lampenius (2009) weitestgehend für den Zeitraum ab 2005.[690] Dies betrifft die Parameterbemessung, bei deren Analyse in dieser Arbeit bei Ausgestaltung der Ausschüttungsannahmen eine heterogene Vorgehensweise der Gutachter festgestellt wird. Die Ergebnisse, insbesondere hinsichtlich Bemessung der Parameter Beta-Faktor und Wachstumsab-

[690] Vgl. Hachmeister/Kühnle/Lampenius, WPg (2009), S. 1246.

schlag werden jedoch bestätigt. Die durchgeführte qualitative Analyse deckt sich auch mit den Ergebnissen von Schrenker (2011) hinsichtlich der Vorgehensweise bei der Vergangenheitsanalyse und Ausgestaltung der Detailplanungs-/Fortführungsphase.[691] Über die qualitative Analyse wird in dieser Arbeit zusätzlich gezeigt, dass im Vergleich mit den empirischen Ergebnissen zur Parameterbemessung von Rathausky (2008) auf Basis eines früheren Untersuchungszeitraums eine detailliertere, wenn auch weiterhin unvollständige Berichterstattung zur Bemessung der Parameter Beta-Faktor und Wachstumsabschlag erfolgt.[692] Die Analyse zeigt weiter, dass im Vergleich zu Schüler/Lampenius (2007) und Rathausky (2008) die Höhe des im Durchschnitt angesetzten Wachstumsabschlags angestiegen ist.[693]

Ziel der quantitativen Analyse ist die Prüfung der Plausibilisierbarkeit der Gutachten und Identifikation der Sensitivitäten einzelner Bewertungsparameter, um deren Sensitivität auf den Unternehmenswert offenzulegen und für den Bewertungsgutachter vorhandene Ermessensspielräume zu quantifizieren.

Insgesamt konnten 75 von 78 Ertragswertermittlungen der Jahre 2005 bis 2009 mit einer maximalen Abweichung von 0,5% repliziert werden. Weitere Ermessensspielräume werden zu Beginn bei Replikation der Gutachten offengelegt, mit deren Ausgestaltung zum Teil barwertmindernde Effekte erzielt werden (Zurechnung von Dividenden, fiktive Zurechnung thesaurierter Gewinne). Die Ergebnisse der qualitativen Analyse werden dadurch weiter bestätigt.

Die Wertbeitragsanalyse zeigt, dass der durchschnittliche Wertanteil der Fortführungsphase der Jahre 2005 bis 2009 zwischen 68% und 85% liegt. Der Wertanteil der Fortführungsphase am Unternehmenswert beträgt insgesamt im Durchschnitt 79% und

---

[691] Vgl. Schrenker, CF biz (2011), S. 487.

[692] Vgl. Rathausky (2008), S. 147f.

[693] Vgl. Schüler/Lampenius, BFuP (2007), S. 243; Rathausky (2008), S. 148.

determiniert damit maßgeblich den Gesamtunternehmenswert. Die Ausgestaltung von Parametern, die zumindest in den Wertbeitrag der Fortführungsphase einfließen, hat somit entscheidenden Einfluss auf die Höhe des Unternehmenswerts.

Die Sensitivitätsanalysen ergeben, dass der Risikozuschlag im Vergleich zu den anderen analysierten Parametern Wachstumsabschlag und persönlichen Ertragsteuern verbunden mit einer Vollausschüttungsannahme im Rahmen der durchgeführten Parametervariation die höchste Sensitivität aufweist. Die mit der Bemessung des Parameters verbundene, durch die qualitative Analyse festgestellte heterogene Vorgehensweise und eingeschränkte Plausibilisierbarkeit öffnen durch den somit entstehenden Ermessensspielraum ein kritisches Steuerungspotenzial des Unternehmenswerts. Bei negativer Variation resultiert eine überproportionale Wertveränderung, die bei einer Variation des Risikozuschlags um bis zu -50% im Durchschnitt bei 57,4% liegt. In geringerem Umfang nehmen die Intervalle der resultierenden Wertänderungen bei positiver Variation des Risikozuschlags zu, die bei einer Variation des Risikozuschlags um bis zu +50% im Durchschnitt bei -27,4% liegt.

Durch die Wirkung des Wachstumsabschlags auf die Fortführungsphase entsteht bei einer Variation in einer Schrittweite von 0,5 Prozentpunkten bis hin zu -2/+2 Prozentpunkten im Durchschnitt eine Abweichung des Unternehmenswerts in Höhe von bis zu 39,3%/-16,2%. Aufgrund der mittels qualitativer Analyse identifizierten, vergleichsweise niedrigen Dokumentationsanforderungen zu dessen Bemessung und der damit einhergehenden eingeschränkten Möglichkeit zur Plausibilisierung bietet der damit verbundene Ermessensspielraum erhebliches Steuerungspotenzial des Unternehmenswerts.

Die Sensitivitätsanalyse der persönlichen Ertragsteuern zeigt, dass die Wertänderung, die sich durch eine Vollausschüttungsannahme bei konsistenter Abbildung der Haltedauer im Vergleich zur vorherrschenden Vorgehensweise mit einem effektiven Steuersatz in Höhe des hälftigen nominalen Abgeltungssteuersatzes im Bewertungskalkül ergibt, vergleichsweise gering ausfällt (durchschnittlich 5,4% bei konstanter Marktrisikoprämie). Die Forderung nach voller Abfindung und der moderat werterhöhende Einfluss auf den Unternehmenswert der persönlichen Ertragsteuern bei einer Vollausschüttungsannahme stünde weder der konsistenten Anwendung eines einperiodigen CAPM noch den Interessen der Minderheitsaktionäre entgegen.

8.2 Limitationen und Ausblick

Empirische Analysen unterliegen grundsätzlich Limitationen. Für die empirische Analyse dieser Arbeit wurde der Zeitraum 2005 bis 2009 gewählt, da somit gewährleistet wird, dass nur Bewertungsgutachten, bei denen der IDW ES 1 i.d.F. 2005 oder eine aktuellere Fassung als Bewertungsstandard diente, in die Analyse eingehen. Somit wird eine weitgehend einheitliche, den Bewertungsgutachten zugrunde liegende Norm sichergestellt. Im analysierten Zeitraum erfolgte die empirische Analyse auf Basis von 80 von 93 identifizierten Squeeze-out-Fällen börsennotierter Aktiengesellschaften, womit die durchgeführte Analyse als repräsentativ für den untersuchten Zeitraum angesehen werden kann.

Ein erster Anhaltspunkt für das Vorliegen von Ermessensspielräumen ergibt sich durch den Vergleich der Abfindungsbeträge (Abschnit 6.1.3), bei denen sowohl ein Ertragswert als auch ein Börsenkurs ermittelt wurde, die bei Ermittlung der Barabfindung zu berücksichtigen waren. Dies betrifft insgesamt 61 Gutachten, wobei die jeweiligen Abweichungen der Fälle, bei denen der Börsenkurs über dem Ertragswert lag (44), mit den Fällen (17), bei denen der Ertragswert über dem Börsenkurs lag, verglichen werden. Croci/Erhard/Nowak (2012) stellen insbesondere eine abnormale Rendite im Intervall [+2;-2] Tage um die Äußerung des Ausschlussverlangens fest.[694] Es wird jedoch bereits vom IDW empfohlen, den dreimonatigen Referenzzeitraum zur Berechnung des durchschnittlichen Börsenkurses vom Tag der Äußerung des Ausschlussver-

[694] Vgl. Croci/Erhardt/ Nowak (2012), S. 22.

langens zurückzurechnen, womit deren Ergebnis den Ergebnissen dieser Arbeit nicht entgegensteht.[695] Eine Analyse des jeweils zugrunde liegenden historischen Referenzzeitraums zur Bestimmung des Börsenkurses sowie die Berechnung der durchschnittlichen Börsenkurse auf Basis unterschiedlicher historischer Referenzzeiträume würde jedoch zur Präzisierung der Ergebnisse beitragen.

Rückschlüsse auf Ermessensspielräume wurden qualitativ mittels der Kriterien „Möglichkeit zur intersubjektiven Plausibilisierung" (ja/teilweise/nein) und „Vorgehensweise der Gutachter" (homogen/heterogen) beurteilt. Diese Kriterien wurden gewählt, da davon ausgegangen wird, dass sich mit abnehmender Möglichkeit zur Plausibilisierung und zunehmender Heterogenität bei der Vorgehensweise der für den Hauptaktionär bzw. Gutachter bestehende Ermessensspielraum erhöht. Die Ergebnisse sind damit vor dem Hintergrund der gewählten Kriterien zu würdigen.

Die durchgeführten Sensitivitätsanalysen zeigen die Wertänderung des Unternehmenswerts im Intervall der jeweiligen Parametervariationen. Somit lässt sich zeigen, bei welchen ausgewählten Parametern aufgrund hoher Wertänderungen und den Ergebnissen der qualitativen Analyse ein tendenziell kritischer Ermessensspielraum besteht. Die sich bei den Sensitivitätsanalysen durch Parametervariation ergebenden Wertänderungen sind jedoch nicht einer Bandbreite, in dem sich ein Ermessensspielraum bewegt, gleichzusetzen. In welcher Bandbreite sich ein Ermessensspielraum tatsächlich bewegt, hängt von der letztlichen Begrenzung des Ermessensspielraums durch die normativen Anforderungen an die Unternehmensbewertung bei Squeeze-out ab. Im Fall des aktienrechtlichen Squeeze-out (§§ 327a-f AktG) ist für das Bewertungssubjekt bzw. im Regelfall den Bewertungsgutachter in den allermeisten Fällen der Standard IDW S 1 bindend. Die Einhaltung der normativen Anforderungen der Rechtsprechung geschieht letzten Endes anhand der Überprüfung der Angemessenheit der Barabfindung im Spruchverfahren. Bestimmt und überprüft wird jedoch mit der Angemessen-

---

[695] Vgl. IDW (2007), Band II M, Rn. 155.

heit der Barabfindung für jede durchgeführte Unternehmensbewertung immer nur ein Punktwert und nicht eine Bandbreite an Werten, die innerhalb oder außerhalb der normativen Anforderungen liegen. In der vorliegenden Arbeit kann somit identifiziert werden, dass Ermessensspielräume bestehen, zu deren Umfang mit den genannten Limitationen eine Tendenz abgegeben wird. Die Bestimmung eines konkreten Intervalls, in dem sich der jeweilige Ermessensspielraum bewegt, ist somit nicht möglich.

Die in dieser Arbeit durchgeführten empirischen Analysen konzentrieren sich auf den Bewertungsprozess zur Ermittlung der angemessenen Barabfindung durch den Hauptaktionär bzw. Bewertungsgutachter. Eine weitere Verknüpfung der empirischen Ergebnisse dieser Arbeit mit den über das Spruchverfahren bestätigten bzw. festgesetzten Abfindungsbeträgen könnte einen weiteren Einblick in die Anreiz- und Handlungsmuster der am Verfahren beteiligten Personen offenlegen sowie eine präzisere Identifikation der Ermessensspielräume für das Bewertungssubjekt ermöglichen. Hierbei müsste auch eine genaue Analyse der Auseinandersetzung zwischen Haupt- und Minderheitsaktionären über Anfechtungsklagen sowie der außergerichtlichen Einigungen zwischen Haupt- und Minderheitsaktionären Berücksichtigung finden. Weitergehender Forschungsbedarf besteht zusätzlich hinsichtlich der Analyse der Wertsensitivität der Ermittlung einzelner Komponenten des Risikozuschlags, für die in dieser Arbeit eine Sensitivitätsanalyse für den aggregierten Parameter erfolgte.

Anhang 1: Übersicht über vorhandene Gutachten und Prüfberichte der Squeeze-outs börsennotierter Aktiengesellschaften im Zeitraum 2005 bis 2009

Tabelle A1-1: Gutachten und Prüfberichte der Squeeze-outs börsennotierter Aktiengesellschaften 2009

	2009	
	Gesellschaft	**Datum Hauptversammlung**
1	AWD Holding AG	24.02.2009
2	Beru AG	20.05.2009
3	Constantin Film AG	22.04.2009
4	D+S europe AG	27.08.2009
5	Delta Lloyd Lebensversicherung AG	18.12.2009
6	Dom-Brauerei AG	02.02.2010
7	Dr. Scheller Cosmetics AG	22.12.2009
8	Epcos AG	20.05.2009
9	Francono Rhein-Main AG	18.05.2009
10	Hypo Real Estate Holding AG	05.10.2009
11	Jerini AG	16.06.2009
12	LHS AG	21.12.2009
13	Real AG	28.10.2009
14	Schwarz Pharma AG	08.07.2009
15	VEM Aktienbank AG	12.02.2009
16	Wave Light AG	28.08.2009

Tabelle A1-2: Gutachten und Prüfberichte der Squeeze-outs börsennotierter Aktiengesellschaften 2008

	2008	
	Gesellschaft	**Datum Hauptversammlung**
1	Allianz Lebensversicherungs-AG	07.05.2008
2	DBV-Winterthur Holding AG	03.07.2008
3	DIBAG Industriebau AG	15.12.2008
4	Didier-Werke AG	29.08.2008
5	IVG Deutschland Immobilien AG	28.08.2008
6	iXOS Software AG	24.01.2008
7	Jagenberg AG	14.02.2008
8	LINOS AG	26.08.2008
9	ricardo.de AG	27.05.2008
10	Techem AG	05.06.2008
11	UBAG Unternehmer Beteiligungen AG i.A.	11.03.2008

Tabelle A1-3: Gutachten und Prüfberichte der Squeeze-outs börsennotierter Aktiengesellschaften 2007

	2007	
	Gesellschaft	**Datum Hauptversammlung**
1	AUTANIA AG für Industriebeteiligungen	28.11.2007
2	Bayerische Hypo- und Vereinsbank AG	27.06.2007
3	Conti Tech AG	22.08.2007
4	DGAG Dt. Grundvermögen AG	16.05.2007
5	DIS Deutscher Industrie Service AG	20.12.2007
6	Eurohypo AG	29.08.2007
7	Grundstücks- und Baugesellschaft AG Heidenheim	10.10.2007
8	Hageda AG	21.12.2007
9	Hanfwerke Oberachern AG	18.12.2007
10	Keramag AG	17.08.2007
11	Kolbenschmidt Pierburg AG	26.06.2007
12	Kölnische Rückversicherungs Gesellschaft AG	26.06.2007
13	Leica Camera AG	20.11.2007
14	Möbel Walther AG	31.08.2007
15	Otto Stumpf AG	20.12.2007
16	RSE Grundbesitz und Beteiligungs- AG	20.12.2007
17	Schering AG	17.01.2007

Tabelle A1-4: Gutachten und Prüfberichte der Squeeze-outs börsennotierter Aktiengesellschaften 2006

	2006	
	Gesellschaft	**Datum Hauptversammlung**
1	A. Friedrich Flender AG	03.02.2006
2	AXA Konzern AG	20.07.2006
3	AXA Lebensversicherung AG	18.07.2006
4	BHW Holding AG	20.07.2006
5	Bremer Woll-Kämmerei	15.08.2006
6	Celanese AG	30.05.2006
7	Degussa AG	29.05.2006
8	Deutsche Ärzteversicherung AG	17.07.2006
9	equitrust AG	28.09.2006
10	Gerling Konzern Allgemeine Versicherungs-AG	20.09.2006
11	Jil Sander AG	05.09.2006
12	KBC Bank Deutschland AG	05.05.2006
13	Knürr AG	22.06.2006
14	Kölnische Verwaltungs-AG für Versicherungswerte	21.07.2006
15	SAP Systems Intergration AG	28.04.2006
16	TIAG TABBERT-Industrie AG	31.03.2006
17	Vattenfall Europe AG	01.03.2006
18	WERU AG	27.07.2006
19	Würzburger Hofbräu AG	18.05.2006

Tabelle A1-5: Gutachten und Prüfberichte der Squeeze-outs börsennotierter Aktiengesellschaften 2005

	2005	
	Gesellschaft	**Datum Hauptversammlung**
1	AG Kühnle, Kopp & Kausch	14.09.2005
2	Armstrong DLW AG	02.12.2005
3	AVA Allgemeine Handelsgesellschaft der Verbraucher AG	13.07.2005
4	AXA Versicherung AG	12.07.2005
5	Contigas Deutsche Energie-AG	17.06.2005
6	Deutscher Eisenhandel AG	15.11.2005
7	G.Kromschröder AG	16.12.2005
8	Gauss Interprise AG	25.08.2005
9	Glunz AG	31.05.2005
10	Heinrich Industrie AG	12.05.2005
11	Lindner Holding KGaA	25.02.2005
12	Tarkett AG	20.06.2005
13	Walter AG	15.06.2005
14	Wella AG	13.12.2005
15	Werbas AG	25.07.2005
16	Württembergische Hypothekenbank AG	12.05.2005
17	Württembergische und Badische Versicherungs-AG	25.05.2005

Anhang 2: Empirische Befunde zur Haltedauer privater Investoren

Abbildung A2-1: Haltedauer für den deutschen Kapitalmarkt aggregiert für alle Marktteilnehmer[696]

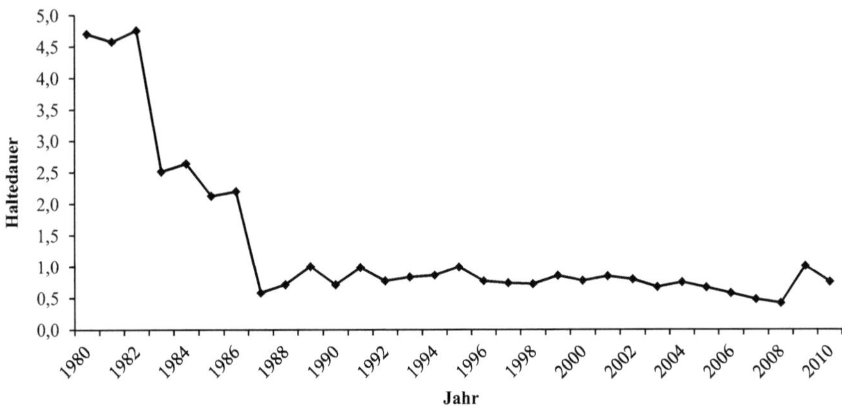

Abbildung A2-2: Anteil der privaten Investoren am Gesamtmarkt in Deutschland

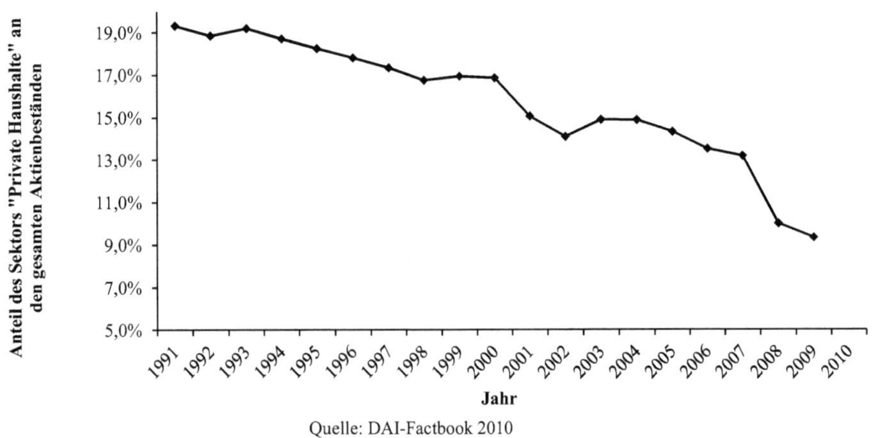

Quelle: DAI-Factbook 2010

696 Haltedauer auf Basis monatlicher Durchschnittswerte; Aktienbestand/Umsatz inländischer Aktien; Quelle: World Federation of Exchanges.

Anhang 3: Sensitivitätsanalysen Inflations-/Wachstumsabschlag

Tabelle A3-1: Sensitivitätsanalysen Inflations-/Wachstumsabschlag, Variation um -0,5 Prozentpunkte

Variation -0,5%/ N= 70	Wertanteil Detailplanungsphase	Wertanteil Fortführungsphase	Veränderung Ertragswert	ΔWertanteil Fortführungsphase
Arithm. Mittel	23,0%	77,0%	-5,8%	-1,7%
Median	16,5%	83,5%	-5,5%	-1,3%
Max	95,1%	100,0%	-0,5%	0,0%
Min	0,0%	4,9%	-10,0%	-9,6%
1. Quartil	9,7%	71,4%	-6,8%	-1,9%
3.Quartil	28,6%	90,3%	-4,6%	-0,7%
Variation -0,5%/ N= 55				
Arithm. Mittel	22,1%	77,9%	-6,1%	-1,7%
Median	16,6%	83,4%	-5,9%	-1,3%
Max	95,1%	100,0%	-0,5%	0,0%
Min	0,0%	4,9%	-10,0%	-9,6%
1. Quartil	8,3%	73,9%	-8,0%	-1,9%
3.Quartil	26,1%	91,7%	-4,6%	-0,6%
Variation -0,5%/ N= 24				
Arithm. Mittel	21,8%	78,2%	-6,3%	-1,8%
Median	18,0%	82,0%	-6,3%	-1,5%
Max	95,1%	100,0%	-0,5%	0,0%
Min	0,0%	4,9%	-10,0%	-9,6%
1. Quartil	10,5%	73,9%	-8,0%	-2,1%
3.Quartil	26,1%	89,5%	-5,0%	-0,8%
Variation -0,5%/ N= 7				
Arithm. Mittel	28,3%	71,7%	-4,9%	-2,3%
Median	25,2%	74,8%	-5,3%	-1,7%
Max	95,1%	100,0%	-0,5%	0,0%
Min	0,0%	4,9%	-8,4%	-9,6%
1. Quartil	0,8%	56,5%	-5,9%	-2,7%
3.Quartil	43,5%	99,2%	-3,7%	-0,1%

Tabelle A3-2: Sensitivitätsanalysen Inflations-/Wachstumsabschlag, Variation um -1,0 Prozentpunkte

Variation -1,0%/ N= 55	Wertanteil Detailplanungs-phase	Wertanteil Fortführungs-phase	Veränderung Ertragswert	ΔWertanteil Fortführungs-phase
Arithm. Mittel	23,1%	76,9%	-11,3%	-3,3%
Median	17,9%	82,1%	-11,2%	-2,6%
Max	95,5%	100,0%	-1,0%	0,0%
Min	0,0%	4,5%	-17,9%	-17,5%
1. Quartil	8,8%	71,7%	-14,6%	-3,8%
3.Quartil	28,3%	91,2%	-8,7%	-1,3%
Variation -1,0%/ N= 24				
Arithm. Mittel	22,9%	77,1%	-11,6%	-3,5%
Median	19,5%	80,5%	-11,7%	-3,0%
Max	95,5%	100,0%	-1,0%	0,0%
Min	0,0%	4,5%	-17,9%	-17,5%
1. Quartil	11,2%	72,0%	-14,6%	-4,2%
3.Quartil	28,0%	88,8%	-9,4%	-1,5%
Variation -1,0%/ N= 7				
Arithm. Mittel	29,0%	71,0%	-9,2%	-4,4%
Median	26,5%	73,5%	-10,0%	-3,4%
Max	95,5%	100,0%	-1,0%	0,0%
Min	0,0%	4,5%	-15,4%	-17,5%
1. Quartil	0,9%	55,0%	-11,2%	-5,3%
3.Quartil	45,0%	99,1%	-6,9%	-0,1%

Tabelle A3-3: Sensitivitätsanalysen Inflations-/Wachstumsabschlag, Variation um -1,5 Prozentpunkte

Variation -1,5%/ N= 24	Wertanteil Detailplanungs-phase	Wertanteil Fortführungs-phase	Veränderung Ertragswert	ΔWertanteil Fortführungs-phase
Arithm. Mittel	23,9%	76,1%	-16,2%	-5,1%
Median	20,9%	79,1%	-16,5%	-4,5%
Max	95,9%	100,0%	-1,4%	0,0%
Min	0,0%	4,1%	-24,3%	-24,2%
1. Quartil	11,9%	70,1%	-20,2%	-6,1%
3.Quartil	29,9%	88,1%	-13,3%	-2,3%
Variation -1,5%/ N= 7				
Arithm. Mittel	29,7%	70,3%	-13,0%	-6,3%
Median	27,8%	72,2%	-14,3%	-5,0%
Max	95,9%	100,0%	-1,4%	0,0%
Min	0,0%	4,1%	-21,5%	-24,2%
1. Quartil	0,9%	53,6%	-15,9%	-7,8%
3.Quartil	46,4%	99,1%	-9,8%	-0,2%

Tabelle A3-4: Sensitivitätsanalysen Inflations-/Wachstumsabschlag, Variation um -2,0 Prozentpunkte

Variation -2,0%/ N= 7	Wertanteil Detailplanungs-phase	Wertanteil Fortführungs-phase	Veränderung Ertragswert	ΔWertanteil Fortführungs-phase
Arithm. Mittel	30,4%	69,6%	-16,3%	-7,9%
Median	29,1%	70,9%	-18,1%	-6,6%
Max	96,2%	100,0%	-1,7%	0,0%
Min	0,0%	3,8%	-26,7%	-29,8%
1. Quartil	1,0%	52,2%	-20,1%	-10,2%
3.Quartil	47,8%	99,0%	-12,3%	-0,2%

Literaturverzeichnis

Adolff, Johannes (2007): Unternehmensbewertung im Recht der börsennotierten Aktiengesellschaft, München 2007.

Albrecht, Thomas (2004): Überlegungen zu Endwertermittlung und Wachstumsabschlag, in: FB (2004), S. 732-740.

Altmeppen, Holger (2010): §§ 291–303 AktG, in: Goette, Wulf / Habersack, Mathias (Hrsg.): Münchener Kommentar zum Aktiengesetz, Band 5, 3. Aufl., München 2010.

Arbeitskreis "Finanzierung" der Schmalenbach-Gesellschaft Deutsche Gesellschaft für Betriebswirtschaft e.V.(1996): Wertorientierte Unternehmenssteuerung mit differenzierten Kapitalkosten, in: ZfbF (1996), S. 543-578.

Assmann, Heinz-Dieter/Schneider, Uwe (2006): Wertpapierhandelsgesetz, Kommentar, 4. Aufl., Köln 2006.

Auerbach, Alan J. (1983): Taxation, Corporate Financial Policy and the Cost of Capital, in: JEL (1983), S. 905-940.

Austmann, Andreas (2007): §§ 74, 82-85, in: Hoffmann-Becking, Michael/Austmann, Andreas (Hrsg.): Münchener Handbuch des Gesellschaftsrechts, Bd. 4, 3. Aufl., München 2007.

Baetge, Jörg/Krause, Clemens (1994): Die Berücksichtigung des Risikos bei der Unternehmensbewertung, in: BFuP (1994), S. 433-456.

Baetge, Jörg u.a. (2009): Darstellung der Discounted Cashflow-Verfahren (DCF-Verfahren) mit Beispiel, in: Peemöller, Volker H. (Hrsg.): Praxishandbuch der Unternehmensbewertung, 4. akt. u. erw. Aufl., Herne 2009, S. 339-477.

Ballwieser, Wolfgang (1995): Unternehmensbewertung und Steuern in: Elschen, Rainer/Siegel, Theodor/Wagner, Franz W. (Hrsg.): Unternehmenstheorie und Besteuerung, Wiesbaden 1995, S. 15-37.

Ballwieser, Wolfgang (2003): Zum risikolosen Zins für die Unternehmensbewertung, in: Richter, Frank/Schüler, Andreas/Schwetzler, Bernhard (Hrsg.): Kapitalgeberansprüche, Marktwertorientierung und Unternehmenswert, München 2003, S. 21-35.

Ballwieser, Wolfgang (2005): Die Ermittlung impliziter Eigenkapitalkosten aus Gewinnschätzungen und Aktienkursen: Ansatz und Probleme, in: Schneider, Dieter u.a. (Hrsg.): Kritisches zu Rechnungslegung und Unternehmensbesteuerung, Berlin 2005, S. 321-337.

Ballwieser, Wolfgang (2007): Unternehmensbewertung, 2., überarb. Aufl., Stuttgart 2007.

Ballwieser, Wolfgang (2011): Unternehmensbewertung, 3., überarb. Aufl., Stuttgart 2011.

Bassemir, Moritz/Gebhardt, Günther/Leyh, Sascha (2012): Der Basiszinssatz in der Praxis der Unternehmensbewertung: Quantifizierung eines systematischen Bewertungsfehlers, in ZfbF (2012), S. 655-678.

Baums, Philipp A. (2001): Ausschluss von Minderheitsaktionären, Diss., Frankfurt a. M. 2001.

Baums, Theodor/Keinath, Astrid/Gajek, Daniel (2007): Fortschritte bei Klagen gegen Hauptversammlungsbeschlüsse? Eine empirische Studie, in: ZIP (2007), S. 1629-1650.

Bayer, Walter (2008): §§ 1-75, in: Goette, Wulf/Habersack, Mathias/Kalss, Susanne (Hrsg.): Münchener Kommentar zum Aktiengesetz, Band 1, 3. Aufl., München 2008.

Behrens, Stefan (2007): Neuregelung der Besteuerung der Einkünfte aus Kapitalvermögen ab 2009 nach dem Regierungsentwurf eines Unternehmensteuerreformgesetzes vom 14.3.2007, in: BB (2007), S. 1025-1032.

Blum, Andreas (2008): Die Berücksichtigung von Steuern bei der Bewertung von Unternehmen, Diss., Köln 2008.

Blume, Marshall E. (1974): Unbiased Estimators of Long-Run Expected Rates of Return, in: JASA (1974), S. 634-638.

Böcking, Hans-Joachim/Nowak, Karsten (1998): Der Beitrag der Discounted Cash Flow-Verfahren zur Lösung der Typisierungsproblematik bei Unternehmensbewertungen, in: DB (1998), S. 685-690.

Bödeker, Annette/Fink, Michael (2011): Unternehmensvertragliche Ausgleichansprüche bei Zusammentreffen mit Squeeze-out - Grundsatzentscheidung des BGH, in: NZG (2011), S. 816-818.

Bolte, Christian (2001): Squeeze-out: Eröffnung neuer Umgehungstatbestände durch die §§ 327a ff. AktG, in: DB (2001), S. 2587-2591.

Börner, Dietrich (1980): Unternehmensbewertung, in: Albers u.a. (Hrsg.): Handwörterbuch der Wirtschaftswissenschaften, Bd. 8, Stuttgart-New York 1980, S. 111-123.

Born, Karl (2003): Unternehmensanalyse und Unternehmensbewertung, 2., akt. u. erw. Aufl., Stuttgart 2003.

Brealey, Richard A./Myers, Stewart C. / Allen, Franklin (2008): Principles of corporate finance, 9. ed., Boston u. a.

Brennan, Michael J. (1970): Taxes, Market Valuation and Corporate Financial Policy, in: NTJ (1970), S. 417-427.

Bretzke, Wolf-Rüdiger (1975): Das Prognoseproblem bei der Unternehmensbewertung, Düsseldorf 1975.

Brösel, Gerrit/Hauttmann, Richard (2007): Einsatz von Unternehmensbewertungsverfahren zur Bestimmung von Konzessionsgrenzen sowie in Verhandlungssituationen, in: FB (2007), S. 293-309.

Brösel, Gerrit/Karimi, Behzad (2011): Der Börsenkurs in der Rechtsprechung: Zum Spannungsverhältnis zwischen Minderheitenschutz und Rechtssicherheit – Anmerkungen zum Stollwerck-Beschluss vom 19.07.2010, in: WPg (2011), S. 418-430.

Bruns, Carsten (1998): Unternehmensbewertung auf Basis von HGB- und IAS Abschlüssen, Herne, Berlin 1998.

Bukowski, Michael/Suerbaum, Andreas (2010): Prüfung im Rahmen des Squeeze out, in: Santelmann, Matthias u.a. (Hrsg.): Squeeze out Handbuch für die Praxis, Berlin 2010, S. 175-256

Bungert, Hartwin (1995): Unternehmensvertragsbericht und Unternehmensvertragsprüfung gemäß §§ 293a ff. AktG, in: DB (1995), S. 1384-1392.

Claus, James/Thomas, Jacob (2001): Equity Premia as Low as Three Percent? Evidence from Analysts' Earnings Forecasts for Domestic and International Stock Markets, in: JoF (2001), S. 1629-1666.

Coenenberg, Adolf/Sieben, Günther (1976): Unternehmensbewertung, in: Grochla, Erwin / Wittmann, Waldemar (Hrsg.): Handwörterbuch der Betriebswirtschaft, Bd. 3, 4. Aufl., Stuttgart 1976, Sp. 4062-4079.

Cooper, Ian (1996): Arithmetic versus geometric mean estimators: Setting discount rates for capital budgeting, in: EFM (1996), S. 157-167.

Croci, Ettore / Erhardt, Olaf / Nowak, Eric (2012): The Corporate Endgame – An Economic Analysis of Minority Squeeze-out Regulation in Germany, Paris December 2012 Finance Meeting EUROFIDAI-AFFI Paper, Veröffentlichungs-Datum: 5.6.2012, http://papers.ssrn.com/sol3/papers.cfm? Astract_id=2080745.

Dahlquist, Magnus/Svensson, Lars E.O. (1996): Estimating the Term Structure of Interest Rates for Monetary Policy Analysis, in: Scandinavian Journal of Economics (1996), S. 163-183.

Damodaran, Aswath (2006): Damodaran on Valuation, 2. Aufl., Hoboken 2006.

Daske, Holger/Gebhardt, Günther (2006): Zukunftsorientierte Bestimmung von Risikoprämien und Eigenkapitalkosten für die Unternehmensbewertung, in: ZfbF (2006), S. 530-551.

Deilmann, Barbara (2010): §§ 291-307 in: Hölters, Wolfgang (Hrsg.): Aktiengesetz, Kommentar, München 2011.

Deutsche Börse (2003): Deutscher Rentenindex REX und REXP, Veröffentlichungs-Datum: Mai 2003, http://deutscheboerse.com/INTERNET/IP/ip_stats.nsf/WebMaskenformeln/EF265 3A5500941 1F4125695D0063DC2F/$file/REX_REXP_I_D_V200305.pdf.

Deutsche Bundesbank (1997): Monatsbericht Oktober 1997, Veröffentlichungs-Datum: Oktober 1997, http://www.bundesbank.de/Redaktion/DE/Downloads/Veroeffentlichungen/Monats berichtsaufsaetze/1997/1997_10_zinsstrukturkurven.pdf?__blob=publicationFile.

Deutsche Bundesbank (2011): Statistik-Zeitreihen, Zugriff am 17.03.2011, http://www.bundesbank.de/statistik/statistik_zeitreihen.php?lang=de&open=&func=list&tr=w ww_ s300_it03c.

Dimson, Elroy/Marsh, Paul/Staunton, Mike (2003): Global Evidence on the Equity Risk Premium, in JoACF (2003), S. 27-38.

Dißars, Björn-Axel (2004): Anfechtungsrisiken beim Squeeze-out – zugleich eine Analyse der bisherigen Rechtsprechung, in: BKR (2004), S. 389-394.

Dörner, Wolfgang (1983): Grundsätze zur Durchführung von Unternehmensbewertungen, in: WPg (1983), S. 549-554.

Dörschell, Andreas/Franken, Lars/Schulte, Jörn (2008): Ermittlung eines objektivierten Unternehmenswertes für Personengesellschaften nach der Unternehmensteuerreform 2008, in: WPg (2008), S. 444-454.

Dörschell, Andreas/Franken, Lars/Schulte, Jörn (2009): Der Kapitalisierungszinssatz in der Unternehmensbewertung, Düsseldorf 2009.

Dörschell, Andreas u. a.(2008): Ableitung CAPM-basierter Risikozuschläge bei der Unternehmensbewertung – eine kritische Analyse ausgewählter Problemkreise im Rahmen von IDW S 1 i.d.F. 2008, in: WPg (2008), S. 1152-1162.

Drescher, Ingo (2010): Spruchverfahrensgesetz, in: Spindler, Gerald/Stilz, Eberhard (Hrsg.): Kommentar zum Aktiengesetz Band 2, §§ 150-410 AktG, IntGesR, SpruchG SE-VO, 2. Aufl., München 2010.

Drukarczyk, Jochen (1973): Zum Problem der angemessenen Barabfindung bei zwangsweise ausscheidenden Anteilseignern, in: AG (1973), S. 357-365.

Drukarczyk, Jochen/Schüler, Andreas (2003): Kapitalkosten deutscher Aktiengesellschaften – eine empirische Untersuchung, in: FB (2003), S. 337-347.

Drukarczyk, Jochen/Schüler, Andreas (2009): Unternehmensbewertung, 6. Aufl., München 2009.

Ebenroth, Carsten Thomas u.a. (2009): §§ 343-475h HGB, Transportrecht, Bank und Börsenrecht, in: Joost, Detlev/Strohn, Lutz (Hrsg.): Handelsgesetzbuch Band II, 2. Aufl., München 2009.

Ebke, Werner (2008): §§ 316-324a HGB, in: Schmidt, Karsten (Hrsg.): Münchener Kommentar zum Aktiengesetz, Band 4 Drittes Buch. Handelsbücher §§ 238–342e HGB, 2. Aufl., München 2008.

Eisolt, Dirk (2002): Die Squeeze-out-Prüfung nach § 327c Abs. 2 AktG, in: DStR (2002), S. 1145-1152.

Emmerich, Volker (2010): §§ 304-307 AktG, Spruchverfahrengesetz, in: Emmerich, Volker/Habersack, Mathias (Hrsg.): Aktien- und GmbH-Konzernrecht, Kommentar, 6., überarb. Aufl., München 2010.

Fabozzi, Frank J./Markowitz, Harry M. (2002): The theory and practice of investment management, Hoboken 2002.

Fama, Eugene F. (1977): Risk-adjusted discout rates and capital budgeting under uncertainty, in: JFE (1977), S. 3-24.

Feldhoff, Patricia (2000): Der neue IDW-Standard zur Unternehmensbewertung: Ein Fortschritt?, in: DB (2000), S. 1237-1240.

Fleischer, Holger (2002): Das neue Recht des Squeeze out, in: ZGR (2002), S. 757-789.

Fleischer, Holger (2007): §§ 327a-328, 396-398 AktG, in: Hopt, Klaus / Wiedemann, Herbert (Hrsg.): Großkommentar, 4., neubearbeitete Aufl., Berlin 2007.

Fuhrmann, Lambertus/Simon, Stefan (2002): Der Ausschluss von Minderheitsaktionären, in: WM (2002), S. 1211-1217.

Gampenrieder, Peter (2004): Squeeze-out: Rechtsvergleich, empirischer Befund und ökonomische Analyse, Diss., Frankfurt am Main 2004.

Gampenrieder, Peter (2005): Auswirkungen der beabsichtigten Neufassung des IDW S 1 auf die angemessene Abfindung von außen stehenden Aktionären, in: UM (2005), S. 110-116.

Gehling, Christian/Heldt, Cordula/Royé, Claudia (2007): Squeeze Out - Recht und Praxis, in: von Rosen, Rüdiger (Hrsg.): Studien des Deutschen Aktieninstitus, Heft 39, Frankfurt am Main 2007.

Gesmann-Nuissl, Dagmar (2002): Die neuen Squeeze-out-Regeln im Aktiengesetz, in: WM (2002), S. 1205-1211.

Goslar, Sebastian/von der Linden, Klaus (2009): Grenzen des Rechtsmissbrauchseinwands gegen Gestaltungen beim aktienrechtlichen Squeeze-out, in: BB (2009), S. 1986-1994.

Großfeld, Bernhard (2002): Unternehmens- und Anteilsbewertung im Gesellschaftsrecht, 4., völlig neu überarb. Aufl., Köln 2002.

Großfeld, Bernhard (2011): Recht der Unternehmensbewertung, 6., neu bearb. Aufl., Köln 2011.

Grunewald, Barbara (2010): §§ 319–328 AktG, in: Goette, Wulf/Habersack, Mathias (Hrsg.): Münchener Kommentar zum Aktiengesetz, Band 5, 3. Aufl., München 2010.

Grzimek, Philipp (2008): §§ 327a-f AktG, in: Geibel, Stephan/Süßmann, Rainer: Wertpapiererwerbs- und Übernahmegesetz (WpÜG), Kommentar, 2., überarbeitete Aufl., München 2008.

Habersack (2010): §§ 311-327f AktG in: Emmerich, Volker/Habersack, Mathias (Hrsg.): Aktien- und GmbH-Konzernrecht, Kommentar, 6., überarb. Aufl., München 2010.

Hachmeister, Dirk/Kühnle, Benjamin / Lampenius, Niklas (2009): Unternehmensbewertung in Squeeze-out-Fällen: eine empirische Analyse, in: WPg (2009), S. 1234-1246.

Halasz, Christian/Kloster, Lars (2002): Nochmals: Squeeze-out – Eröffnung neuer Umgehungstatbestände durch die §§ 327a ff. AktG?, in: BB (2002), S. 1253-1257.

Halm, Dirk (2000): „Squeeze-out“ heute und morgen: Eine Bestandsaufnahme nach dem künftigen Übernahmerecht, in: NZG (2000), S. 1162-1165.

Hamada, Robert (1969): Portfolio Analysis, Market Equilibrium and Corporation Finance, in: JoF (1969), S. 13-31.

Handelsrechtsausschuss des Deutschen Anwaltvereins e.V. (1999): Stellungnahme des Handelsrechtsausschusses des Deutschen Anwaltsvereins e. V. zur Ergänzung des AktG durch einen Titel „Aktienerwerb durch den Hauptaktionär”, in: NZG (1999), S. 850-852.

Hasselbach, Kai (2010): Kölner Kommentar zum WpÜG, in: Hirte, Heribert/Altenhain, Karsten (Hrsg.): Kölner Kommentare zum Unternehmens- und Gesellschaftsrecht, 2. Aufl., Köln 2010.

Hayn, Marc (2000): Unternehmensbewertung: Die funktionalen Wertkonzeptionen, in: Der Betrieb (2000), S. 1346-1353.

Heidel, Thomas/Lochner, Daniel (2007): §§ 327a-f AktG, in: Heidel, Thomas/Ammon, Ludwig (Hrsg.): Aktienrecht und Kapitalmarktrecht, Kommentar, 2. Aufl., Baden-Baden 2007.

Helbling, Carl (2009): Aufbau und Anforderungen an das Bewertungsgutachten, in: Peemöller, Volker H. (Hrsg.): Praxishandbuch der Unternehmensbewertung, 4. akt. u. erw. Aufl., Herne 2009, S. 339-477.

Helmis, Sven/Kemper, Oliver (2002): Squeeze-out in Deutschland, in: DBW (2002), S. 512-532.

Henselmann, Klaus (1999): Unternehmensrechnungen und Unternehmenswert, Aachen 1999.

Henselmann, Klaus (2000): Der Restwert in der Unternehmensbewertung – eine „Kleinigkeit“?, in: FB (2000), S. 151-157.

Henselmann, Klaus/Weiler, Axel (2007): Empirische Erkenntnisse zu Restwertverläufen in der Unternehmensbewertung, in: FB (2007), S. 354-362.

Hering, Thomas/Brösel, Gerrit (2004): Der Argumentationswert als „blinder Passagier“ im IDW S 1 – Kritik und Abhilfe -, in: WPg (2004), S. 936-942.

Herzig, Norbert (2007): Reform der Unternehmensbesteuerung, in: WPg (2007), S. 7-14.

Hoffmann-Becking, Michael (2011): Abschnitt IV.-XV. in: Heidenhain, Martin / Favoccia, Daniela (Hrsg.): Münchener Vertragshandbuch, Band 1 Gesellschaftsrecht, 7., neubearbeitete und erweiterte Aufl., München 2011.

Holler, Manfred/Illing, Gerhard (2006): Einführung in die Spieltheorie, 6., überarb. Aufl., Berlin 2006.

Hommel, Michael/Braun, Inga / Schmotz, Thomas (2001): Neue Wege in der Unternehmensbewertung? Kritische Würdigung des neuen IDW-Standards (IDW S 1) zur Unternehmensbewertung, in: DB (2001), S. 341-347.

Hopt, Klaus /Merkt, Hanno (2012): §§ 316 - 324a HGB, in: Baumbach, Adolf/Hopt, Klaus/Merkt, Hanno/Roth, Markus (Hrsg.): Handelsgesetzbuch, 35., neubearbeitete Aufl., München 2012.

Hüffer, Uwe (2012): Aktiengesetz, Kommentar, 10., neubearbeitete Aufl., München 2012.

Institut der Wirtschaftsprüfer (IDW) (1983): Stellungnahme HFA 2/1983: Grundsätze zur Durchführung von Unternehmensbewertungen, in: WPg (1983), S. 468-480.

Institut der Wirtschaftsprüfer (IDW) (1999): Entwurf IDW Standard: Grundsätze zur Durchführung von Unternehmensbewertungen (IDW ES 1), in: IDW-Fn (1999), S. 61-85.

Institut der Wirtschaftsprüfer (IDW) (2000): IDW Standard: Grundsätze zur Durchführung von Unternehmensbewertungen (IDW S 1), in: WPg (2000), S. 825-842.

Institut der Wirtschaftsprüfer (IDW) (2002): Wirtschaftsprüfer-Handbuch 2002, Band II, 12. Aufl., Düsseldorf 2002.

Institut der Wirtschaftsprüfer (IDW) (2004): Entwurf einer Neufassung des IDW Standards: Grundsätze zur Durchführung von Unternehmensbewertungen (IDW ES 1 n.F.), in: IDW-Fn (2005), S. 13-40.

Institut der Wirtschaftsprüfer (IDW) (2005): 84. Sitzung des Arbeitskreis Unternehmensbewertung (AKU), in: IDW-Fn. (2005), S. 70-71.

Institut der Wirtschaftsprüfer (IDW) (2005): Arbeitskreis Unternehmensbewertung Eckdaten zur Bestimmung des Kapitalisierungszinssatzes bei der Unternehmensbewertung, in: IDW-Fn. (2005), S. 555-556.

Institut der Wirtschaftsprüfer (IDW) (2005): IDW Standard: Grundsätze zur Durchführung von Unternehmensbewertungen (IDW S 1), in: WPg (2005), S. 1303-1323.

Institut der Wirtschaftsprüfer (IDW) (2007): Entwurf einer Neufassung des IDW Standards: Grundsätze zur Durchführung von Unternehmensbewertungen (IDW ES 1 i.d.F. 2007), in: WPg-Supplement (2007), S. 11-32.

Institut der Wirtschaftsprüfer (IDW) (2007): Wirtschaftsprüfer-Handbuch 2008, Band II, 13. Aufl., Düsseldorf 2007.

Institut der Wirtschaftsprüfer (IDW) (2008): Ergänzende Hinweise des FAUB zur Bestimmung des Basiszinssatzes im Rahmen objektivierter Unternehmensbewertungen, in: IDW-Fn. (2008), S. 490-491.

Institut der Wirtschaftsprüfer (IDW) (2008): IDW Standard: Grundsätze zur Durchführung von Unternehmensbewertungen (IDW S 1 i.d.F. 2008), in: WPg Supplement (2008), S. 68-88.

Institut der Wirtschaftsprüfer (IDW) (2009): Auswirkungen der Finanzmarkt- und Konjunkturkrise auf Unternehmensbewertungen, in: IDW-Fn. (2009), S. 696-698.

Institut der Wirtschaftsprüfer (IDW) (2012): FAUB: Auswirkungen der aktuellen Kapitalmarktsituation auf die Ermittlung des Kapitalisierungszinssatzes, in: IDW-Fn. (2012), S. 122.

Jonas, Martin (2008): Relevanz persönlicher Steuern?, in: WPg (2008), S. 826-833.

Jonas, Martin/Löffler, Andreas/Wiese, Jörg (2004): Das CAPM mit deutscher Einkommensteuer, in: WPg (2004), S. 898-907.

Jonas, Martin/Wieland-Blöse, Heike/Schiffarth, Stefanie (2005): Basiszinssatz in der Unternehmensbewertung, in: FB (2005), S. 648-653.

Jung, Axel (1999). Berichterstattung und Prüfung bei Unternehmensverträgen und Eingliederungen, Diss., Köln 1999.

Kallmeyer, Harald (2000): Ausschluß von Minderheitsaktionären, in: AG (2000), S. 59-61.

Kiem, Roger (2001): Das neue Übernahmegesetz: „Squeeze-out", in: Henze, Hartwig/Hoffmann-Becking, Michael (Hrsg.): Tagungsband zum RWS-Forum am 8. Und 9. März 2001 in Berlin, Köln 2001, S. 329-351.

Knoll, Leonhard (2010): Äquivalenz zwischen signifikanten Werten des Beta-Faktors und des Bestimmtheitsmaßes – Anmerkungen zu Dörschell/Franken/Schulte/Brütting, WPg 2008, S. 1152-1162, in: WPg (2010), S. 1106-1109.

Knoll, Leonhard/Deininger, Claus (2004): Der Basiszins der Unternehmensbewertung zwischen theoretisch Wünschenswertem und praktisch Machbarem, in: ZBB (2004), S. 371-381.

Kohl, Torsten (2005): Die neuen Ausschüttungs- und Wiederanlageprämissen des IDW S 1 und ihr Einfluss auf die Objektivierung bei der Unternehmensbewertung, in: UM (2005), S. 182-187.

Koller, Tim/Goedhart, Marc/Wessels, David (2005): Valuation, 4. Aufl., Hoboken 2005.

König, Wolfgang (1977): Die Vermittlungsfunktion der Unternehmungsbewertung, in: Goetzke, Wolfgang/Sieben, Günter (Hrsg.): Unternehmungsbewertung, Köln 1977, S. 73-89.

Koppensteiner, Hans-Georg (2004): Band 6, §§ 15-22 AktG §§ 291-328 Aktg und Meldepflichten nach §§ 21 ff. WpHG, SpruchG, in: Zöllner, Wolfgang/Noack, Ulrich (Hrsg.): Kölner Kommentar zum Aktiengesetz, 3., neubearb. u. erw. Aufl., Köln u. a. 2004.

Kozikowski, Michael/Dirscherl, Gertraud/Keller, Günther (2005): Implikationen der Weiterentwicklung der Grundsätze zur Durchführung von Unternehmensbewertungen, in: UM (2005), S. 69-74.

Krieger, Gerd (2002): Squeeze-out nach neuem Recht: Überblick und Zweifelsfragen, in: BB (2002), S. 53-62.

Krieger, Gerd (2007): §§ 55–63, 68–73, in: Hoffmann-Becking, Michael (Hrsg.): Münchener Handbuch des Gesellschaftsrechts, Band 4 Aktiengesellschaft, 3., neubearb. und erw. Aufl., München 2007.

Kruschwitz, Lutz/Löffler, Andreas (2005): Unternehmensbewertung und Einkommensteuer aus der Sicht von Theoretikern und Praktikern, in WPg (2005), S. 73-79.

Kruschwitz, Lutz/Löffler, Andreas (2008): Kapitalkosten aus theoretischer und praktischer Perspektive, in: WPg (2008), S. 803-810.

Kruschwitz, Lutz/Löffler, Andreas/Lorenz, Daniela (2011): Unlevering und Relevering – Modigliani/Miller versus Miles/Ezzell, in: WPg (2011), S. 672-679.

Kubis, Dietmar (2010): SpruchG, in: Goette, Wulf/Habersack, Mathias (Hrsg.): Münchener Kommentar zum Aktiengesetz, Band 5, 3. Aufl., München 2010.

Kuhner, Christoph/Maltry, Helmut (2006): Unternehmensbewertung, Heidelberg 2006.

Kunowski, Stefan (2005): Änderung des IDW-Standards zu den Grundsätzen zur Durchführung von Unternehmensbewertungen, in: DStR (2005), S. 569-573.

Kußmaul, Heinz (1999): Darstellung der Discounted Cash-Flow-Verfahren – auch im Vergleich zur Ertragswertmethode nach dem IDW Standard ES 1 -, in: StB (1999), S. 332-347.

Laitenberger, Jörg/Tschöpel, Andreas (2003): Vollausschüttung und Halbeinkünfteverfahren, in: WPg (2003), S. 1357-1367.

Langenbucher, Katja (2008): §§ 291-299, 308-310 AktG in: Schmidt, Karsten/Lutter, Marcus (Hrsg.): Aktiengesetz-Kommentar, II. Band, Köln 2008.

Lenz, Christofer/Leinekugel, Rolf (2004): Eigentumsschutz beim Squeeze out, Köln 2004.

Lieder, Jan/Stange, Kristian (2008): Squeeze-out: Aktuelle Streit- und Zweifelsfragen, in: Der Konzern (2008), S. 617-629.

Lintner, John (1965): The Valuation of Risk Assets and the Selection of Risky Investments in Stock Portfolios and Capital Budgets, in: REST (1965), S. 13-37.

Löhnert, Peter G./Böckmann, Ulrich J. (2009): Multiplikatorverfahren in der Unternehmensbewertung, in: Peemöller, Volker H. (Hrsg.): Praxishandbuch der Unternehmensbewertung, 4. akt. u. erw. Aufl., Herne 2009, S. 567-589.

Lüdenbach, Norbert (2001): Unternehmensbewertung nach IDW S 1 – Neue Vokabeln, alte Denkverbote? – Teil I, in: INF (2001), S. 596-601.

Lüking, Niels/Schanz, Sebastian/Kirsch, Deborah (2008): Die Abgeltungsteuer 2009, in: FB (2008), S. 448-451.

Mai, Jan Markus (2006): Mehrperiodige Bewertung mit dem Tax-CAPM und Kapitalkostenkonzept, in ZfB (2006), S. 1225-1253.

Maier, David (2001): Der Betafaktor in der Unternehmensbewertung, in: FB (2001), S. 298-302.

Mandl, Gerwald/Rabel, Klaus (1997): Unternehmensbewertung, Wien u.a. (1997).

Maslo, Armin (2004): Zurechnungstatbestände und Gestaltungsmöglichkeiten zur Bildung eines Hauptaktionärs beim Ausschluss von Minderheitsaktionären (Squeeze-out), in: NZG (2004), S. 163-168.

Matschke, Manfred (1971): Der Arbitrium- oder Schiedsspruchwert der Unternehmung – Zur Vermittlungsfunktion eines unparteiischen Gutachters bei der Unternehmensbewertung, in: BFuP (1971), S. 508-520.

Matschke, Manfred (1975): Der Entscheidungswert der Unternehmung, Wiesbaden 1975.

Matschke, Manfred (1979): Funktionale Unternehmungsbewertung, Band II: Der Arbitriumwert der Unternehmung, Wiesbaden 1979.

Matschke, Manfred (2013): Referenzmodelle zur Bestimmung der angemessenen Abfindung von Minderheitsgesellschaftern – Günter Sieben zum 80. Geburtstag, in: BFuP (2013), S. 14-54.

Matschke, Manfred/Brösel, Gerrit (2007): Unternehmensbewertung, 3., überarb. und erw. Aufl., Wiesbaden 2007.

Mattes, Sabine/von Maldeghem, Maximilian (2003): Unternehmensbewertung beim Squeeze Out, in: BKR (2003), S. 531-537.

Mayring, Philipp (2008): Qualitative Inhaltsanalyse, 10., neu ausgestattete aufl., Weinheim u.a. 2008.

Meitner, Matthias (2009): Der Terminal Value in der Unternehmensbewertung, in: Peemöller, Volker H. (Hrsg.): Praxishandbuch der Unternehmensbewertung, 4. akt. u. erw. Aufl., Herne 2009, S. 491-540.

Mellerowicz, Konrad (1952): Der Wert der Unternehmung als Ganzes, Essen 1952.

Metz, Volker (2007): Der Kapitalisierungszinssatz bei der Unternehmensbewertung, Diss., Wiesbaden 2007.

Modigliani, Franco /Miller, Merton H. (1958): The Cost of Capital, Corporation Finance and the Theory of Investment, in: AER (1958), S. 261-297.

Modigliani, Franco/Miller, Merton H. (1963): Corporate Income Taxes and the Cost of Capital: A Correction, in: AER (1963), S. 433-443.

Mohr, Daniel (2013): Viele Aktien werden über Jahre gehalten, in: FAZ (2013), Veröffentlichungs-Datum: 1.3.2013, http://www.faz.net/aktuell/finanzen/aktien/langfristig-orientierte-anleger-viele-aktien-werden-ueber-jahre-gehalten-12099655.html.

Mossin, Jan (1966): Equilibrium in a Capital Market, in: Econometrica (1966), S. 768-783.

Moxter, Adolf (1983): Grundsätze ordnungsmäßiger Unternehmensbewertung, 2. vollst. umgearb. Aufl., Wiesbaden 1983.

Müller, Welf (1973): Der Wert der Unternehmung, in: JuS (1973), S. 603-607.

Müller, Welf (2000): Die Unternehmensbewertung in der Rechtsprechung, in: Westermann, Harm Peter / Mock, Klaus (Hrsg.): Festschrift für Gerold Bezzenberger zum 70. Geburtstag am 13. März 2000, Berlin u.a. 2000, S. 705-719.

Münstermann, Hans (1966): Wert und Bewertung der Unternehmung, Wiesbaden 1966.

Nelson, Charles/Siegel, Andrew (1985): Parsimoneous Modeling of Yield Curves for U.S. Treasury Bills, NBER Working Paper No. 1594, Veröffentlichungs-Datum: September 1988, http://www.nber.org/papers/w1594.

Nirk, Rudolf (1990): Der Verschmelzungsbericht nach § 340a AktG, in: Baur, Jürgen / Hopt Klaus / Mailänder, Peter: Festschrift für E^rnst Steindorf zum 70. Geburtstag am 13. März 1990, Berlin New York 1990, S. 187-200.

o.V.: Hoppenstedt-Aktienführer 2010, Darmstadt 2010.

Obermaier, Robert (2004): Bewertung, Zins und Risiko, Diss., Frankfurt am Main 2004.

Obermaier, Robert (2006): Marktzinsorientierte Bestimmung des Basiszinssatzes in der Unternehmensbewertung, in: FB (2006), S. 472-479.

Obermaier, Robert (2008): Die kapitalmarktorientierte Bestimmung des Basiszinssatzes für die Unternehmensbewertung: the Good, the Bad and the Ugly, in: FB (2008), S. 493-507.

Oho, Wolfgang/Hagen, Alexander/Lenz, Thomas (2007): Zur geplanten Einführung einer Abgeltungsteuer im Rahmen der Unternehmensteuerreform 2008, in: DB (2008), S. 1322-1326.

Ollmann, Michael/Richter, Frank (1999): Kapitalmarktorientierte Unternehmensbewertung und Einkommensteuer – Eine deutsche Perspektive im Kontex internationaler Praxis, in: Kleineidam, Hans-Jochen (Hrsg.): Unternehmenspolitik und internationale Besteuerung, Berlin 1999, S. 159-178.

O.V. (2011): „Squeeze out" gebilligt: Frühere HRE-Aktionäre scheitern mit Klage, in: Frankfurter Allgemeine Zeitung v. 20.01.2011, zugriff am 20.2.2014, http://www.faz.net/aktuell/wirtschaft/squeeze-out-gebilligt-fruehere-hre-aktionaere-scheitern-mit-kla ge-1572256.html.

Paschos, Nikolaos (2011): §§ 291-307 AktG, in: Henssler, Martin/Strohn, Lutz (Hrsg.): Gesellschaftsrecht, München 2011.

Paulsen, Anne-José (2010): §§ 304–307 AktG, in: in: Goette, Wulf/Habersack, Mathias (Hrsg.): Münchener Kommentar zum Aktiengesetz, Band 5, 3. Aufl., München 2010.

Peemöller, Volker H. (2001): Grundsätze der Unternehmensbewertung – Anmerkungen zum Standard IDW S 1, in: DStR (2001), S. 1401-1408.

Peemöller, Volker H. (2009): Grundsätze ordnungsmäßiger Unternehmensbewertung, in: in: Peemöller, Volker H. (Hrsg.): Praxishandbuch der Unternehmensbewertung, 4. akt. u. erw. Aufl., Herne 2009, S. 29-48.

Peemöller, Volker H./Kunowski, Stefan (2009): Ertragswertverfahren nach IDW, in: Peemöller, Volker H. (Hrsg.): Praxishandbuch der Unternehmensbewertung, 4. akt. u. erw. Aufl., Herne 2009, S. 265-338.

Perridon, Louis/Steiner, Manfred/Rathgeber, Andreas W. (2009) Finanzwirtschaft der Unternehmung, 15., überarb. Und erw. Aufl., München 2009.

Pfaff, Dieter/Pfeiffer, Thomas/Gathge, Dieter (2002): Unternehmensbewertung und Zustands-Grenzpreismodelle, in: BFuP (2002), S. 198-210.

Piltz, Detlev / Hannes, Frank (2009): Die Rechtsprechung zur Unternehmensbewertung, in: Peemöller, Volker H. (Hrsg.): Praxishandbuch der Unternehmensbewertung, 4. akt. u. erw. Aufl., Herne 2009, S. 995-1016.

Polte, Marcel/Weber, Robert/Kaisershot-Abdmoulah, Heidi (2007): Verjährung des Barabfindungs- und des Zinsanspruchs beim Squeeze-out, in: AG (2007), S. 690-695.

Popp, Matthias (2009): Vergangenheits- und Lageanalyse, in: Peemöller, Volker H. (Hrsg.): Praxishandbuch der Unternehmensbewertung, 4. akt. u. erw. Aufl., Herne 2009, S. 169-207.

Pötzsch, Thorsten/Möller, Andreas (2000): Das künftige Übernahmerecht – Der Diskussionsentwurf des Bundesministeriums der Finanzen zu einem Gesetz zur Regelung von Unternehmensübernahmen und der Gemeinsame Standpunkt des Rates zur europäischen Übernahmerichtlinie, in: WM (2000) Sonderbeilage Nr. 2, S. 1-38.

Prokot, Alexander (2006): Strategische Ausschüttungspolitik deutscher Aktiengesellschaften, Wiesbaden 2006.

Rathausky, Uwe (2008): Squeeze-out in Deutschland, Diss., Baden-Baden 2008.

Rathenau, Walter (1917): Vom Aktienwesen, Berlin 1917.

Reese, Raimo (2007): Schätzung von Eigenkapitalkosten für die Unternehmensbewertung, Frakfurkt am Main 2007.

Reese, Raimo/Wiese, Jörg (2007): Die kapitalmarktorientierte Ermittlung des Basiszinses für die Unternehmensbewertung, in: ZBB (2007), S. 38-52.

Richter, Frank (1997): DCF-Methoden und Unternehmensbewertung: Analyse der systematischen Abweichungen der Bewertungsergebnisse, in: ZBB (1997), S. 226-237.

Rieck, Christian (2008): Spieltheorie, 8., überarb. u. erw. Aufl., Eschborn 2008.

Rödder, Thomas/Stangl, Ingo (2007): Zur geplanten Zinsschranke, in: DB (2007), S. 479-485.

Rubner, Daniel (2011): Der verschmelzungsrechtliche Squeeze-out, in CF law (2011), S. 274-280.

Rühland, Philipp (2004): Der Ausschluss von Minderheitsaktionären aus der Aktiengesellschaft (Squeeze-out), Baden-Baden 2004.

Santelmann, Matthias/Hoppe, Matthias (2010): Grundlagen, in: Santelmann, Matthias u.a. (Hrsg.): Squeeze out Handbuch für die Praxis, Berlin 2010, S. 25-39.

Saur, Gerhard u.a. (2011): Finanzieller Überschuss und Wachstumsabschlag im Kalkül der ewigen Rente – Ein Beitrag zur Umsetzung aktueller Erkenntnisse in die Praxis der Unternehmensbewertung, in: WPg (2011), S. 1017-1026.

Schich, Sebastian (1997): Schätzung der deutschen Zinsstrukturkurve, Diskussionspapier 4/97 Volkswirtschaftliche Forschungsgruppe der deutschen Bundesbank, Veröffentlichungs-Datum: Oktober 1997, http://www.bundesbank.de/Redaktion/DE/Downloads/Veroeffentlich ungen/Diskussionspapiere_ 1/1997/1997_10_01_dkp_04.pdf?__blob=publication File.

Schildbach, Thomas (1993): Kölner versus phasenorientierte Funktionenlehre der Unternehmensbewertung, in: BFuP (1993), S. 25-38.

Schmidt, Johannes: Die Discounted Cash-Flow-Methode – nur eine kleine Abwandlung der Ertragswertmethode?, in: zfbf (1995), S. 1088-1119.

Schnorbus, York (2008): §§ 327a-f AktG, in: Schmidt, Karsten/Lutter, Marcus (Hrsg.): Aktiengesetz, Band II: §§ 150-410 AktG, Kommentar, Köln 2008.

Schrenker, Claudia (2011): Planungsrechnung und Planungsgüte in der Unternehmensbewertung aufgrund aktienrechtlicher Strukturmaßnahmen – Eine empirische Analyse, in: CF biz (2011), S. 484-495.

Schüler, Andreas/Lampenius, Niklas (2007): Wachstumsannahmen in der Bewertungspraxis: eine empirische Untersuchung ihrer Implikationen, in: BFuP (2007), S. 232-248.

Schüppen, Matthias/Tretter, Alexandra (2008):§§ 327a-f AktG, in: Haarmann, Wilhelm/Schüppen, Matthias (Hrsg.): Frankfurter Kommentar zum Wertpapiererwerbs- und Übernahmegesetz, 3., neubearbeitete Aufl., Frankfurt 2008.

Schutzgemeinschaft der Kapitalanleger e.V. (SDK): Statistiken Squeeze-outs 2005-2009, http://sdk.org/ statistiken.php?action=down&statID=51&stat=Squeeze+Outs (Zugriff am 22.2.2013).

Schwetzler, Bernhard (1996): Zinsänderungen und Unternehmensbewertung: Zum Problem der angemessenen Barabfindung nach § 305 AktG, in: DB (1996), S. 1961-1966.

Schwetzler, Bernhard (1996): Zinsänderungsrisiko und Unternehmensbewertung: Das Basiszinsfuß-Problem bei der Ertragswertermittlung, in: ZfB (1996), S. 1081-1101

Seppelfricke, Peter (2007): Handbuch Aktien- und Unternehmensbewertung, 3., überarb. Aufl., Stuttgart 2007.

Seibt, Christoph (2008): in: Seibt, Christoph/Bastuck, Burkhard: Beck'sches Formularhandbuch Mergers & Aquisitions, München 2008.

Sharpe, William F. (1964): Capital Asset Prices: A Theory of Market Equilibrium under Conditions of Risk, in JoF (1964), S. 425-442.

Sharpe, William F. (1970): Portfolio theory and capital markets, New York 1970.

Sieben, Günter (1976): Der Entscheidungswert in der Funktionenlehre der Unternehmensbewertung, in: Betriebswirtschaftliche Forschung und Praxis (1976), S. 491-504.

Sieben, Günther (1977): Die Beratungsfuntkion der Unternehmensbewertung, in: Goetzke, Wolfgang/Sieben, Günther (Hrsg.): Moderne Unternehmensbewertung und Grundsätze ihrer ordnungsmäßigen Durchführung, Bericht von der 1. Kölner BFuP-Tagung am 18. und 19. 11. 1976 in Köln, Band 1 der GEBERA-Schriften, Köln 1977.

Sieben, Günther/Schildbach, Thomas (1979): Zum Stand der Entwicklung der Lehre von der Bewertung ganzer Unternehmen, in: Deutsches Steuerrecht (1979), S. 455-461.

Sieben, Günther/Maltry, Helmut (2009): Der Substanzwert der Unternehmung, in Praxishandbuch der Unternehmensbewertung, in: Peemöller, Volker H. (Hrsg.): Praxishandbuch der Unternehmensbewertung, 4. akt. u. erw. Aufl., Herne 2009, S. 541-565.

Siegel, Jeremy J. (1992): The Equity Premium: Stock and Bond Returns Since 1802, in: FAJ (1992), S. 28-38

Siegel, Jeremy J. (1999): The Shrinking Equity Premium, in: JoPM (1999), S. 10-17.

Sieger, Jürgen/Hasselbach, Kai (2002): Der Ausschluss von Minderheitsaktionären nach den neuen §§ 327a ff AktG, in: ZGR (2002), S. 120-162.

Singhof, Bernd (2010): §§ 319–327 f, in: Spindler, Gerald/Stilz, Eberhard (Hrsg.): Kommentar zum Aktiengesetz Band 2, §§ 150-410 AktG, IntGesR, SpruchG SE-VO, 2. Aufl., München 2010.

Spremann, Klaus (2008): Portfoliomanagement, 4., überarb. Aufl., München 2008.

Stange, Kristian (2010): Zwangsausschluss von Minderheitsaktionären (Squeeze-out), Diss., Jena 2010.

Stegmüller, Wolfgang (1970): Probleme und Resultate der Wissenschaftstheorie und Analytischen Philosophie, Band II: Theorie und Erfahrung, Berlin 1970.

Stehle, Richard (2004): Die Festlegung der Risikoprämie von Aktien im Rahmen der Schätzung des Wertes von börsennotierten Kapitalgesellschaften, in: WPg (2004), S. 906-927.

Stehle, Richard/Wullf, Christian/Richter, Yvett (1999): Die Rendite deutscher Blue-chip-Aktien in der Nachkriegszeit - Rückberechnung des DAX für die Jahre 1948 bis 1954, working paper, Veröffentlichungs-Datum: Juli 1999, http://www.wiwi.hu-berlin.de/profes suren/bwl/bb/Material/Forschung/Rendite_dt._Blue-Chips_1948-54-_NEU_201004.pdf.

Steiner, Manfred/Wallmeier, Martin (1999): Unternehmensbewertung mit Discounted Cash Flow-Methoden und dem Economic Value Added-Konzept, in: FB (1999) S. 1-10.

Steinmeyer, Roland/Häger, Michael (2002): Wertpapiererwerbs- und Übernahmegesetz: Kommentar, Berlin 2002.

Steinmeyer, Roland/Häger, Michael (2007): Wertpapiererwerbs- und Übernahmegesetz: Kommentar, 2., völlig neu bearb. und wesentlich erw. Aufl., Berlin 2007.

Stellbrink, Jörn (2005): Der Restwert in der Unternehmensbewertung, Düsseldorf 2005.

Stöckl, Stefan (2010): Der aktien- und übernahmerechtliche Minderheitenausschluss in Deutschland, Diss., Hamburg 2010.

Svensson, Lars E. O. (1994): Estimating and Interpreting Forward Interest Rates: Sweden 1992-1994, NBER Working Paper No. 4871, Veröffentlichungs-Datum: September 1994, http://ssrn.com/abstract=883856.

Sevensson, Lars E. O. (1995): Estimating Forward Interest Rates with the Extended Nelson & Siegel Method, in: Quaterly Review 1995:3 Sveriges Riksbank, Stockholm 1995, S. 13-26.

Uzik, Martin/Weiser, Felix M. (2003): Kapitalkostenbestimmung mittels CAPM oder MCPM, in: FB (2003), S. 705-718.

Varian, Hal (2004): Grundzüge der Mikroökonomik, 6., überarbeitete und erweiterte Aufl., München 2004.

Veil, Rüdiger (2010): §§ 301–310 AktG, in: Spindler, Gerald / Stilz, Eberhard (Hrsg.): Kommentar zum Aktiengesetz Band 2, §§ 150-410 AktG, IntGesR, SpruchG SE-VO, 2. Aufl., München 2010.

Veit, Klaus-Rüdiger (1999): Die Prüfung aktienrechtlicher Unternehmensverträge, in: StuB (1999), S. 849-854.

Veit, Klaus-Rüdiger (2005): Die Prüfung von Squeeze outs, in: DB (2005), S. 1697-1702.

Vetter, Eberhard (2000): Squeeze-out in Deutschland, in: ZIP (2000), S. 1817-1824.

Vetter, Eberhard (2002): Squeeze-out – Der Ausschluß der Minderheitsaktionäre aus der Aktiengesellschaft nach den §§ 327a-327f AktG,in AG (2002), S. 176-190.

Wagner, Franz/Rümmele, Peter (1995): Ertragsteuern in der Unternehmensbewertung: Zum Einfluß von Steuerrechtsänderungen, in: WPg (1995), S. 433-441.

Wagner, Wolfgang/Saur, Gerhard/Willershausen, Timo (2008): Zur Anwendung der Neuerungen der Unternehmensbewertungsgrundsätze des IDW S 1 i.d.F. 2008 in der Praxis, in: WPg (2008), S. 731-747.

Wagner, Wolfgang u.a. (2004): Weiterentwicklung der Grundsätze zur Durchführung von Unternehmensbewertungen (IDW S 1), in: WPg (2004), S. 889-898.

Wagner, Wolfgang u.a. (2006): Unternehmensbewertung in der Praxis – Empfehlungen und Hinweise zur Anwendung von IDW S 1, in: WPg (2006), S. 1005-1028.

Wenger, Ekkehard (2003): Der unerwünscht niedrige Basiszins als Störfaktor bei der Ausbootung von Minderheiten, in: Richter, Frank/Schüler, Andreas/Schwetzler, Bernhard (Hrsg.): Kapitalgeberansprüche, Marktwertorientierung und Unternehmenswert, München 2003, S. 475-495.

Wiedemann, Herbert (1978): Das Abfindungrecht – ein gesellschaftsrechtlicher Interessenausgleich, in: ZGR (1978), S. 477-497.

Wiese, Jörg (2004): Unternehmensbewertung mit dem Nachsteuer-CAPM?, Discussion Paper 2004-01, http://epub.ub.uni-muenchen.de/1894/ (zuletzt aktualisiert am 9. Juli 2006).

Wiese, Jörg (2005): Wachstum und Ausschüttungsannahmen im Halbeinkünfteverfahren, in: WPg (2005), S. 617-623.

Wiese, Jörg (2006): Komponenten des Zinsfusses in Unternehmensbewertungskalkülen, Frankfurt am Main 2006.

Wiese, Jörg (2006): Das Nachsteuer-CAPM im Mehrperiodenkontext, in: FB (2006), S. 242-248.

Wiese, Jörg (2007): Unternehmensbewertung und Abgeltungsteuer, in: WPg (2007), S. 368-375.

Windbichler, Christine (2004): §§ 15-22 Aktiengesetz, in: Hopt, Klaus/Wiedemann, Herbert (Hrsg.): Großkommentar, 4. Aufl., Berlin 2004.

Wüstemann, Jens (2007): Basiszinssatz und Risikozuschlag in der Unternehmensbewertung: aktuelle Rechtsprechungsentwicklungen, in: BB (2007), S. 2223-2228.

Zeidler, Gernot W./Schöniger, Stefan/Tschöpel, Andreas (2008): Auswirkungen der Unternehmensteuerreform 2008 auf Unternehmensbewertungskalküle, in: FB (2008), S. 276-288.

Zimmermann, Peter (1997): Schätzung und Prognose von Betawerten, Bad Soden/Uhlenbruch 1997.

Zschocke, Christian (2002): Europapolitische Mission: Das neue Wertpapiererwerbs- und Übernahmegesetz, in: DB (2002), S. 79-85.

Verzeichnis der Rechtsprechung

Bundesgerichtshof

BGH v. 29.05.1978 II ZR 52/77, in: NJW (1979) S. 104.

BGH v. 10.10.1979 IV ZR 79/78, in: JZ (1980), S. 105-106.

BGH v. 22.05.1989 II ZR 206/88, in: NJW (1989), S. 2689-2693.

BGH v. 18.12.1989 II ZR 254/88, in: ZIP (1990), 168-173 = AG (1990), S.259-263.

BGH v. 24.10.1990 XII ZR 101/89, in: WM (1991), S. 283-291.

BGH v. 29.10.1990 II ZR 146/89, in: AG (1991), S. 102-104.

BGH v. 20.9.1993, II ZR 104/92, in: BB (1993), S. 2265-2267.

BGH v. 13.6.1994, II ZR 38/93, in: BB (1994), S. 1807-1811.

BGH v. 2.6.1997, II ZR 81/96, in: NJW (1997), S. 2592-2593.

BGH v. 4.3.1998 II ZB 5/97, in: NJW (1998), S. 1866-1868.

BGH v. 21.07.2003 II ZB 17/01, in: NJW (2003), S. 3272-3274.

BGH v. 25.7.2005 II ZR 327/03, in: BB 2005, S. 2651-2652.

BGH v. 18.9.2006, II ZR 225/04, in: NZG (2006), S. 905-909.

BGH v. 5.10.2006 III ZR 283/05, in: DB (2006), S. 2563-2566.

Bundesverfassungsgericht

BVerfG v. 7.8.1962 1 BvL 16/60, in: NJW (1962), S. 1667.

BVerfG, v. 27. 4. 1999 1 BvR 1613/94, in: BB (1999), S. 1778-1782 = BVerfGE 100, S. 289-313 = JZ (1999), S. 942-945.

BVerfG v. 23.8.2000 1 BvR 68/95, 1 BvR 147/97, in BB (2000) S. 2011-2014.

BVerfG v. 30.5.2007 1 BvR 390/04 ,in: BB (2007), S. 1515-1518.

BVerfG v. 20.12.2010 1 BvR 2323/07, in: NZG (2011), S. 235-237.

Oberlandesgerichte

OLG Celle v. 31.7.1998 9 W 128/97, in: NZG (1998), S. 987-990.

OLG Düsseldorf v. 16.01.2004 I-16 W 63/03, in: NZG (2004), S. 328-334 = ZIP (2004), S. 359-365.

OLG Düsseldorf v. 11.8. 2006 15 W 110/05, in: AG (2007), S. 363-370.

OLG Düsseldorf v. 13.3.2008 26 W 8/07 AktE, in: AG (2008), S. 498-502.

OLG Düsseldorf v. 29.12.2009 I-6 U 69/08, in: AG (2010), S. 711-715.

OLG Frankfurt v. 14.07.2008 23 W 14/08, in: AG (2008), S. 827-828.

OLG Frankfurt v. 17.06.2010 5 W 39/09, in: AG (2011), S. 717-720.

OLG Frankfurt v. 16.7.2010 5W 53/09, in: BeckRS 2011, 05382, http://beck-online.beck.de/Default.aspx?words=BeckRS+2011%2C+5382&btsearch.x=42&btsearch.x=0&btsearch.y=0 (Zugriff am 1.12.2012).

OLG Frankfurt v. 7.6.2011 21 W 2/11, in: NZG (2011), S. 990-992

OLG Frankfurt v. 24.11.2011 21 W 7/11, in: AG (2012), S. 513-518.

OLG Hamburg v. 11.4.2003 11 U 215/02, in: ZIP (2003), S. 1344-1351.

OLG Karlsruhe v. 29.6.2006 7 W 22/06, in: AG (2007), S. 92-93.

OLG Köln v. 6.10.2003 18 W 36/03, in: Der Konzern (2004), S. 30-34.

OLG München v. 11.10.2006 7 U 3515/06, in: AG (2007), S. 334-335.

OLG München v. 19.10.2006 31 Wx 92/05, in: AG (2007), S. 287-292

OLG München v. 26.10.2006 31 Wx 12/06, in: ZIP (2007), S. 375-380.

OLG München v. 10.5.2007 31 Wx 119/06, in: BB (2007), S. 1582-1583.

OLG München v. 17.7.2007 31 Wx 60/06, in: AG (2008), S. 28-33.

OLG München v. 6.7.2011 7 AktG 1/11, in: AG (2012), S. 45-49.

OLG Stuttgart v. 3.12.2003 20 W 6/03, in: NZG (2004), S. 146-150 = ZIP (2003), S. 2363-2367.

OLG Stuttgart v. 26.10.2006 20 W 14/05, in: NZG (2007), S. 112-119.

OLG Stuttgart v. 3.12.2008 20W 12/08, in: AG (2009), S. 204-213.

OLG Stuttgart v. 4.5.2011 20 W 11/08, in: AG (2011), S. 560-564 .

OLG Stuttgart v. 14.9.2011 20 W 7/08, in: AG (2012), 135-139.

OLG Stuttgart v. 19.1.2011 20 W 2/07, in: AG (2011) S. 420-427.

Landgerichte

LG Düsseldorf v. 4.3.2004 31 O 144/03, in: NZG (2004), S. 1168-1170 = ZIP (2004), S. 1755-1758.

LG Frankfurt/M. v. 2.5.2006 3/5 O 160/04, in: NZG (2007), S. 40

LG Frankfurt/M v. 29.01.2008 3-5 O 275/07, http://juris.extdb.e-fellows.net/jportal/portal/t/2hc2/page/jurisw.psml/screen/JWPDFScreen /filename/KORE508592008.pdf (Zugriff am 19.11.2012).

LG Mainz v. 19.12.2000 10 HKO 143/99, in: AG 2002, 247-248.

LG München I v. 28.08.2008 5 HK O 2522/08, in: AG 2008, S. 904-911.

Verzeichnis der Rechtsquellen

Gesetze

Aktiengesetz (AktG) vom 6.9.1965 (BGBl. I, S. 1089), zuletzt geändert durch Art. 3 des Gesetzes vom 20.12.2012 (BGBl. I S. 2751).

Bürgerliches Gesetzbuch (BGB) vom 18.08.1896 in der Fassung der Bekanntmachung vom 2.1.2002 (BGBl. I S.42, 2909; 2003 I S. 738), zuletzt geändert durch Art. 1 des Gesetzes vom 20.12.2012 (BGBl. I S. 2749).

Einkommensteuergesetz (EStG) / (EStG a. F.) vom 16.10.1934 in der Fassung der Bekanntmachung vom 8.10.2009 (BGBl. I S. 3366, 3862), zuletzt geändert durch Art. 3 des Gesetzes vom 8.5.2012 (BGBl. I S. 1030).

Gewerbesteuergesetz (GewStG) / (GewStG a. F.) vom 1.12.1936 in der Fassung der Bekanntmachung vom 15.10.2002 (BGBl. I S. 4167), zuletzt geändert durch Art. 5 des Gesetzes vom 7.12.2011 (BGBl. I S. 2592).

Gesetz betreffend die Gesellschaften mit beschränkter Haftung (GmbHG) vom 20.4.1892 in der im Bundesgesetzblatt Teil III, Gliederungsnummer 4123-1, veröffentlichten bereinigten Fassung, zuletzt geändert durch Art. 2 Abs. 51 des Gesetzes vom 22.12.2011 (BGBl. I S. 3044).

Grundgesetz für die Bundesrepublik Deutschland (GG) vom 23.5.1949 in der im Bundesgesetzblatt Teil II, Gliederungsnummer 100-1 veröffentlichte bereinigten Fassung, zuletzt geändert durch Art. 1 des Gesetzes vom 11.7.2012 (BGBl. I S. 1478).

Handelsgesetzbuch (HGB) vom 10.5.1897 in der im Bundesgesetzblatt Teil III, Gliederungsnummer 4100-1, veröffentlichten bereinigten Fassung, zuletzt geändert durch Artikel 1 des Gesetzes vom 20. Dezember 2012 (BGBl. I S. 2751).

Körperschaftsteuergesetz (KStG) / (KStG a. F.) vom 31.8.1976 in der Fassung der Bekanntmachung vom 15.10.2002 (BGBl. I S. 4144), zuletzt geändert durch Art. 4 des Gesetzes vom 7.12.2011 (BGBl. I S. 2592).

Solidaritätszuschlaggesetz (SolzG 1995) vom 23.6.1993 in der Fassung der Bekanntmachung vom 15.10.2002 (BGBl. I S. 4130), zuletzt geändert durch Art. 6 des Gesetzes vom 7.12.2011 (BGBl. I S. 2592).

Umwandlungsgesetz (UmwG) vom 28.10.1994 (BGBl. I S. 3210; 1995 I S. 428), zuletzt geändert durch Art. 2 Abs. 48 des Gesetzes vom 22.12.2011 (BGBl. I S. 3044).

Gesetz über den Wertpapierhandel (Wertpapierhandelsgesetz – WpHG) vom 26.7.1994 in der Fassung der Bekanntmachung vom 9.9.1998 (BGBl. S. 2708), zuletzt geändert durch 3 des Gesetzes vom 5.12.1012 (BGBl. I S. 2415).

Wertpapiererwerbs- und Übernahmegesetz (WpÜG) vom 20.12.2001 (BGBl. I S. 3822), zuletz geändert durch Art. 2c des Gesetzes vom 28.11.2012 (BGBl. I S. 2369).

Gesetz zur Umsetzung der Richtlinie 2004/25/EG des Europäischen Parlaments und des Rates vom 21. April 2004 betreffend Übernahmeangebote (Übernahmerichtlinie-Umsetzungsgesetz) vom 8.7.2006 (BGBl. I S. 1426).

Unternehmensteuerreformgesetz 2008 (UntStRefG) vom 14.8.2007 (BGBl I 2007 S. 1912-1938).

Weitere Gesetzesmaterialien

Verordnung (EG) Nr. 2157/2001 des Rates vom 8. Oktober 2001 über das Statut der Europäischen Gesellschaft (SE) (SE-Verordnung), zuletzt geändert durch Verordnung (EG) Nr. 1791/2006 des Rates vom 20. November 2006, Veröffentlichungs-Datum: 1.1.2007, http://eur-lex. europa.eu/LexUriServ/LexUriServ.do?uri=CONSLEG:2001R2157:20070101: de:PDF.

Deutscher Bundesrat (2007): Drucksache 384/07 Gesetzesbeschluss des Deutschen Bundestages: Unternehmensteuerreformgesetz 2008, Veröffentlichungs-Datum: 15.6.2007, http://www.bundesrat.de /cln_051/SharedDocs/Drucksachen/2007/0301-400/384-07, templateId=raw,property= publicationFile.pdf/384-07.pdf.

Deutscher Bundestag (2001): Drucksache 14/7034, Gesetzentwurf der Bundesregierung – Entwurf eines Gesetzes zur Regelung von öffentlichen Angeboten zum Erwerb von Wertpapieren und von Unternehmensübernahmen, Veröffentlichungs-Datum: 5.10.2001, http://dipbt.bundestag.de/dip21 /btd/14/ 070/1407034.pdf.

EINZELSCHRIFTEN

Georg Baltes
New Perspectives on Supply and Distribution Chain Financing: Case Studies from China and Europe
Lohmar – Köln 2015 • 396 S. • € 66,- (D) • ISBN 978-3-8441-0384-7

Katja Müller
Wertschaffende Kooperationsbeziehungen – Kooperationsbeziehungen im Lean Management analysiert aus einer konstruktivistischen Sicht
Lohmar – Köln 2015 • 364 S. • € 64,- (D) • ISBN 978-3-8441-0385-4

Isabel Arnold
Personalentwicklung von Führungskräften in Zeiten von Change – Eine Betrachtung aus Sicht des systemorientierten Managements
Lohmar – Köln 2015 • 236 S. • € 56,- (D) • ISBN 978-3-8441-0389-2

Ansgar Kernder
Bewertung der Emittentenqualität am Markt für Mittelstandsanleihen – Eine empirische Analyse im Lichte der Prinzipal-Agenten-Theorie
Lohmar – Köln 2015 • 436 S. • € 68,- (D) • ISBN 978-3-8441-0392-2

Anne Kathrin Bischoff
Business Approaches to Poverty Alleviation – A Classification of Company Initiatives
Lohmar – Köln 2014 • 208 S. • € 49,- (D) • ISBN 978-3-8441-0393-9

Andreas Neumeier
Unternehmensbewertung bei Squeeze-out – Eine theoretische und empirische Analyse im Spannungsfeld der Anforderungen von betriebswirtschaftlichen Erkenntnissen, IDW S 1 und Rechtsprechung
Lohmar – Köln 2015 • 284 S. • € 58,- (D) • ISBN 978-3-8441-0394-6